点云的智慧

三维数字城市实践

周泽兵 王力 程良勇 主编

上海·同济大学出版社

图书在版编目（CIP）数据

点云的智慧：三维数字城市实践 / 周泽兵，王力，
程良勇主编. -- 上海：同济大学出版社，2021.9
ISBN 978-7-5608-9865-0

Ⅰ. ①点… Ⅱ. ①周… ②王… ③程… Ⅲ. ①数字技
术—应用—城市建设—研究 Ⅳ. ① TU984-39

中国版本图书馆 CIP 数据核字（2021）第 160945 号

点云的智慧 三维数字城市实践

周泽兵 王力 程良勇 主编

出 品 人 华春荣
责任编辑 武 蔚 责任校对 徐春莲 版式设计 朱丹天 封面设计 曾 增

出版发行 同济大学出版社 www.tongjipress.com.cn
（地址：上海市四平路 1239 号 邮编：200092 电话：021-65985622）
经 销 全国各地新华书店
印 刷 上海安枫印务有限公司
开 本 787mm×1092mm 1/16 插页 8
印 张 15.5
字 数 387 000
版 次 2021 年 9 月第 1 版 2021 年 9 月第 1 次印刷
书 号 ISBN 978-7-5608-9865-0
定 价 108.00 元

编辑委员会

序

数字城市是城市信息化的发展方向，三维数字城市是城市现代化水平的重要标志，具有直观、可视、动态表达城市空间的特点，已成为数字城市的基础建设内容和发展趋势。城市空间特别是大型城市空间结构异常复杂，建筑、部件规模庞大，结构多样，城市三维模型数据量大、信息来源广、形式各异，而三维数字城市建设在国内外都面临着数据采集效率低、精度不高、建模工艺烦琐、信息集成困难等问题，难以适应和满足现代化城市管理的迫切需要。

以机载、车（船）载、固定站式、便携式等不同平台采集的点云，具有三维空间位置和属性信息，为物理城市的三维数字化提供了直观、高效的技术手段，已成为继地图和影像后的第三类重要时空数据。如何将多平台点云进行高精数据采集、融合平差、基础测图、三维建模，从而实现多源、非均匀采样、非结构化特征的点云数据向具有结构和功能特征的城市三维模型转化，并在三维数字城市平台上开展各行业信息化管理应用，是当前测绘地理信息科技工作者的技术研究热点和工程应用前沿。

作为国内点云和三维数字城市技术领域的先行者，星际空间（天津）科技发展有限公司于 2008 年在国内率先同时引进国际上最先进的机载激光雷达航测和车载激光移动测量技术及装备，以天津市三维数字城市工程建设为需求导向，将引进、消化吸收、再创新和自主底层研发创新相结合，在多平台点云获取、点云平差融合、基础测图、城市三维建模、模型组织管理、三维数字城市基础平台研发及行业信息化应用等核心技术领域收获大量研发创新成果，开发了具有独立自主知识产权的点云建筑物建模软件 StarModeler、三维数字城市 GIS 基础平台 StarGIS Earth 等软件，累计发表核心期刊论文 40 篇，被授权国家发明专利 24 项、软件著作权登记 83 项，荣获省部级科技进步奖、专利优秀奖 14 项，荣获全国行业优秀工程奖 24 项。相关创新研发成果已应用于全国 26 省的百余项大型点云工程，并在天津、长春、太原、西宁、成都等近 10 个省会级特大城市的三维数字城市工程中得到广泛应用，经济和社会效益明显。

作为我国点云和三维数字城市工程技术研究应用方向的第一本专著，《点云的智慧：三维数字城市实践》的出版恰逢其时。结合作者团队在点云和三维数字城市领域 10 多年来的系统研究和工程应用，该书全面介绍了以点云为主题的城市环境点云获取、点云平差融合、基础测图、城市三维建模等技术工艺，围绕三维数字城市工程应用系统阐述了三维数字城市模型处理与组织、三维数字城市基础平台研发及城市规划、自然资源、综合管网、城市应急等行业应用的技术研发和工程应用成果，具有鲜明的科学性、创新性和实用性。

当前，点云获取技术和装备正朝着多平台融合、垂起固定翼小型高效化及市场普及化方向快速发展，自然资源部将在我国“十四五”阶段全面推动建设实景三维中国和 CIM 数字孪生城市工程。我相信，本书的出版将会在点云和三维数字城市工程技术研究与应用方面发挥重要的引领作用，吸引更多的青年科技工作者参与到点云与三维数字城市建设领域中来，从而有力提升我国点云、三维数字城市等地理空间信息产业的自主创新和社会服务能力。

中国工程院院士 刘先林

前言

当前，以 5G、AI 和云计算等为代表的“新型基础设施建设”（简称“新基建”）技术正在推动各行各业的数字化转型。数字城市是城市信息化的发展方向，三维数字城市是城市现代化水平的重要标志。随着激光雷达扫描技术的不断改进，点云获取效率、精度不断提升，不同平台点云应用场景也越来越多，点云技术发展为三维数字城市建设提供了一条全新的技术路径。

本书以工程应用为目的，在对已有技术方法体系梳理与研究的基础上，融合我们团队十多年的研发创新成果和工程实践经验，直面三维数字城市建设中高精点云数据获取、点云处理与融合、三维模型高效构建、三维基础平台研发与行业应用等难点、热点问题，系统介绍了基于点云技术的高精三维数字城市建设整体解决方案及工程应用实践。全书分为 10 章：

第 1 章为绪论，简要介绍点云与三维数字城市模型的关联、三维数字平台及其应用情况。

第 2 章介绍机载、车载（船载）、固定站式、便携式等不同的点云获取平台，并介绍了各自平台的原理、技术特点、典型设备情况。

第 3 章介绍机载、车载（船载）、固定站式、便携式不同平台的点云获取、处理作业流程与技术要点，具体包括点云数据获取、数据预处理、数据质量控制等全流程，以及多平台点云数据融合处理的相关技术。此外，本章还结合工程项目简述了相关技术的生产应用。

第 4 章介绍点云测图技术，主要内容包括：国内外点云滤波分类经典算法、地面点云滤波分类工程方法、机器学习点云分类创新研究，以及数字高程模型、数字表面模型、数字正射影像、数字线划图基础测绘产品、车道级高精地图五类测图产品的工程生产技术流程，并针对数字线划图测图展开介绍了集成机载点云和数字正射影像测图、集成机载点云和航片立体像对测图、机载激光雷达测量单片测图、点云剖面测图四种测图方法的生产技术流程、创新工艺、工程实践。

第 5 章介绍点云矢量三维建模技术，全面阐释了融合点云和航片建筑物屋顶建模的技术思路、建模软件研发及半自动建模的整套生产技术流程，以及融合车载点云和影像的建筑物侧面精细建模方法；总结了建模精度、效率，以及古建筑固定站式激光扫描测量点云建筑信息模型建模生产技术流程和标准；讲解了模糊空间聚类、机器学习城市部件点云分割算法思路和面向对象模型库的车载点云城市部件矢量模型参数的提取方法。

第 6 章的主题为三维数字城市模型构建。重点介绍基于点云构建矢量模型的精细化处理技术流程和方法，包括模型结构的精细化处理、纹理与材质的处理、灯光的布置与烘焙渲染。此外，本章还介绍了城市地下空间中地质和管网的三维建模技术流程和方法，以及基于相片和结构光的自动建模技术的原理和技术流程。

第 7 章的主题为三维数字城市数据处理与组织。在数字城市技术标准、建设应用需求和多年实际生产经验的基础上，总结并提出三维模型建设的总体要求，包括模型数据的矢量结构和纹理要求；面向数字城市管理应用设计了三维模型数据的组织结构方案，包括命名方法和要求、要素分类和编码、建模级别的划分与技术要求；针对数字城市海量三维模型数据的管理应用提出 LOD 简化处理方案，包括生成 LOD 多级模型的模型结构简化方法和纹理的简化方法。章末，简要介绍了城市综合信息一体化管理模型、时空立体海量城市数据管理和数据动态更新维护机制。

第 8 章的主题为三维数字城市基础平台。基于数字城市应用需求，结合技术团队自主研发中的实践经验，介绍了适用特大城市的三维数字城市基础平台的软件体系架构，设计了地理实体对象模型，实现了海量多源异构数据的二维、三维一体化管理。本章还介绍了不同空间参考系的海量数据高效调度和融合渲染的技术、对海量数据分块分级的切片技术，以及海量数据集群分布式、高并发网络服务技术及其应用效果。

第 9 章的主题为三维数字城市应用。详细介绍了三维数字城市在城市规划管理、自然资源管理、城市综合管网管理、城市公共安全与应急管理、城市建设管理、智慧园区管理等方面应用。

作为结束语，第 10 章主要围绕点云和三维数字城市相关技术在未来的发展做了展望和思考。

本书由周泽兵、王力、程良勇主编，黄恩兴、周玉明、邓世军、江宇、高健等参与统筹确定本书整体架构和核心内容，并负责本书内容的审定。第 1 章由邓世军撰写，第 2 章由周泽兵、王国飞撰写，第 3 章由王国飞、李振、江宇撰写，第 4、5 章由江宇、闫继扬、李文棋、王刚等撰写。第 2—5 章由江宇、王国飞统筹。第 6 章由程良勇、王海、王欢、沈美岑、熊鑫等撰写，第 7 章由程良勇、王海、李南江、程圆圆、周泽兵、王力等撰写，第 8 章由高健、沈美岑、周培龙、蔡红、程圆圆、张真真、江谋美、王梦等撰写。第 6—8 章由程良勇统筹。第 9 章由王力、廖浪、李依姣、张伟（女）、李维、刘庆华、刘洋、杨蕊萌、李南江、沈迎志、毛继国等撰写，第 10 章由王力、江宇撰写。第 9、10 章由王力统筹。书中部分图片由黄芬、王海、张天明协助制作。本书得益于近年来天津市勘察设计院集团有限公司星际空间（天津）科技发展有限公司在点云和三维数字城市建设工作中的成果积累，虽然由上述人员具体执笔编写，但它是集体的智慧。

本书得到了“海河英才”计划天津市人力资源和社会保障局 131 创新型人才培养工程第一层次人选周泽兵、王力、程良勇个人培养基金以及天津市勘察设计院集团有限公司配套经费的支持！

由于编写时间和作者知识水平、实践经验所限，加上作为新技术的点云和三维数字城市均尚在发展之中，相关技术理论与方法尚不完善，书中错误与疏漏之处在所难免，敬请广大读者和同行专家予以批评、指正。

作　者

2021 年 5 月

目录

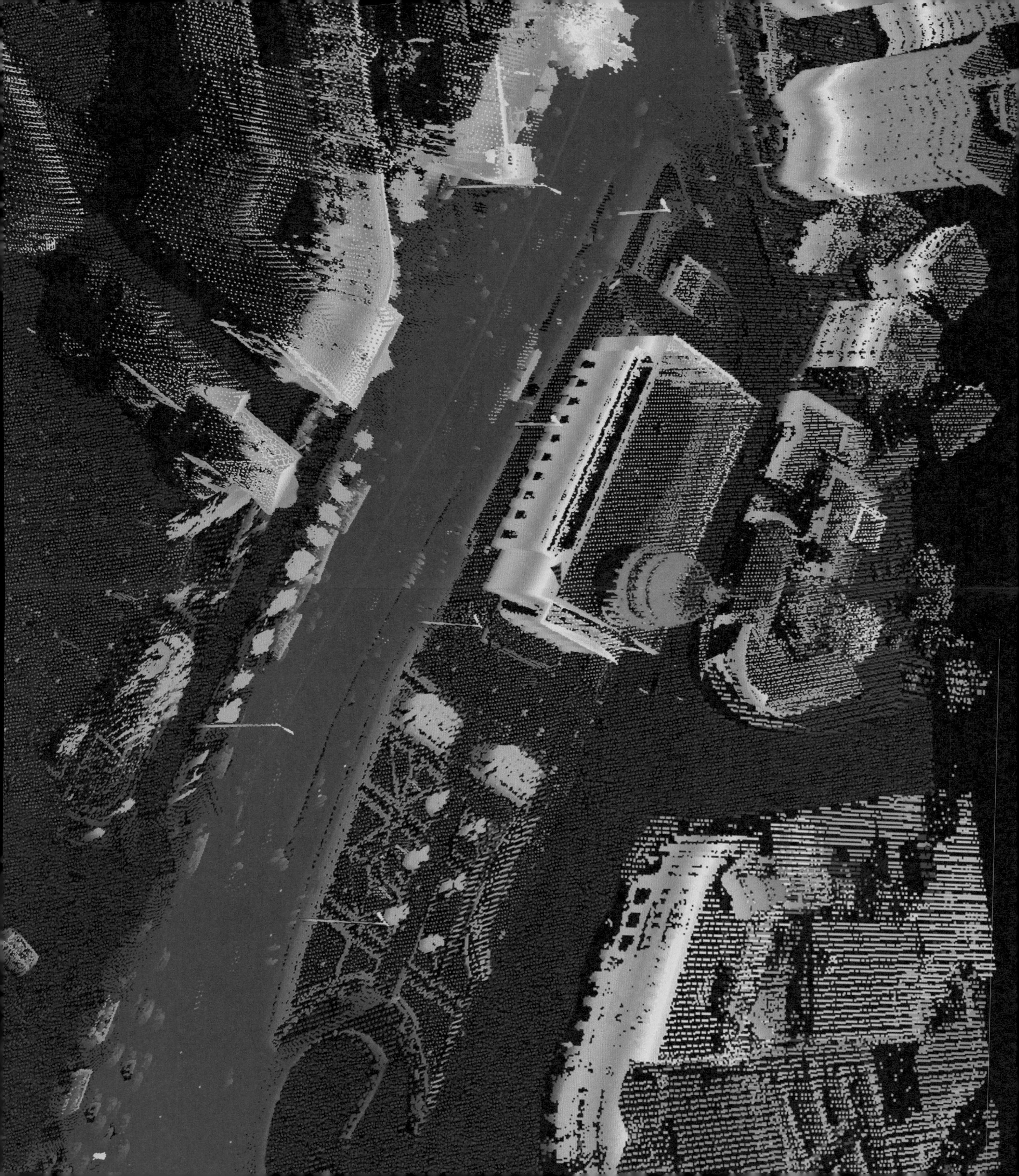

第1章 绪论

随着互联网相关技术和应用的飞速发展，大数据时代已悄然到来，极大改变着人们的生产、生活方式。城市既是“资源高地”，又是“效率洼地”。随着社会的发展，人口的高度集中加剧了城市公共资源的供需矛盾，为城市治理者带来日趋严峻的种种挑战。为解决城市发展难题，实现城市可持续发展，建设智慧城市已成为当今世界发展不可逆转的历史潮流。

“数字城市”又称为“数字孪生城市”，是物理世界向网络空间的映射，将物理世界的人、物、事件等要素数字化，在网络空间再造一个与之对应的“虚拟世界”，形成物理维度上的实体世界和信息维度上的数字世界同生共存、虚实结合，并通过存储和记录海量的数据，以对数据的分析、挖掘和综合运用，反作用于现实空间，提升城市的管理和运营水平。因此，数字城市建设是建设智慧城市的基础和必要条件。

三维数字城市是在“二维数字城市”概念的基础上发展起来的，是三维地理信息技术、虚拟现实（后简称“VR”）技术和计算机技术等的综合应用，实现了用真实三维数字场景来表现真实空间地理要素的目的。三维数字城市具有直观、可视、精细表达三维空间的优点，可以逼真、形象和直观地描述和表达城市过去、现在和未来的状况以及其地下、地表和地上的物理空间系统，是城市信息化的基础，是政府提升城市管理水平的重要手段。三维数字城市建设是当今数字城市研究和应用中的一个基础性课题，是智慧城市建设水平的重要标志，同时也是一个技术的热点、难点问题。

国内较发达的大中型城市（如上海、深圳、广州、武汉、重庆等）在城市规划管理、城市建设、消防、应急管理等领域积极推行的三维数字城市建设技术，已经逐步得到了较为广泛的应用。在国外，美国、欧洲、日本等先于我国展开相关研究，其整体研究水平和应用状况目前同国内发达地区相当。

由于三维数字城市建设是一项周期长、投资大、技术难度高的应用性工作，目前国内尚存在三维数据制作效率低、精度低、老化快，数据更新和系统维护困难，后续投资不足，难以满足城市建设快速发展的需要等问题。一些三维数字城市建设还存在内容单调、区域较小、功能较少、投资不足和重复投资等问题，难以适应现代城市建设和管理对多元信息的需求，从而也限制了三维数字城市功能、作用和效益的发挥。

因此，如何高效、快速、准确建立城市地理空间三维数字模型，并在此基础上建立三维数字模型数据库的动态维护更新机制，建立高效、真实、功能强大、应用广泛和适应性强的三维数字展示与分析应用平台，推动三维数字模型成果在更多方面的应用，是我国目前建设三维数字城市面临的主要问题之一。

1.1　点云与三维城市模型构建

三维数字城市模型作为数字城市空间数据基础设施的重要建设内容，其基础数据的获取、处理与高精度、精细化三维模型的制作是一项投资巨大、技术要求很高的复杂工程，是三维数字城市建设与动态更新的主要制约因素。目前，三维数字城市模型有几种主要的数据采集和模型建设方法：

（1）基于传统的二维地理信息建立三维模型。这种方式以传统的二维地图数据为基础，人工外业采集建筑、植被、地物等的高度、尺度数据和外观照片数据，采用人工建模的方式完成三维模型建设。技术难度不高，但是效率低、外业工作量大。

（2）通过传统的摄影测量方式采集城市空间的航空影像数据和倾斜影像数据，通过摄影测量立体测图技术建立城市空间的2.5维空间数据，再进一步制作城市三维空间模型。由于高分辨率遥感技术、数字摄影测量技术和倾斜摄影测量的发展，采用这种方式虽然可以同时采集空间立体数据和影像纹理数据，效率高，但数字模型细节表达不准，精度较低，而为保证纹理视觉效果还需要更进一步采集外业照片数据。

（3）基于激光雷达（Light Detection And Ranging，LiDAR）测量技术的三维城市模型建设。近些年来，激光雷达测量技术发展迅速，可以通过机载、车载和地面平台进行数据采集，能够快速采集到城市空间多层次、高精度、多尺度的点云数据，而且同步获取的影像数据可以为三维模型纹理的制作提供参考，因此在大范围三维空间数据的采集方面具有效率高、精度高、成本低等优势。目前，基于激光雷达测量技术的三维数据建模日益成为三维数字城市建设领域的生力军。

基于点云数据的三维城市模型具有大范围、高精度、快速有效等特点，制作时需要经过以下过程：

（1）点云的预处理，即通过滤波的方法消除存在的粗差点，如使用双边滤波、高斯滤波、条件滤波等方法对点云进行过滤。

（2）点云分类，即按照一定的语义要求对点云进行提取、分类，对点云数据进行分割处理。点云的分类方法有基于点的分类、基于分割的分类，以及监督分类与非监督分类等，而点云分割也有区域提取、线面提取、语义分割与聚类等方式。

（3）基于点云的三维模型重建。将分类后得到的点云数据进行曲面模拟，就可以得到三维数字模型的基础模型面。这个过程可以通过三维重建算法来实现，也可以在叠加影像数据的基础上，通过人工、半自动化的方式实现。以点云数据为基础，还可精确测量建筑、地物、植被等的空间位置、空间分布，以及细节尺寸等，为制作更高精度的三维模型服务。

1.2 三维数字城市基础平台建设

与VR展示平台不同，目前应用较广泛的三维数字城市基础平台大多是从三维地理信息平台发展起来的。国外在三维地理信息软件研发方面起步较早，从20世纪80年代就开始了。目前，国际上比较主流的三维数字城市平台主要有Google Earth、SkyLine Globle、Virtual Earth、World Wind等。近些年，我国推出了EV-Globe、GeoGlobe，VRMap、IMAGIS、StarGIS等软件，与国外软件竞争本土市场。整体来说，与国外相比较，国内三维数字平台在技术水平、软件适应性，以及软件性能上虽然还有一定的差距，但是也有自身优势，主要表现为：① 可定制化程度高，可以根据业务需求进行定制化底层开发，更好地适应业务系统；② 价格低，国外的三维数字平台普遍价格高昂，动辄几十万元甚至上百万元，国内则要低很多。

为支撑数字城市的应用，三维数字平台必须以空间地理信息、VR、互联网等技术为基础，满足数字化城市管理的相关功能要求。概括起来，三维数字平台应具有以下几方面的技术特征：

（1）视觉表现方面，三维数字城市基础平台需要支持三维数字空间模型的精细、准确和可视化表达，能够逼真展现地表、建筑轮廓的数据模型表现，也需要支持融合建筑内部数据模型（如建筑信息模型）、地下空间模型的表现，同时需要支持抽象信息（如二维的点、线、面数据）的表现。

（2）支持的数据源方面，三维数字城市基础平台需要支持多时态、多来源、多格式、多用途的数据，包括数字正射影像（Digital Orthophoto Map，后简称“DOM”）、数字高程模型（Digital Elevation Model，后简称“DEM”）、三维数字模型、地下管线数据、建筑信息模型（Building Information Modeling，后简称“BIM”）、激光扫描测量数据等，并且能够融合这些数据进行综合应用。

（3）支持跨平台应用方面，为满足不同用户、不同层次的需求，三维数字城市基础平台既需要在 Windows、Linux 系统上的应用，也需要支持桌面级、Web 轻量化应用，同时还需要支持在桌面电脑、移动设备上的应用。在高精细三维模型展示方面，为提高展示效率和效果水平，需要利用 GPU 等计算资源来提高展示计算能力。

（4）分析功能方面，三维数字城市基础平台需要以二维地理信息的空间分析为基础，通过空间数据和空间模型的联合分析来挖掘空间目标的潜在信息，包括对空间位置、分布、形态、距离、方位、拓扑关系等的分析功能，以及对三维空间的重叠、通视、可视域的分析功能。

总体来说，目前三维数字城市基础平台在二、三维一体的空间数据模型、数据管理、空间分析与可视化方面已经比较成熟，桌面级的应用产品相对比较完善。随着 WebGL 的推出和发展，Web 端的三维数字城市基础平台建设正逐步成熟，并会成为下一阶段的发展方向。

1.3 三维数字城市应用

三维数字城市是城市地理信息系统（后简称“GIS”）向动态、多维和网络化方向发展的产物，是VR技术和GIS的结合体。VR技术是利用计算机技术生成一个逼真的，具有视、听、触等多种感知的虚拟环境。用户通过各种交互设备，与虚拟环境中的实体相互作用，产生身临其境的交互式视景仿真和信息交流，是一种先进的数字化人机接口技术。我们利用 GIS 采集、存储、管理、分析和描述各类型空间地理数据，并将此信息属性赋予基于 VR 技术构建的三维模型，使之能就特定目标进行分析和处理，以成为城市规划、建设和管理的决策支撑。

目前，国内大中型城市的政府部门在城市规划、城市管理、应急、环保、水利等领域积极进行三维数字城市建设，并已形成推广之势，其主要作用在于：

（1）辅助城市规划设计、规划管理。通过三维实景浏览、规划方案设计与策划研究、多方案比选、多屏方案显示、日照分析、规划信息指标查询分析、规划指标动态计算等功能，可以将设计与城市现状进行融合，从而更好地优化城市空间布局，优化城市空间形态，优化城市交通，实现从单一项目审批到对城市空间形态统筹研究的转变，实现从简单设计评审到对城市界面和空间结构全面分析的转变，提高项目设计水平和审批决策的科学性。

（2）提升城市地下空间管理能力。通过多方式表现和管理管线、多手段查询管线信息、多层面统计各类管线长度、多角度分析管线位置关系、多方位检验路由设计合理性等功能，完成对地质条件的模拟展示，对地下管线的优化，对地下基础设施的监管。

（3）辅助城市应急管理。三维数字城市基于时态的地上、地面、地下一体化海量数据管理模型，有效集成社会、经济、人口、资源、环境等专业信息，将成果扩展到经济、卫生、交通、应急、消防等领域，为应急、消防等部门提供丰富、精确的数据，为疫情监测、疫情发生区的管理、应急处置辅助决策等提供大力支持。

综上，在三维数字城市建设已被列为城市未来发展战略计划的今天，本书作者所属的项目团队整理、总结多年来参与国内一些大中型城市三维数字城市建设的实践经验并集结成书，以激光雷达测量技术为基础，采集项目区域三维激光雷达点云数据和影像数据，制作建立城市三维数字模型库，将三维数字模型组织和管理、三维数字城市基础平台研发、三维数字城市应用等方面的相关科研成果向同行和公众进行汇报、交流。

第2章 点云获取平台

传统的三维数据采集技术主要有逐点采集和面采集两种方法。逐点采集法，如使用水准仪经纬仪、全站仪、GNSS (Global Navigation Satellite System) 测量，这些方法采集数据效率较低，比较适合低密度、高精度、规则目标的数据采集；面采集法主要是通过摄影测量和遥感方法采集影像数据，如摄影图片、遥感影像等，采集速度较快，获得的信息量大，但后处理工作烦琐，可用于复杂物体表面数据和大规模地形数据的采集。近年来，快速发展的激光雷达测量技术提供了一个全自动高精度的快速立体扫描方式，能够直接获取目标点的坐标和灰度信息，是非接触主动式空间信息获取新技术，以激光扫描仪为主导传感器，融合定位定姿影像处理等技术的综合测绘技术。激光扫描仪在伺服马达的支持下，由激光器以极高的速度等角度发射并接收激光束，通过计算飞行时间（或相位差）获得扫描仪中心到地物表面的距离，再通过一系列坐标转换获得地物高精度密集点云，具有数据获取速度快、精度高、不受光线影响，以及直接获取地物密集三维点云等诸多优势。

数十年来，随着应用领域的不断拓展，激光扫描技术已成为当前三维空间信息获取的主要手段之一，已发展成为一个相对完善的技术体系，有多种分类方法：

（1）按工作原理来分，主要分为脉冲式和相位式。脉冲式也称为“飞行模式”，是计算激光脉冲从发射到返回的飞行时间，再乘以空气中的光速，从而计算激光器中心到地物表面的往返距离，进而计算地物三维坐标，其优点是扫描距离远（可达数千米）。相位式是用无线电波段的频率，对激光束进行幅度调制，并测定调制光往返测线一次所产生的相位延迟，再根据调制光的波长换算该相位延迟所代表的距离，进而计算地物三维坐标。相位式采用相位差来实现精密测距，其优点是频率和精度都很高，但扫描距离相对较近。

（2）按维数来分，主要分为线阵激光扫描仪和面阵激光扫描仪。线阵激光扫描仪所发射的激光束限制在一条扫描线内，只有与地物保持相对运动的状态才能获取必要的三维信息，其使用方法主要分为两类：一类是固定传感器，对动态目标进行探测；另一类是搭载在移动平台上，在行进过程中获得地物的三维坐标。面阵三维激光扫描仪借助水平和竖直两个伺服马达的等角度运动，能在保持自身静止的情况下，获得周围地物密集点云，也可搭载在移动载体上，在运动过程中获取周围地物三维点云。

（3）按扫描距离来分，主要分为近程、中程、远程和超远程。一般认为，近程激光扫描仪的作用距离小于 300m，中程激光扫描仪的作用距离为 300～1500m，远程激光扫描仪的作用距离为 1500～6000m，超过 6000m 则为超远程激光扫描仪。当前激光扫描仪都采用单一激光发射器，而激光束的飞行速度是固定的，扫描距离和扫描频率之间构成矛盾，扫描距离远则扫描频率相对较低。

（4）按承载平台来分，主要分为星载、机载、车（船）载、固定站式、便携式几种。其中星载激光扫描是以卫星为承载平台，运行轨道高，观测视野广，可以触及世界的每一个角落，为境外地区三维控制点和 DEM 的获取提供了新的途径，对国防和科学研究具有重大意义。探月和火星探测计划等都离不开星载激光扫描传感器。星载激光扫描在海面高度测量以及云层和特殊气候现象监测等方面也发挥着重要作用。

国内在 2000 年前后从国外引入机载激光雷达和地面固定站式设备，车载激光雷达测量技术于 2008 年引入，以 SLAM（Simultaneous Localization And Mapping）技术为重要支撑的便携式激光雷达测量技术则随着近几年出现的弱 GNSS 环境下的相关需求也得到了日益广泛的应用。在相关测绘仪器装备方面，国内多家测绘仪器厂商已在自行研制激光雷达测量硬件装备，近年来取得了长足的进步；在测量数据处理方面，国内一些科研院所开展了大量激光雷达测量数据处理方面的技术研究，也有一部分软件实现了较为成功的商业化推广应用。

2.1　机载激光雷达测量系统

机载激光雷达测量系统（后简称“机载激光雷达”），是一种以飞机、飞艇等航空飞行器为载体，搭载三维激光扫描仪、高分辨率数码相机等传感器，结合全球定位系统（后简称“GPS”）、惯性导航系统（后简称“INS”）、陀螺仪等定位定姿设备，主动对地测量的光机电一体化集成系统。它通过在飞行平台上的激光雷达传感器对地面目标物发射激光脉冲，经目标物反射后被激光扫描系统接收，从而实现自动快速海量地获取地面地物高精度三维空间数据。机载激光雷达当前主要应用于三维城市建模、地形测量、工程测量、DEM、数字表面模型（Digital Surface Model，后简称“DSM”）、DOM 等需要获取物体空间信息的领域，具有广阔的发展前景。机载激光扫描测量技术具有自动化程度高、受天气影响小、数据生产周期短、空间精度高等特点，是目前较先进的实时获取地形表面三维空间信息的航空测量技术。

机载激光雷达，通过主动采集地物的三维空间点云数据，在重建城市地物三维场景模型的精细度和完整性上有独特优势。机载激光雷达对地发射的主动激光波长一般为 1040～1060nm，它能识别和采集到肉眼能看到的电磁波，也能穿透如玻璃和清水之类的透明物体。因此，在一些测绘困难地区，如地物密集区、森林地区，以及夜间、阴天等特殊情况下，采用机载激光雷达会得到高效且准确的结果。然而，机载激光雷达在使用技术的要求方面比传统大地测量系统更复杂，需要与飞行器载体、定位系统、INS、陀螺仪系统等实现同步。在采集完成后的点云数据后处理上也比摄影测量系统更复杂，需要结合飞行器的位置、姿态、速度等时刻变化的参数共同解算。

在实际生产中，一次或一束激光脉冲的一次回波只能获得航线下方一条扫描线上的回波信息。为了获取一个区域的激光反射面（激光脚点）空间信息，需要采用一定的扫描方式进行作业，目前常用的扫描方式有线扫描、圆锥扫描、纤维光学阵列扫描三种。线扫描通过摆动式扫描镜和旋转式扫描镜实现，类似于用激光扫描脉冲在地面上按一定规则画直线，一般有平行线形和“Z”字形两种扫描方式。圆锥扫描通过倾斜扫描镜实现，使扫描镜的镜面具有一定倾角，让旋转轴与发射装置的激光束形成 45° 夹角，随着飞行平台的运动轨迹，扫描光斑（一束激光脉冲的扫描范围）在地面上形成一系列有重叠的椭圆，类似于用激光扫描脉冲在地面上按一定规则画曲线，最终完成测量。纤维光学阵列扫描类似于多个线扫描的集合，利用光纤形成多个扫描激光发射口，并按一定的阵列方式排列，当所有发射口同时发射激光脉冲时，扫描光斑在地面形成一个矩形，再通过摆动式扫描镜或旋转式扫描镜，完成一个扫描矩阵在地面上平行或“Z”形的扫描带。机载激光扫描测量目前还处于不断研究和解决作业技术的阶段，还有很广阔的发展空间，特别是在点云数据后处理的算法以及点云自动构建三维模型的软件和系统开发等方面。随着其应用领域越来越广泛，对激光发射器的测距和成像能力提出了更高的要求，而接收探测器也需要有更精确、细微的敏锐度和感知力，只有这样，采集系统才能具备更精确的空间位置信息获取能力、更高分辨率、更快速度和更高效率，从而提高数据分类和物体识别的能力。另外，点云数据处理的自动化、智能化、便捷化，以及与影像的同步集成解算也是机载激光扫描测量技术发展的新方向。表 2-1 为几种商业机载激光扫描仪及其主要参数（程效军、贾东峰、程小龙，2014；李峰、刘文龙，2017）。

表2-1　几种商业机载激光扫描仪及主要参数

参数	Teledyne Optech GalaxyT1000	Leica ALS 80	Riegl VQ1560i	Trimble AX80
POS型号	POSAP 60	相当于 POSAP 60	POSAP 60	相当于 POSAP 60
扫描机制	振镜式	可选（正弦、三角波、平行线）	旋转多棱镜	旋转多棱镜
扫描频率	0~120Hz	200/158/120	10~200Hz	10~200Hz
扫描角度	10°~60°	72°	60°	60°
脉冲频率	35~1000kHz	1000kHz	2000kHz	200~800kHz
工作航高	150~4700m	100~5000m	50~4700m	50~4700m
高程精度	0.03~0.2m	优于0.2m	优于0.2m	优于0.15m
相机型号	集成飞思10000	RCD30	可集成第三方相机	Trimble AQ 180

2.2　车（船）载激光雷达测量系统

车载激光雷达测量系统（后简称“车载激光雷达”）是将汽车作为搭载平台，集成激光扫描仪、GPS、相机等装置，在汽车行驶过程中采集两侧目标地物的三维信息：GPS 记录系统行进过程中的位置和地理坐标，IMU（Inertial Measurement Unit）记录汽车的俯仰、偏航等姿态数据，车载激光扫描仪获取目标地物到激光扫描仪中心的距离，实时获取目标地物表面的几何信息，CCD（Charge Coupled Device）相机动态获取目标地物表面的序列影像信息，用于数据处理时目标地物表面纹理的建模。因此，车载激光雷达采集的数据主要包括：GPS 定位数据、惯性测量单元 IMU 获得的姿态数据、距离数据、CCD 相机获取的影像数据等。将 GPS 数据和 IMU 数据进行联合解算处理后得到 POS（Position and Orientation System）数据，把获得的 POS 数据与车载激光扫描仪获得的相对坐标数据进行融合，最终得到目标地物激光扫描点的空间三维坐标。

与固定在地面上，对安放地点周围地物进行密集扫描的作业方式不同，车载激光雷达有其自身的特性：

（1）由于车载激光雷达在车辆正常行驶过程中动态采集数据，为了保证数据采集的效率和质量，在数据采集过程中要尽量减少车辆大的转弯。另外，车载平台有一定的高度限制，激光扫描仪的射程也有限，因此，这种方式适合大型带状场景（城市街道、公路隧道、堤岸等）信息的采集与重建。

（2）激光扫描仪的扫描方向垂直于车辆行进方向，每条扫描线上的点近似落在一个扫描平面内，相邻两条扫描线近似平行，相邻扫描线间的狭长条带也具有相似的特征。因此，在数据处理时，宜以扫描线为单位，根据相邻扫描线间的相似或关联关系进行处理。

（3）激光扫描仪以一定的角度间隔采集数据，在靠近车辆的地面上，数据点的间隔非常小，随着距离的增加，数据点的间隔不断增加，当到达竖直目标时，数据点间隔的变化量趋于平缓。因此，在同一条扫描线上，数据点的密度有很大的差别。

车载激光雷达通常用于道路及两侧城市数据获取，以快速实现城市的三维模型重建，通过获取街道两侧地物（如道路、建筑物等）的几何结构、空间位置和纹理，结合模型重建的相关算法和各种规则，完成三维模型的建立和纹理贴图，生产城市三维模型数据。在实际生产中，城市密集的建筑群会降低 GPS 接收机获取卫星信号的能力，大型建筑物表面和玻璃幕墙等会对 GPS 信号产生多路径效应等负面效果，直接影响 GPS 的定位精度。因此，在目前城市测量中，常利用多基站网络 RTK 技术建立的连续运行卫星定位服务综合系统（CORS）为车载激光雷达的 GPS 接收机提供精确的定位服务，以保证系统的正常工作。车载激光雷达当前在三维城市建模、地形数字测图、道路测量、部件普查等领域得到了广泛的应用。与机载激光雷达相比，车载激光雷达具有点云密度高、采集方式灵活、能同时获得目标物侧面近景影像的特点。然而，车载激光扫描点云成果中离散点的数量较大，直接提取建筑物几何结构较困难，并且车载平台只能获取建筑物邻路的立面信息，因此限制了车载激光雷达在城市空间信息获取领域的应用。

船载激光雷达与车载激光雷达的组成及工作原理完全相同，区别仅在搭载平台的不同，故不再单独介绍。几种商业车载激光扫描仪及其参数见表 2-2。

表2-2 几种商业车载激光扫描仪及主要参数

参数	Teledyne Optech Lynx HS600	RieglVMX-1HA	TrimbleMX8（VQ450）	LeicaPegasus:TWO
POS型号	PosAP 60	相当于PosAP 60	PosAP 60	相当于PosAP 60
扫描频率	2×600Hz	2×250Hz	2×200Hz	100Hz
脉冲频率	2×800kHz	2×1000kHz	2×550kHz	1000kHz
多回波能力	最多4次回波	无穷次回波	无穷次回波	—
测距能力	130m@10%反射率	150m@10%反射率	最大测程800m	最大测程270m
测距精度	5mm	5mm	5mm	1.2mm
相机型号	LadyBug5及4×500万框幅式（可选）	最多6个相机，可集成LadyBug5	三个高速数码相机、G360全景相机	8×400万像素

2.3　固定站式激光雷达测量系统

“固定站式”是为了区别其他设置在移动平台上的激光雷达测量系统而命名的，系统被直接架设在地面固定点上，并在此完成待测目标物空间多维信息的获取。固定站式激光雷达测量系统（后简称“固定站式激光雷达”）因不需要在移动中实现目标物空间三维信息的获取，减少了设备成本和数据协同的复杂性，更容易操作，整体体积也更小。另外，测站点拼接不需要采用移动定位技术，误差更容易控制，精度也更高。在实际生产中，固定站式激光扫描测量需要考虑相对精度和绝对精度。相对精度是目标物相互结构间的精度，绝对精度是目标物各结构相对于坐标系原点的精度；相对精度可通过提高激光扫描仪两测站间的距离和角度精度来提高，绝对精度可通过提高测站与坐标系统控制点的联测精度来提高。

在数字城市三维空间数据的获取中，固定站式激光扫描测量是机载、车载激光扫描测量和摄影测量的重要补充，特别是对重要目标，如文物、古建筑，以及特别隐蔽及高精度高细节要求的物体空间信息获取。固定站式激光雷达，可采用类似全站仪光电测角测距的移站方式进行两个可通视点间的移动，也可把设备直接架设在两个不通视的未知点上，通过获取 4 个或 4 个以上共同连接标志，以完成测站的移动。这两种方式能在同一个工程中根据实际需要灵活使用，并能自动完成点云数据的拼接，方法和方式灵活。由于激光扫描测量不需要可见光，理论上可以把测站和测区延伸到所有人能走到的地方，能同时在一个坐标系统中有效地获取建筑物内、外部及其地面下部分的三维空间信息数据，建立统一的室内外和地上、地下空间的三维模型，这也为室内、地下空间的定位与导航服务的建模源数据获取提供了一种精确可行的新方法。

固定站式激光雷达的优点，除了可移动载体平台类激光雷达测量系统共有的数据获取速度快、外业操作简单、精度高、不受光线限制、现场工作时间少等优点外，还有作业方式灵活、受地域影响小、测量作业方便、能有效避开障碍物和遮挡物、室内外和地面上下一次性测量完整等优点。然而，固定站式激光雷达也有明显缺点：① 固定站式地面激光雷达测量系统是个黑箱系统——自己测量自己检核，交互检校往往是通过事后采用常规控制测量的方法进行的。② 扫描点云数据后处理困难，软件不够自动，不够成熟，不够兼容，在内业处理数据所花的时间往往比外业采集数据所需的时间还要多许多倍。③ 数据采集和处理的自动化、智能化程度不高，扫描的点云成果有许多是无用的噪声数据和冗余数据。表 2-3 所列是几种商业固定站式激光雷达扫描仪及主要参数（程效军、贾东峰、程小龙，2014；王晏民等，2017）。

表2-3　几种商业固定站式激光雷达扫描仪及主要参数

原理	典型厂家仪器	测程/m	测距精度	扫描视场	配套软件	仪器特点
基于脉冲测距	Teledyne Optech Polaris	1.5～750	5mm@100m	360°×120°	ATLAScan	Z型扫描模板，可实现无控制点自动拼接
	Maptek LR3	最大测程1200	4mm	360°×100°	I-Site Studio	内置高分辨率CCD数码相机
	Riegl VZ-400i	1.5～800	5mm@100m	360°×100°	Riscan系列	测程长；具有多重回波识别与分析功能，适合雪地、冰川测量
	Leica RTC360 LT	0.5～130	1.9mm@10m	360°×300°	Cyclone	带全站仪功能，全站仪的视场角无限制
基于相位差测距	Faro Focus^{3D} X330	<330	2mm	360°×330°	FARO SCENE	小巧(5kg)；测速快；配套点云处理软件多
	Z&F IMAGER 5010	0.3～187.3	0.8mm@50m	360°×320°	LFM & LaserControl	精度高，具有防爆功能，适合于煤矿等危险环境

2.4　便携式激光雷达测量系统

便携式激光雷达测量系统（后简称“便携式激光雷达”）适用于其他平台激光雷达不便施测区域或室内无 GNSS 环境下的测量，多以 SLAM 技术为主要支撑技术，主要形式有：地面推扫式、背包式和手持式。

便携式激光雷达的优势在于重量轻、体积小、一体化、多平台、操作简便，可在机载、车载、船载、背包等多种移动平台间轻松切换；可全天候作业，轻松解决常规方法较难测量的险滩泥沼、城市峡谷、隧道、交通流量较大的道路等区域；可全方位、高效、便捷、精准地获取山地、平原、森林、湖泊、景区、公路、铁路、电力等各种三维空间地理信息，节省大量的人工成本和时间成本。

目前，背包式移动激光雷达（或称“背包式移动三维激光扫描系统”）根据定位原理的不同可分为 3 种类型：单纯依靠 SLAM 技术、SLAM+GNSS、IMU+ 点云配准。

单纯依靠 SLAM 技术的背包式移动激光雷达使用相对较少，其中具有代表性的是欧思徕（北京）智能科技有限公司自主研发的 3D SLAM 激光影像背包测绘机器人。

单纯依靠 SLAM 技术的背包式移动激光雷达有很多优点，但其定位精度取决于周边环境的特征形态。如果周边环境特征丰富且差异较大，SLAM 算法的定位精度会很高；如果周边环境特征较少或十分雷同，定位精度会显著下降。

在室外开阔区域进行数据采集，往往只能采集到地面数据，而周边立面和天顶方向的数据稀少，而此时如果仍然单纯依靠 SLAM 技术进行定位，可能会导致计算无法收敛，从而无法获得合格的点云成果，对此，可将 SLAM 与 GNSS 相结合。在室内或狭窄道路等无 GNSS 信号的区域使用 SLAM 技术进行定位解算，而在室外开阔区域使用 GNSS 结合 IMU 惯导进行定位解算，从而进一步增强系统的适用性，扩大其应用领域。Leica 公司推出的 Pegasus Backpack 移动测量背包系统便是此种类型的设备，配备 5 个相机和 2 个激光扫描仪，操作简单，使用灵活，适用于多种测绘领域。通过搭载三频 GNSS 系统，采用最新的支持多光束的 SLAM 算法以及高精度 IMU，Pegasus Backpack 可进行室内外一体化点云数据采集，精度达到厘米级。

除了使用 SLAM 算法进行定位，目前还出现了一种基于 IMU+ 点云配准算法的定位方式，其中具有代表性的是意大利 GEXCEL 公司生产的 HERON 系列背包式移动激光雷达，该设备通过两个阶段进行点云数据的自动拼接：① 在较短的距离内（5m）利用 IMU 进行位置解算，获得一段点云数据；② 在数据采集完成后，利用点云配准算法 ICP (Iterative Closest Point) 对各分段点云数据进行整体平差，从而得到高精度的点云成果。

相较 SLAM 算法，IMU+ 点云配准的定位方式具有以下两方面的优势 : ① 数据处理效率更高。SLAM 算法需要反向解算每个时刻的位置和姿态数据，计算量大，而 IMU+ 点云配准将分段点云数据作为一个刚体参与整体平差，数据计算量显著下降。② 整体精度更高。SLAM 算法主要是通过闭合环检测和连续特征匹配来提高最终的点云成果精度，当闭合环过长或没有闭合时，误差积累会十分大，且无法得到很好的分配，而 IMU+ 点云配准则通过分段点云之间的公共部分，利用 ICP 算法进行全局整体配准，可以有效提升拼接精度。然而，IMU+ 点云配准的定位方式也存在一定的不足，其定位精度与 SLAM 算法类似，同样取决于周边环境的特征形态，当周边环境特征较少或十分雷同时，其最终的点云拼接质量会受到较大的影响（杨铭，2018）。

第3章 多平台点云获取与融合

激光雷达测量技术因其可直接获取高密度的离散实景三维地理信息数据，应用日益广泛。机载激光雷达通过搭载有人或无人飞行器进行作业，可以从空中向地面以接近垂直正交方式获取数据的方法，快速直接获取地表三维地理信息，使得制作 DEM、DSM 的作业效率得到了极大提升。然而，如果想要得到完整的地物立面信息，机载激光雷达技术是有一定局限性的，特别是在对模型精度和纹理信息要求非常高的城市区域，仅通过机载激光雷达得到的模型无论是精度和纹理都不能达到令人满意的效果，而固定站式激光雷达设备则能够弥补这一缺陷。车载激光雷达能够快速获取行驶路径两侧一定范围内三维空间物体立面的几何信息，同时，由于针对的是近景三维目标，距离物体近，所以可以获取更大数据采样密度（其激光脚点分辨率可达 1cm），得到详尽的地物立面信息。对于车辆无法到达的隐蔽区域或因视场角造成的遮挡区域，可以将地面固定站式或便携式激光雷达作为补充，进而实现对地物三维地理信息的全方位获取。

受搭载平台的限制，各平台激光雷达采集方式均有一定的适用条件，随着应用的不断深入，实际生产实践中的需求依靠单一平台难以完全满足，往往需要多平台激光雷达联合使用方可实现完整的信息获取。

本章将针对各平台激光雷达点云数据获取、数据预处理、质量控制，以及多平台激光雷达联合应用时的相关技术要点和应用案例进行介绍。

3.1　机载激光雷达点云获取与处理

机载激光雷达集激光扫描仪、POS 系统、光学成像系统于一体，搭载平台从传统的飞行员操控飞机拓展到无人机的广泛使用。相较传统航空摄影方法，机载激光雷达主要有以下优势：① 具有多回波特性，能够获取树下地形；② 属于主动式遥感，可夜间作业，提高了作业效率；③ 高程精度高，可达厘米级。

虽然工程应用中的机载激光雷达设备出自不同生产商，但由于其原理相同，所以作业流程也大致相同，如图 3-1 所示，主要包括飞行规划、飞行作业、数据预处理、数据后处理四个阶段。

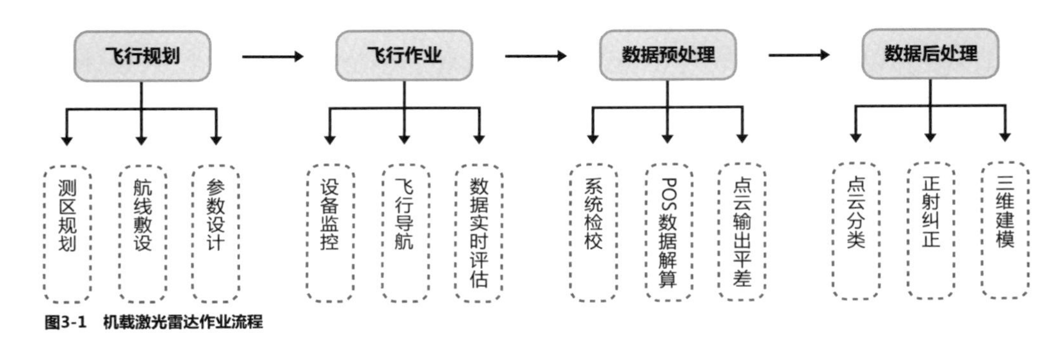

图3-1　机载激光雷达作业流程

3.1.1　点云数据获取

在实际作业前需要收集工作区已有资料，结合测区实际地形及测区分布状况进行航线设计。航测设计是飞行作业前的首要任务，是整个航摄工作的重要组成部分，是依据航空摄影技术设计规范以及航摄任务书的要求制定实施航测技术方案的过程，其主要内容包括技术参数确定（航摄范围、航摄执行时间等）、航线规划、作业参数设计、地面基站布设等。航测设计为航空摄影直接提供飞行数据，它关系到航测成果的质量和效益，也关系到航测飞行工作的安全性，是点云数据质量控制的第一个环节。

相较传统航空摄影，由于包括激光扫描仪与航测相机两种传感器，需要同时满足两种传感器的作业需求，所以机载激光雷达的航线规划要更为复杂，所需考虑因素也更多。

前期工作与传统航摄类似，首先需要搜集作业地区现有的最新地形图、自然地理概况以及气象资料。如果该区域曾经进行过航空摄影，则应搜集该区的航摄资料和大地测量成果，要详细了解该航摄地区的地形、地势情况，地物点高程、地物种类和特性以及它们的分布情况，以便进行切实的航测分区和航线设计，进行正确的航测技术计算；气象资料是确定飞行作业时间的重要依据，机载激光雷达是全天时而非全天候作业，雨雪天气无法作业，另外，航测相机对天气的要求更加严格，所以需要根据统计的气象资料估计每月的航测天数，进而预估航飞作业的开始、结束时间，以及所需的飞行架次。

其次需要确定相关技术指标，主要包括点云数据的高程与平面精度、点云与影像分辨率等。机载激光雷达所获取的点云数据精度与航飞高度（相对航高）有关，航高增加会带来高程精度的下降，此外，航高越高，碧空的机会越少，而在 3300m 以上需要使用加压舱和高空飞机，需要特制抗压玻璃，传感器挂载也会更加复杂。因此，为保证所获取的数据精度符合任务书要求，需要根据设备的技术指标，选择合理的飞行作业高度。地面分辨率的制定需要对航测影像、激光雷达点云分别进行设计，根据任务书要求确定目标影像的地面采样距离（Ground Sample Distance，GSD）与激光脚点的地面间距。

完成上述工作后，需要进行航摄分区与航线敷设，其主要原因在于：① 如果作业区域面积很大，则不能由一架飞机一两次飞行完成；② 如果航线过长，会造成飞机直线飞行时间过长，导致 IMU 漂移量增加，严重降低定位定向精度，达不到测图精度的要求；③如果测区内地形高差过大，会导致点云、影像数据分辨率的差别超限；④ 受飞机性能的限制。

航测分区完成后，开始敷设航线。航线敷设需要注意以下几个参数的确定：航测基准面高程，影像航向、旁向重叠度和激光点云旁向重叠度的计算，摄影基线长度和航线间距的计算。

（1）航测分区的基准面的高程 H_0 是由分区内高点平均高程 $\overline{H}_1$ 和低点平均高程 $\overline{H}_2$ 取算术平均数，即：

$$H_0 = \frac{\overline{H}_1 + \overline{H}_2}{2} \tag{3-1}$$

根据作业经验，在求某一分区基准面时，应至少分别取分区内 10 个高点的平均高程值和 10 个低点的平均高程值分别作为高点平均高程 $\overline{H}_1$ 和低点平均高程 $\overline{H}_2$。

（2）重叠度的计算，重叠度包括航向重叠度和旁向重叠度，其中旁向重叠度包括相机旁向重叠与激光扫描带旁向重叠。因为激光扫描为离散的点，同一扫描带上不存在重叠度的问题，所以航向重叠度仅指相机航向重叠度。在平坦地区摄影时，由于地表高程差异很小，故相机航向重叠度设计较为简单，但是在地表起伏较大的区域，如山区作业时，如果设计不当，则会造成部分地区相邻影像重叠度减小，甚至产生航摄漏洞，严重影响数据质量。旁向重叠度对于点云数据来说，是为了保证对整个测区的完全覆盖，对于影像而言则是为了满足数据后处理航带间“空三加密”的需要。由于点云数据生成的 DEM 可作为辅助数据用于正射影像的生成，所以在机载激光雷达中，旁向重叠度可根据实际情况进行调整。

（3）摄影基线长度是指同一航线上相邻曝光点之间的距离，航线间距则是同一测区内相邻两条航线间的距离。合理的摄影基线长度能够保证相邻像对的重叠度，使其满足后处理的需求，而精准的航线间距既可以保证对整个测区的完全覆盖，又可以最大限度地减少测区内的航线数，进而提高工程效率。一般机载激光雷达中相机旁向视场角大于激光最大扫描角，故计算航线间距时旁向重叠度以激光扫描带重叠度为准。设摄影基线

长度为 L_B，航线间距为 L_{fln}，航测相机航向视场角、激光扫描角度分别为 θ，φ，相对航高为 H，激光扫描带间重叠度、影像航向重叠度分别为 P_{acs}，P_{alg}，则有：

$$L_B = 2H\tan\frac{\theta}{2}(1-P_{alg}) \tag{3-2}$$

$$L_{fln} = 2H\tan\frac{\varphi}{2}(1-P_{acs}) \tag{3-3}$$

合理的作业参数设计方案可以保证所获取的数据满足任务书要求，直接关系到原始数据的质量。机载激光雷达高度集成，涉及设备参数较多，且参数之间相互影响，故作业参数设计较为复杂。一般来说，作业参数设计应从目标点间距入手，如图 3-2 所示（以振镜式扫描为例），激光点间距是指机下点间距，包括航向与旁向点间距，理想情况是激光脚点在整个测区内均匀分布，故在一般情况下激光点纵向、航向点间距设计值相等。

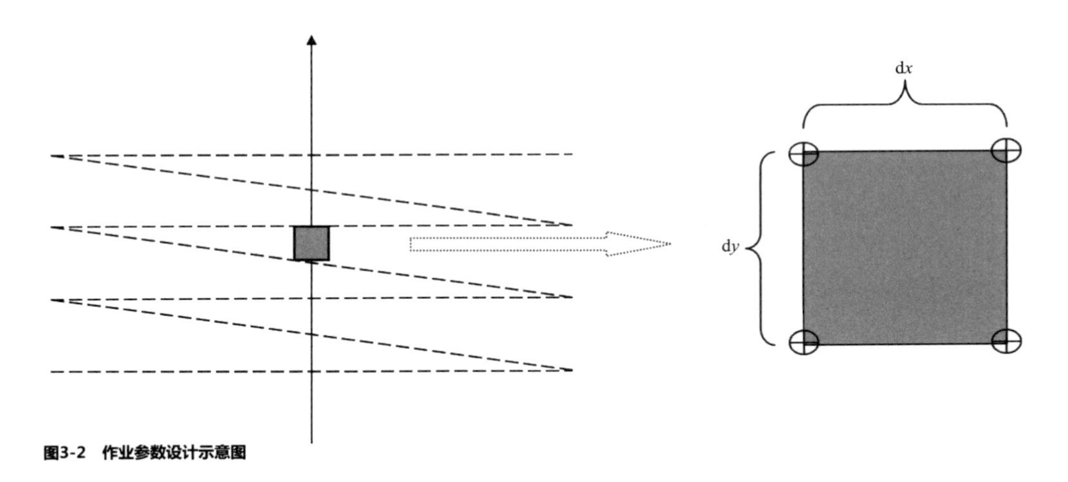

图3-2　作业参数设计示意图

地面点间距确定后，需要确定飞行平台参数，根据航高与航速需求选择相应的飞机，国内航测常用的飞机参数见表 3-1。

表3-1　国内航测常用的飞机参数

机型	双水獭	运-8	运-5	运-12	塞斯纳208	PC-6	大棕熊	空中国王
巡航速度（km/h）	240	550	180	250	260	210	330	430
升限（m）	8100	10400	4500	7000	7200	8000	7620	10600

激光点航向、旁向间距 d_{alg}，d_{acs} 计算公式如下：

$$d_{alg} = v/(2f_{sc}) \tag{3-4}$$

$$d_{acs} = 4h\tan(\theta/2)(f_{sc}/F) \tag{3-5}$$

其中，v为飞行速度，f_{sc}为扫描频率，h为相对航高，θ为扫描角度，F为激光重复频率。

由上式可知，与激光点航向间距相关的因素主要有飞行速度 v 与扫描频率 f_{sc}，而实际情况下，飞行平台确定后飞行速度即可确定，故飞行速度 v 可视为定值。因此，与航向点间距相关的因素仅需考虑扫描频率。

与激光点旁向点间距相关的因素主要有航高、激光扫描角、激光重复频率、激光扫描频率。其中，航高与激光重复频率相关，在振镜式扫描系统中，由于电机性能限制，其扫描角度与扫描频率彼此相关，与硬件设备相关，其有如下关系：

$$\theta \times f_{sc} \leqslant C（C \text{ 为常数}） \tag{3-6}$$

航高与激光重复频率关系如图 3-3 所示，其计算公式为：

$$F \leqslant \frac{1}{\frac{h-\Delta h}{c/2}+\Delta} \tag{3-7}$$

其中，Δh为测区最高点相对高度，$\varDelta$为光电系统延时常量，c为电磁波传播速度。

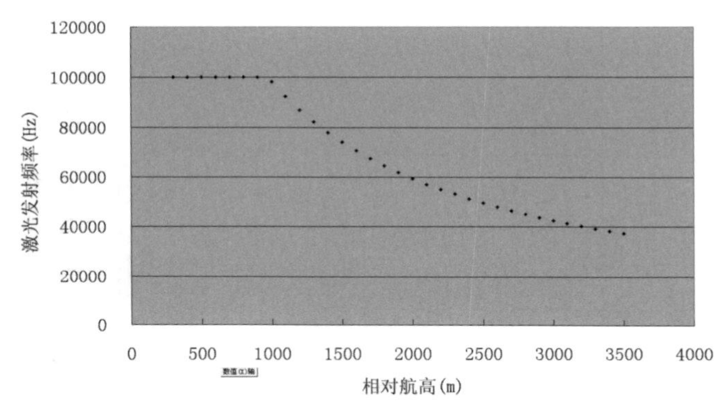

图3-3　激光发射频率与相对航高对应关系示意（假设C=1000）

综上，在考虑彼此间约束关系后，可按以下顺序计算出作业参数：h，v，f_{sc}，θ，F。以上为航线设计及参数设计相关原理介绍，实际工作中现行商用激光雷达均会提供航线设计软件，可根据作业要求自动进行作业参数设计和航线设计。

由于需要基于地面 GNSS 基站进行 POS 数据解算，故作业前应进行地面 GNSS 基站布设（特殊困难地区可采用精密单点定位等方式解算），若测区内有连续运行卫星参考站（CORS 站）则优先使用 CORS 站数据，单台基站覆盖半径不宜大于 30km。点位选择要求如下：

（1）GPS 接收机为双频接收机，采样频率不得低于 1Hz，卫星高度角小于 10°。

（2）站点附近视野开阔，无强磁场干扰。

（3）站点附近交通、通信条件良好，便于联络与数据传输。

（4）站点附近有浅植被覆盖，以抑制多路径效应。

（5）应设立在人员稀少或不易到达的地点，避免无关人等滋扰。

（6）点位应设立在稳定、易于保存的地点。

（7）电源供应可靠，能够保障设备充电。

（8）如需布设多个基站，基站间距离不宜大于 60km。

飞行作业时，要求地面 GNSS 基站确保开机在飞机起飞前至少 10min，在飞机降落后机载系统停止工作后至少另行观测 10min。此外，还应严格对准整平，仪器高测前、测后各量测 3 次，且互差不超过 3mm。

实际飞行作业过程中，有时会产生一定的数据漏洞，没有实现对测区的全覆盖，而重飞补测又涉及空域申请、天气气象条件等各方面问题，会严重影响整个任务的执行进度，所以为了保证作业效率与数据质量，作业人员需要在飞行作业时重点关注激光扫描带旁向重叠度、相机航向、旁向重叠度、实时回波率等，以便及时发现原始数据存在的问题，在机上及时决策解决，避免重飞。

3.1.2　点云数据预处理

数据采集完成后，需要进行点云数据预处理。机载激光雷达点云数据的预处理主要是在设备检校的基础上进行 POS 数据解算、点云数据输出、点云平差等操作。

由于在设备安装或运输过程中会造成激光扫描仪和 IMU 之间标定关系的变化，所以首先需要进行设备安置角误差检校，具体包括横滚角（后使用其英文“Roll”）、俯仰角（后使用其英文“Pitch”）、航偏角（后使用其英文“Heading”）误差的检校，用于改正激光点云数据系统定向差，提高点云数据质量（图 3-4）。

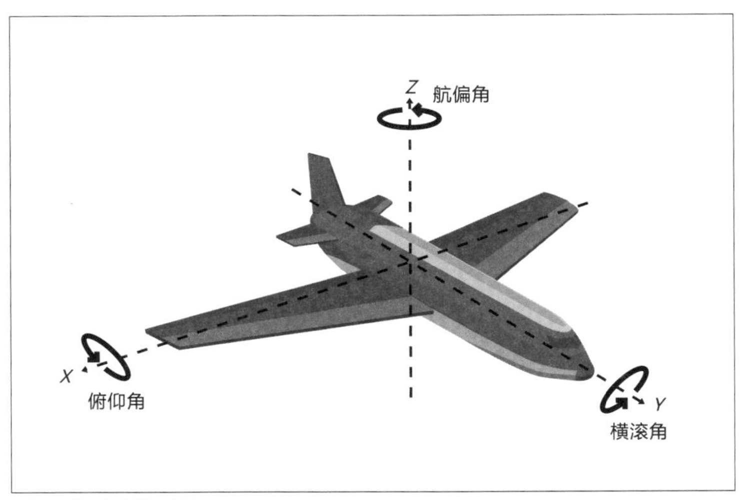

图3-4　安置角误差示意图

在 3 个安置角中，Roll 仅在高程方向上产生误差，因此 Roll 的检校最为容易。Pitch 和 Heading 都仅在 *X* 方向上产生误差，但 Pitch 对所有地面激光脚点的影响一致，而 Heading 对地面激光脚点的影响随瞬时扫描角变化，当瞬时扫描角为零时，对地面激光脚点的影响为零。因此，可以先通过量测位于机下点附近的地物计算出 Pitch 改正数，最后在扫描线边缘处量测计算得到 Heading 改正数。故检校的顺序依次为 Roll、Pitch、Heading，具体通过沿特征地物（尖顶房屋、平直道路等）进行特定方向飞行获取的点云数据计算得到（图 3-5）。点云解算流程如图 3-6 所示。

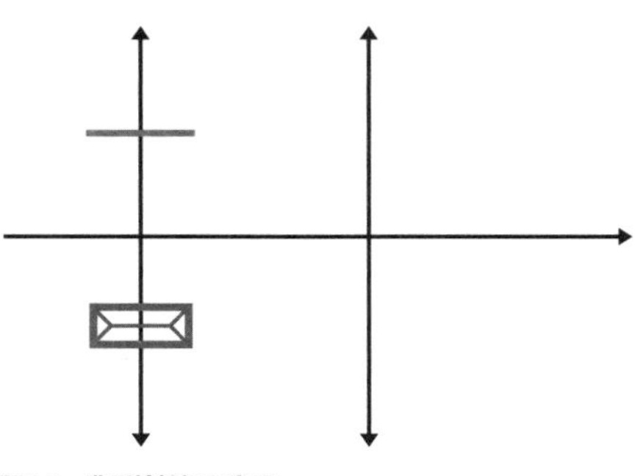

图3-5 典型检校场示意图

由于项目实施过程中航飞架次多，时间跨度较大，有时航测环境也会有变化，因此会存在点云条带间匹配错位的问题，需要进行点云平差处理。工程经验表明，采用单架次、单航带、局部平差分级、分阶段融合的点云整体平差法，有助于消除点云匹配误差，提高点云质量。目前，各机载激光雷达配套的预处理软件均可实现点云平差。

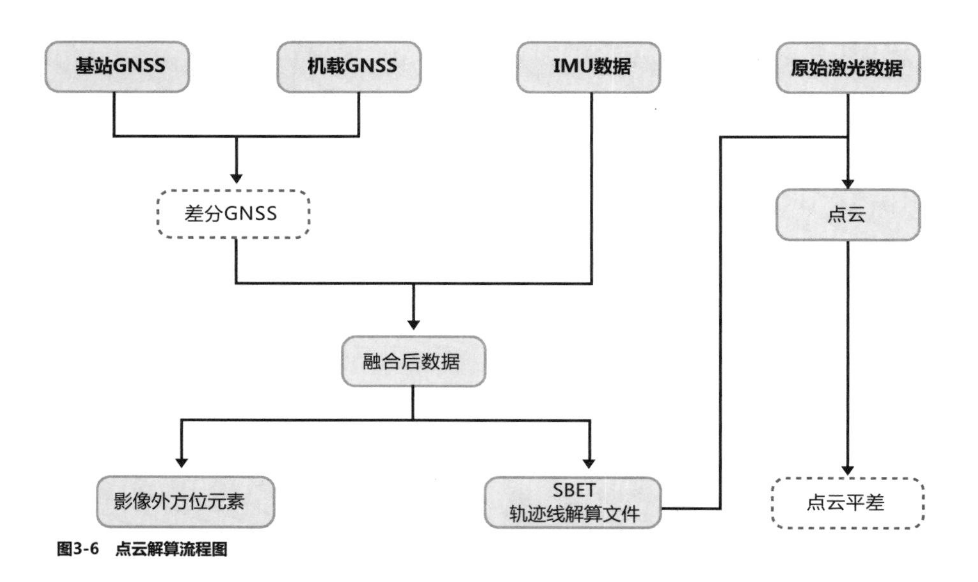

图3-6 点云解算流程图

3.1.3 点云数据质量控制

为确保点云数据质量满足任务要求，应进行严格的质量控制，具体包括 POS 质量控制、飞行质量控制、点云解算质量控制、点云密度与精度验证等几个方面。

POS 质量控制 POS 数据成果是影响点云成果质量和精度的核心因素之一，对其质量进行严格控制表现在以下几个方面。

（1）航测时间段提前调研与规划。在航飞之前，需要事先查阅当天的 PDOP（Position Dilution of Precision）预告图，只有在可用卫星数不少于 6 颗，并且 PDOP 值小于 3 的时段才可以保证获取的 POS 数据质量可控。如果存在少量时间段 PDOP 值超标，应将其放在航线转弯或者在测区上空盘旋等待等无效的航测时间区间内。

（2）设备检校与评价。设备检校工作是保证激光点云成果质量的重要环节，更是保证最终成果的基础性工作。在项目实施的初期，应严格按照检校要求进行设备检校，完成成果数据质量的分析与评价，并分析设备检校后的数据成果精度。

（3）GNSS 基站数据质量控制。GNSS 基站网的设计、勘察、测量及同步观测，应严格按照地面 GNSS 基站相关标准及规范实施。同时，应及时对当天 GNSS 基站成果进行质量分析与评价，如发现基站数据质量不合格，应马上规划其他可行的技术解决方案，包括补飞方案。

（4）POS 成果质量分析。在航线设计和航测过程中，为及时了解 POS 成果质量，需要在系统配套的 POS 数据解算软件中对当天获取的 POS 数据 Heading、Roll、Pitch、卫星质量等进行综合分析和评价，并在当天内完成 POS 成果的评价报告。

POS 成果评价是对机载 GPS 是否失锁，IMU 是否出现数据漏洞，以及 PDOP 数值是否小于 3 等因素的综合影响评定。Heading、Pitch、Roll 参数的时间曲线表最大不超过 0.05°，如发现问题，应及时提出解决方案，包括补飞方案。

飞行质量控制 飞机的航高指示器是气压高度表。每天飞行前，飞行员都要通过气象信息了解机场天气，同时记录下当时的气压值。根据气压值和机场的标准高度值，确定出气压高度表在地面的基准值。飞机按照基准值飞到航空摄影要求的作业高度。当高度表数值超出标准飞行高度的 ±20m 时，飞行员要对飞机航高给予修正。航线上相邻像片的高差不大于 30m，最大和最小航高差不大于 50m。

按设计航迹坐标采用 GNSS 导航，每一条航线都设计 3 ～ 5km 的预备线，使飞机有充足的时间准确、平稳地进入航线。在正式作业时，领航员要认真观察 GNSS 导航仪上的航迹偏差漂移值，当飞机沿航迹左、右偏差超出 50m 时，飞行员要及时对漂移值进行修正，保证航线弯曲度小于 3%。

点云解算质量控制 数据采集后，通过数据预处理软件解算飞行轨迹线，并结合原始激光测距数据解算原始点云，检查点云完整性和点云密度。此外，还应结合地面控制点采用分阶段融合的点云整体平差法保证成果点云高程精度。

点云密度与精度验证 一般情况下，应将单航带每平方米内的有效激光点数作为点云密度的统计标准，但在实际工程应用中，可以考虑叠加航带间重叠区域后进行点云密度统计（前提是已通过整体平差方法消除了航带间匹配误差）。

机载激光雷达点云精度验证主要是验证高程精度，一般选取位于平直路面上的点作为高程检测点。检测点一般应覆盖测区内典型地区，且在航测分区接边处、航带间接边处均应有检测点。检测点应均匀分布在检测图幅内。为避免平面误差引起高程误差，一般检测点选择周围 1 ～ 2m 范围内大致“水平”（地面倾斜角度要求小于 3°，可取平坦马路中间）的区域进行采集，具体可根据项目要求采用网络 RTK 或水准测量等方式进行。

3.1.4 点云平差配准

由于 GPS 定位误差、惯导定姿误差、激光测距误差、系统集成误差等的存在，机载激光雷达测量点云在航带重叠区必然存在平面和高程上的错位，且存在一定的点云系统误差。为消除系统误差，提高机载激光雷达测量点云精度，并避免重叠区错位点云导致地面点云分类等算法数据处理的紊乱，必须开展机载点云平差配准工作，这是机载激光雷达航测点云获取与融合的关键数据处理技术工艺之一。

传统机载激光雷达测量点云平差配准采用架次简单约束的平差方法，在数百平方千米、少量架次机载点云工程项目中是适用的，但这种方法无法解决几千平方千米、20 多个架次以上的大面积测区机载点云平差问题，会导致局部测区误差放大，配准效果不佳，方法的稳健性和适应性差。对此，结合技术团队大量大面积测区机载激光雷达测量点云工程项目的经验和对点云误差数学模型的研究分析，我们提出单架次、单航带、局部平差分级、分阶段融合的机载点云整体平差法，提高了在大面积测区、复杂观测情况下点云条带间整体匹配效果和点云的绝对精度。

机载点云误差源分析 影响机载激光雷达测量点云精度的误差来源很多，主要包括 GPS 定位误差 (x，y，z)、GPS/INS 组合定姿误差（Heading，Roll，Pitch）和激光测距的比率误差（Scale）。这些误差源的表现特点如下：

（1）Scale 为激光测距仪缩放误差，与飞行时段测区的气温和气压等外界观测条件相关，具有架次内误差恒定、架次间误差差异较大的特点。

（2）Heading，Roll，Pitch 为 GPS 轨迹线关于姿态定位的角度误差，与航线飞行状态直接相关，具有同一航线内误差恒定、航线间误差差异较大的特点。

（3）x，y，z 为 GPS 定位误差参数，与众多误差源密切相关，在局部范围内具有一定的随机性。

机载点云整体平差方法 根据激光雷达测量原理，机载激光雷达测量点云坐标解算公式如下：

$$\boldsymbol{r}_{\mathrm{M}}(t_{\mathrm{p}})=\boldsymbol{r}_{\mathrm{M,INS}}(t_{\mathrm{p}})+\boldsymbol{R}_{\mathrm{INS}}^{\mathrm{M}}(t_{\mathrm{p}})\left(\boldsymbol{R}_{\mathrm{L}}^{\mathrm{INS}}\cdot\begin{bmatrix}0\\ \sin\beta(t_{\mathrm{p}})\\ \cos\beta(t_{\mathrm{p}})\end{bmatrix}\cdot d_{\mathrm{L}}(t_{\mathrm{p}})+b_{\mathrm{INS}}\right) \tag{3-8}$$

其中，$\boldsymbol{r}_{\mathrm{M}}(t_{\mathrm{p}})$为在参考大地坐标系中的三维坐标，$\boldsymbol{r}_{\mathrm{M,\ INS}}(t_{\mathrm{p}})$为GPS/INS部件原点在参考大地坐标系中的坐标，$\boldsymbol{R}_{\mathrm{INS}}^{\mathrm{M}}(t_{\mathrm{p}})$为INS参考坐标系和参考大地坐标系的旋转矩阵，$\boldsymbol{R}_{\mathrm{L}}^{\mathrm{INS}}$为激光扫描仪参考坐标系和INS参考坐标系的畸变变换矩阵，$d_{\mathrm{L}}(t_{\mathrm{p}})$为激光测距距离，即激光扫描仪参考中心到对应扫描点的三维距离，b_{INS}为激光扫描仪偏心分量的检校误差改正值，$\beta(t_{\mathrm{p}})$为激光测距仪在t_{p}时刻的扫描角度。

假设 P 和 Q 为相邻的激光点云条带，内插后的 DSM 表达式如下：

$$P=\{(x_i^{\mathrm{p}},y_i^{\mathrm{p}},z_i^{\mathrm{p}}),i=0,\cdots,n^{\mathrm{p}}\}=\{\boldsymbol{r}_{\mathrm{M}}(t_i^{\mathrm{p}}),i=0,\cdots,n^{\mathrm{p}}\} \tag{3-9}$$

$$Q=\{(x_i^{\mathrm{q}},y_i^{\mathrm{q}},z_i^{\mathrm{q}}),i=0,\cdots,n^{\mathrm{q}}\}=\{\boldsymbol{r}_{\mathrm{M}}(t_i^{\mathrm{q}}),i=0,\cdots,n^{\mathrm{q}}\} \tag{3-10}$$

相邻激光点云条带的错位误差公式如下：

$$d(X,Y,Z)=p(x,y,z)-q(x,y,z) \tag{3-11}$$

参考以上公式，观测变量 d（X，Y，Z）可用变量 s，h，r，p，x，y 和 z 对应的函数式表达：

$$\begin{aligned}
&\boldsymbol{d}(x_i,y_i,z_i)=\{\boldsymbol{r}_{\mathrm{M}}(t_i^{\mathrm{p}}),i=0,\ldots,n^{\mathrm{p}}\}-\{\boldsymbol{r}_M(t_i^{\mathrm{q}}),i=0,\ldots,n^{\mathrm{q}}\}\\
&\approx\left\{\boldsymbol{r}_{\mathrm{M,INS}}(t_i^{\mathrm{p}})+\boldsymbol{R}_{\mathrm{INS}}^{\mathrm{M}}(t_i^{\mathrm{p}})\left(\begin{bmatrix}0\\ \sin\beta(t_i^{\mathrm{p}})\\ \cos\beta(t_i^{\mathrm{p}})\end{bmatrix}\cdot\boldsymbol{d}_{\mathrm{L}}(t_i^{\mathrm{p}})\right)-\boldsymbol{r}_{\mathrm{M,INS}}(t_i^{\mathrm{q}})-\boldsymbol{R}_{\mathrm{INS}}^{\mathrm{M}}(t_i^{\mathrm{q}})\left(\begin{bmatrix}0\\ \sin\beta(t_i^{\mathrm{q}})\\ \cos\beta(t_i^{\mathrm{q}})\end{bmatrix}\cdot\boldsymbol{d}_{\mathrm{L}}(t_i^{\mathrm{q}})\right),i=0,\ldots,n^{\mathrm{p,q}}\right\}\\
&=\boldsymbol{T}(s,h,r,p,x,y,z)
\end{aligned} \tag{3-12}$$

其中，$\boldsymbol{T}$（s，h，r，p，x，y，z）为P，Q条带上点云数据坐标的数学表达式的简写。

（1）对于 Scale 参数，采用单架次平差法，在同一架次内建立关于 Scale 的虚拟观测方程：

$$\begin{bmatrix}\mathrm{d}X\\ \mathrm{d}Y\\ \mathrm{d}Z\end{bmatrix}=\begin{bmatrix}\dfrac{\partial T_x}{\partial s}\\ \dfrac{\partial T_y}{\partial s}\\ \dfrac{\partial T_z}{\partial s}\end{bmatrix}\cdot[\mathrm{d}s] \tag{3-13}$$

（2）对 Heading，Roll，Pitch 参数，采用单航线平差法，在航线间重叠区建立关于 Heading，Roll，Pitch 的虚拟观测方程：

$$\begin{bmatrix}\mathrm{d}X\\ \mathrm{d}Y\\ \mathrm{d}Z\end{bmatrix}=\begin{bmatrix}\dfrac{\partial T_x}{\partial h},\dfrac{\partial T_x}{\partial r},\dfrac{\partial T_x}{\partial p}\\ \dfrac{\partial T_y}{\partial h},\dfrac{\partial T_y}{\partial r},\dfrac{\partial T_y}{\partial p}\\ \dfrac{\partial T_z}{\partial h},\dfrac{\partial T_z}{\partial r},\dfrac{\partial T_z}{\partial p}\end{bmatrix}\cdot\begin{bmatrix}\partial h\\ \partial r\\ \partial p\end{bmatrix} \tag{3-14}$$

（3）对 x，y，z 参数，采用局部平差法，以样本区段为基础分割数据建立局部分析区，在局部分析区内建立关于 x，y，z 的虚拟观测方程：

$$\begin{bmatrix}\mathrm{d}X\\ \mathrm{d}Y\\ \mathrm{d}Z\end{bmatrix}=\begin{bmatrix}\dfrac{\partial T_x}{\partial X},\dfrac{\partial T_x}{\partial Y},\dfrac{\partial T_x}{\partial Z}\\ \dfrac{\partial T_y}{\partial X},\dfrac{\partial T_y}{\partial Y},\dfrac{\partial T_y}{\partial Z}\\ \dfrac{\partial T_z}{\partial X},\dfrac{\partial T_z}{\partial Y},\dfrac{\partial T_z}{\partial Z}\end{bmatrix}\cdot\begin{bmatrix}\partial x\\ \partial y\\ \partial z\end{bmatrix} \tag{3-15}$$

对于架次间相邻条带的错位问题，采用单航线平差法处理，从而实现大范围测区的无缝拼接和精度优化。

（4）在平差流程上，遵循“先宏观后细部”原则，按照单架次平差、单航线平差和局部平差法的先后顺序，采用分级平差思路进行点云的分阶段平差处理。

为保证点云平差达到最优状态，还需要对点云进行平差处理的迭代循环，通过设置一定精度的阈值终止循环，从而保证机载激光雷达测量点云数据精度。以上平差方法对大面积测区航带平行重叠飞行设计的点云工程具有普适性。

然而，考虑到更充分获取城市建筑物侧面点云、获取更高点密度点云等需要，部分机载激光雷达航测项目采用航线垂直交叉飞行模式，点云条带 100% 重叠，重叠区的虚拟观测方程更为复杂，以上点云平差方法在这类垂直交叉飞行点云工程中的效果不太理想。结合我们团队在天津市中心城区垂直交叉飞行点云工程的项目实践，考虑从设备厂家 Optech 公司原始点云解算数学模型着手，从预处理输出环节开展点云的平差优化。

Optech 公司原始点云解算输出软件为 LMS（Lidar Mapping Suite）, 是专门处理激光雷达点云的大型数据集软件平台。在 LMS 中，通过加入原始 Range 观测值和航迹线文件，可以得到一个架次每条航带的点云文件。对每条航带进行平面特征提取，当航带之间相互重叠时，LMS 在这些重叠区域可自动匹配相对应的连接平面，之后用这些连接平面作为观测值，输入预先定义好的数学模型中，用最小二乘法预测设备系统误差及航带的位置、角度误差，从而纠正点云误差。点云平差和精度优化的具体生产技术流程如图 3-7 所示。

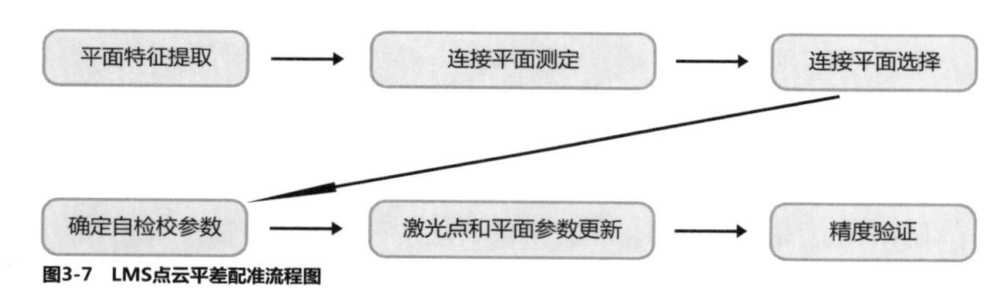

图3-7 LMS点云平差配准流程图

（1）平面特征提取。根据预设参数从每个航带点云中提取平面。常见的平面特征包括屋顶、道路等（图 3-8）。

图3-8 航带点云平面特征提取分布图

（2）连接平面测定。从两条航带的重叠区寻找一个公共平面，这个平面在两条航带都被提取出来，这样就构成了一个连接平面。LMS 从重叠区提取足够多的连接平面，为后面的自动匹配提供冗余观测值（图 3-9，图 3-10）。

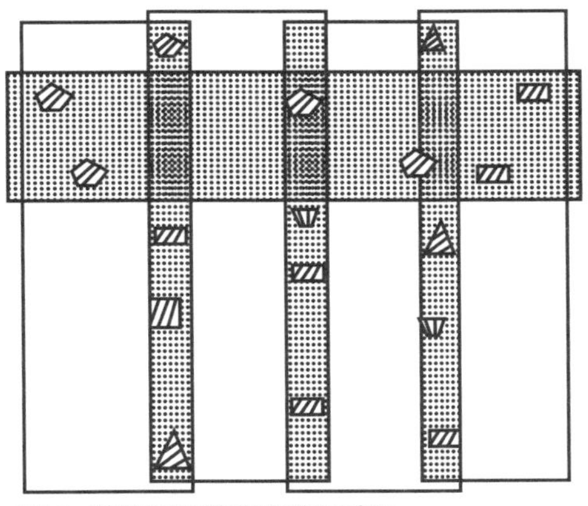

图3-9　航带重叠区及连接平面分布示意图

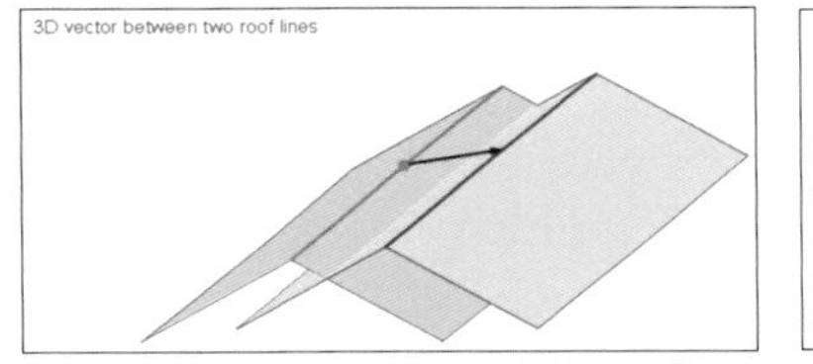

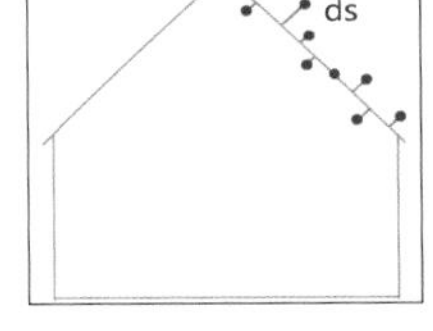

图3-10　点云拟合平面及尖屋顶屋脊线提取示意图

每一个颜色代表了一对连接平面。一个尖角房通常可以提取出好几对连接平面（图 3-11）。

图3-11　点云连接平面提取效果示意图

（3）连接平面选择。从已建立联系的连接平面中选择高精度的连接平面，以避免粗差对预测模型精度的影响。评判标准包括平面拟合的精度、平面包含最少的点数、平面法向量的角度、最大点密度等。

（4）确定自校验参数。LMS 预定义了 4 个自校准模块的校正参数集，分别为 Boresight（校正激光头与 IMU 之间的夹角）、Boresight+ 扫描角多项式校正、生产（校正每条航带的姿态和位移）、生产 + 扫描角多项式校正。

对于每个校正组，用户可选择对哪些参数进行校正。确定哪些校正是固定的，自由的或约束未知的；确定校正的应用策略，即是否要对每台仪器、每项任务，甚至每条航带进行校正。模型参数选择好后，LMS 运用最小二乘法，以连接平面为观测值，以最小平面间距为目标，求取最佳的拟合参数集（图 3-12）。

图3-12 校正前后的连接平面匹配效果图

（5）激光点和平面参数更新。运用拟合好的参数集，对点云及平面坐标进行更新，得到平差后匹配效果更佳的点云条带成果。

（6）精度验证：① 高程相对精度评价。用整个扫描角范围内连接平面的拟合误差来表示。每一个点的横坐标为这个平面所在的扫描角；纵坐标为这个平面的平面拟合误差。若点集的分布在纵坐标为（-0.05， 0.05）的范围内跳动，说明在整个视场角内，平面的拟合误差随机分布，不存在系统误差（图 3-13）。② 平面相对精度评价。若两对连接平面为尖角房屋顶，则这两个平面相交线为房屋的屋脊线。量测每一对屋脊线之间的距离并求取均方根，就得到了点云的相对平面精度（图 3-14）。

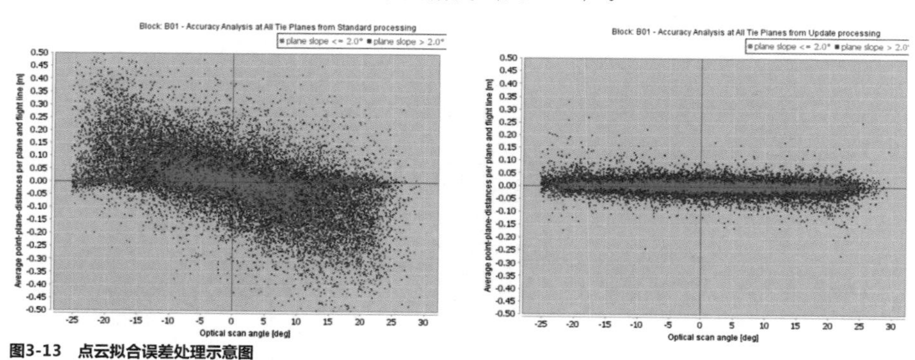

图3-13 点云拟合误差处理示意图

通过 LMS 软件点云平差匹配处理后，可实现大部分测区点云的精准匹配和精度优化。对于少部分测区点云匹配仍存在局部错位的情况，采用前述“单架次、单航带、局部平差分级、分阶段融合的机载点云整体平差法”再行处理，以实现对整个测区点云的精准配准。

Accuracy Verification at Tie Planes

Show: results for refined processing

Summary Statistic of Laser Points to Tie Planes Separation

Number of Tie Plane 46543

TP Slope	Unit	# Values	Average	RMS	Minimum	Maximum
0 <= α < 5	m	9500177	-0.001	0.025	-0.502	0.416
5 <= α < 15	m	1297865	-0.001	0.025	-0.211	0.216
15 <= α < 30	m	2520353	-0.001	0.016	-0.156	0.147
30 <= α < 85	m	342881	-0.001	0.016	-0.119	0.151
85 <= α <= 90	m	203	-0.000	0.027	-0.109	0.073
Total	**m**	**13661479**	**-0.001**	**0.023**	**-0.502**	**0.416**

图3-14 LMS软件点云精度评价统计界面

3.1.5 工程实例

机载激光雷达测量技术引进之初主要应用于带状工程测绘，我们团队受天津市规划局委托率先在国内对该技术在三维数字城市应用的可行性、经济效益、社会效益、技术和发展趋势等方面进行了系统调研，并于 2007 年组织实施了天津市环外 1100 余平方千米试验区范围内的机载激光雷达航测，构建了一套成熟的大比例尺 DSM、DEM、DOM，以及三维建筑物模型生产流程。迄今为止，已陆续组织实施了多次覆盖天津市全市域 12 000km^2 的机载激光雷达测量，充分发挥了测绘地理信息在行业应用、信息保障和社会服务中的作用。

天津市的大部分区域属平地地形，平均海拔 5m 左右；少部分地区（如蓟州区北部）为山地，平均高程为 300m，最高海拔 1050m。天津市东西跨度约 110km，南北跨度约 190km。主要为大陆性气候，沿海地区有时表现出海洋气候特点。

项目所用设备为当时国际上性能最先进的机载激光雷达 Optech ALTM Gemini，飞行平台为运 -12 飞机，设计激光点间距 0.8m，要求点云高程精度优于 15cm。具体设计参数见表 3-2。

表3-2 项目参数设计表

参数		平原地区	北部山区
飞行状态	绝对航高（m）	900~1100	1300~1800
	水平航速（km/h）	230	230
参数设置	脉冲频率（kHz）	100	70
	扫描角度（°）	50	30
	扫描频率（Hz）	40	28
激光点云	航带旁向重叠度	25%	40%
	点云的高程精度（m）	0.15	0.15
	平均点间距（m）	0.80	0.80
数码航片	航片的旁向重叠度	36%	66.4%
	航片的航向重叠度	65%	65%
	原始航片GSD（m）	0.13	0.14

综合考虑测区地形、空域管制、技术要求及项目成本，将测区分为 15 个分区（图 3-15）。

图3-15 项目分区示意图

设备检校分为激光传感器检校和数码相机检校两部分，共用同一个检校场。设备检校场的选取主要考虑设备检校必需的技术要求，最终选取在西青区某开发区附近（图 3-16），主要包括一个长、宽、高分别为 200m，80m，11m 左右的独立建筑物和一条宽约 25m 的沥青道路。

激光传感器检校场的具体飞行方式如图 3-17(a，b) 所示。在建筑物检校场上空飞行时，要求沿垂直于建筑物检校边线的中心线往、返飞行各 2 次；在道路检校场上空飞行时，同样要求沿垂直于道路的航线往、返飞行各 2 次。

图3-16 检校场示意图

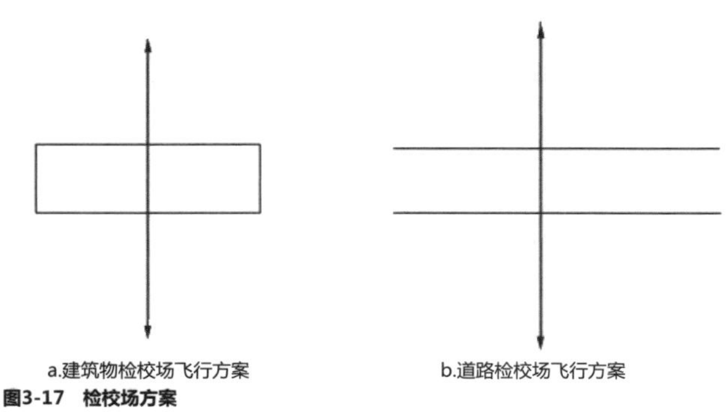

图3-17 检校场方案

检校飞行时的参数设置情况和检校顺序：① 使用建筑物检校场检校 Pitch，要求飞行高度为 1100m，脉冲频率 70kHz，扫描角 0°，扫描频率 0Hz，沿预定航线往、返飞行各 2 次。② 使用建筑物检校场第一次检校 Roll，要求飞行高度 1100m，脉冲频率 70kHz，扫描角 12°，扫描频率 35Hz，沿预定航线往、返飞行各 2 次。③ 使用道路检校场检校 Scale，要求飞行高度为 1100m，脉冲频率 100kHz，扫描角 50°，扫描频率 40Hz，沿预定航线往、返飞行各 2 次。④ 使用道路检校场的 Scale 检校飞行数据，再对 Roll 参数进行一次检校。

由于本项目共执飞 49 架次，项目时间跨度近 6 个月，在原始数据解算完成后进行点云平差处理就显得至关重要，采用我们团队总结的机载点云整体平差法，成效显著。

项目在裸露地表共采集约 600 个精度检测点，点位分布原则遵循上文所述，具体分布如图 3-18 所示。经第三方质量评价，点云高程中误差优于 0.1m，优于项目技术设计要求。

图3-18　精度检测点点位分布图

3.2　车（船）载激光雷达点云获取与处理

移动测量系统（Mobile Mapping System，简称 MMS）是集成 GPS、摄影测量（RS）、INS 和计算机等众多技术发展起来的一种新型测绘数据采集技术。根据搭载传感器不同，移动测量系统主要分为车（船）载近景摄影系统与车（船）载激光雷达两种。其中，车（船）载激光雷达在采集数码照片时同步获取高精度、高精细的三维激光点云数据，在数据类型多样性、定位精度等方面更具优势。相对于传统测量方式，车（船）载激光雷达在测绘数据采集方式、效率、数据丰富度、后期数据处理等方面更是有质的飞跃，其作业流程如图 3-19 所示。

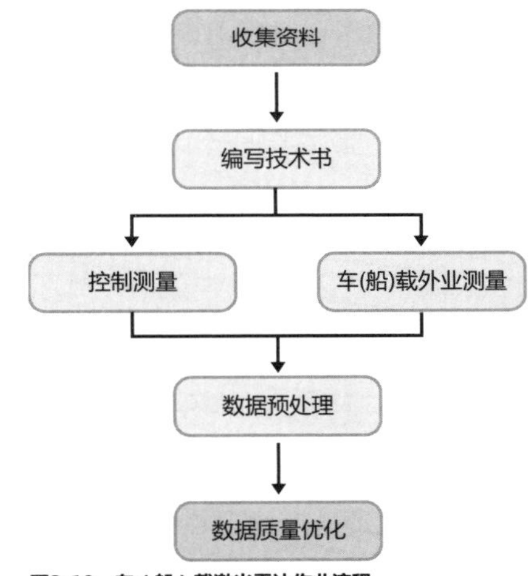

图3-19　车（船）载激光雷达作业流程

3.2.1　点云数据获取

作业前应收集工作区已有资料，结合测区道路情况进行作业方案设计。考虑到测量过程中可能存在的 GNSS 信号遮挡情况，应布设靶标，靶标间距结合任务要求与 GNSS 情况确定，正常情况下从数十米到数千米不等，由于靶标基于点云中记录的灰度信息识别，具体可采用在路面刷制特定尺寸的图形，或直接利用已有道路标识线角点等多种方式布设（图 3-20）。

外业测量主要包括 GNSS 基站架设和车载激光雷达测量工作。GNSS 基站架设按照 GNSS 静态观测技术要求实施，具体参照相关规范要求。

作业应遵循以下原则：① 根据工作计划确定每天的测量路段，准备外业测量需要的地形图或制作电子地图导航文件以供作业时参考。② 若使用自设 GNSS 基站，应同 GNSS

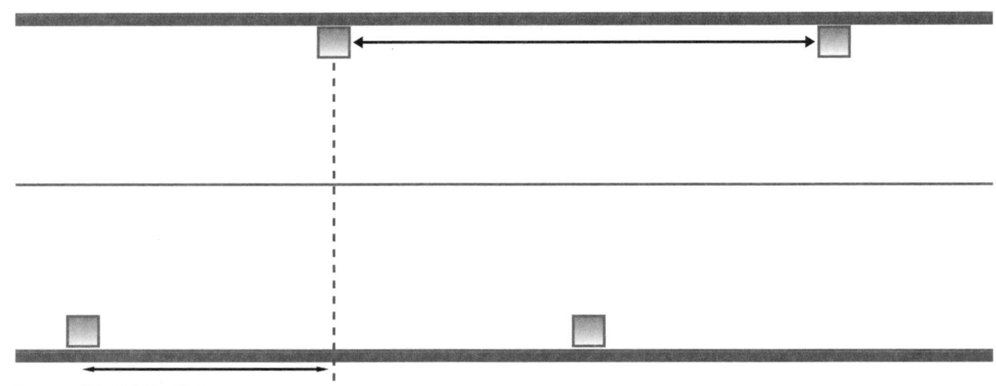

图3-20 靶标点布设示意图

基站架设人及时联系，说明所需采样频率（不低于 1Hz），确保基站相比车载激光雷达工作提前 30min 开始记录数据，车载测量工作完成 30min 后停止记录数据。③ 正式作业开始、结束前，车载激光雷达宜按“∞”字形方式进行 IMU 初始化，并静态观测 5min，以保证定位精度。作业过程中应注意行车方式及速度，争取最大范围地覆盖目标地物，转弯处行车速度不宜太快，以 20～30km/h 为宜。④ 在 GNSS 信号较弱区域，宜选择 PDOP ≤ 6 时段进行作业，并应在作业开始前利用移动 GNSS/IMU 系统进行 GNSS 信号测试。⑤ 若作业期间 GNSS 失锁时间持续超过 2min，则需要在信号正常区域重新静态初始化 5min。同时，设备操作人员需要记录 GNSS 信号较差的地段，如果条件允许，则记录相应地段名称，供内业数据处理用。

数据采集时间应遵循以下原则（尤其是在同步采集 360° 全景影像时）：① 只在空气能见度高的天气采集。② 避开阳光过强或过暗的时间段采集。③ 条件允许时，优先在上午 09:00—11:30，下午 14:30—17:00 之间作业。

数据采集路线应遵循以下原则：① 双向行驶道路中不存在物理隔离且单侧为两车道及以下的，沿最内侧车道单向单次采集即可，如发生对向车道标志遮挡则应补采对侧车道；② 双向行驶道路中不存在物理隔离但单方向为三车道以上的，应上下行单独采集；③ 双向行驶道路中间存在物理隔离的，应上下行单独采集；④ 双向行驶道路中间存在物理隔离且单侧道路为四车道及以上的，需要占内、外车道单向两次采集；⑤ 隔离带外辅路应单独采集；⑥ 右转专用车道需要单独采集。

车载激光雷达测量作业过程中受到移动车辆等因素的影响，不可避免地会存在点云数据漏洞。关于漏洞的一般处理原则为：连续遮挡小于 10m 的，可以忽略；成果用于制作高精度电子地图时，道路指示标识线、标志及设备不得有遮挡。

3.2.2 点云数据预处理

车载与机载激光雷达点云数据的预处理内容基本一致，都是在设备检校的基础上进行的。设备检校是为了标定激光扫描仪与 POS 系统间相互关系，如沿点状地物两侧同方向测量，Heading 角误差会导致该点状地物在平面位置上存在不匹配问题，顶视图表现为平面位置上的错位；Pitch 角误差会导致与行驶方向垂直的同一墙壁点云数据不匹配，剖面图表现为两条交叉线；Roll 角误差会导致与行驶方向平行的同一墙壁点云数据不匹配，剖面图表现为两条交叉线。为此，多采用分布有建筑物的区域进行检校测量。具体实施时，沿建筑物（建筑物墙面宜大致均匀地分布控制点）按特定路线行驶多次，然后基于多次获取的点云数据匹配情况进行检校，应根据项目测距范围确定绝对标定的距离，绝对标定距离不宜小于 20m，标定点密度不宜小于 50 点 /m^2。点云解算流程同机载激光雷达测量，如图 3-21 图所示。

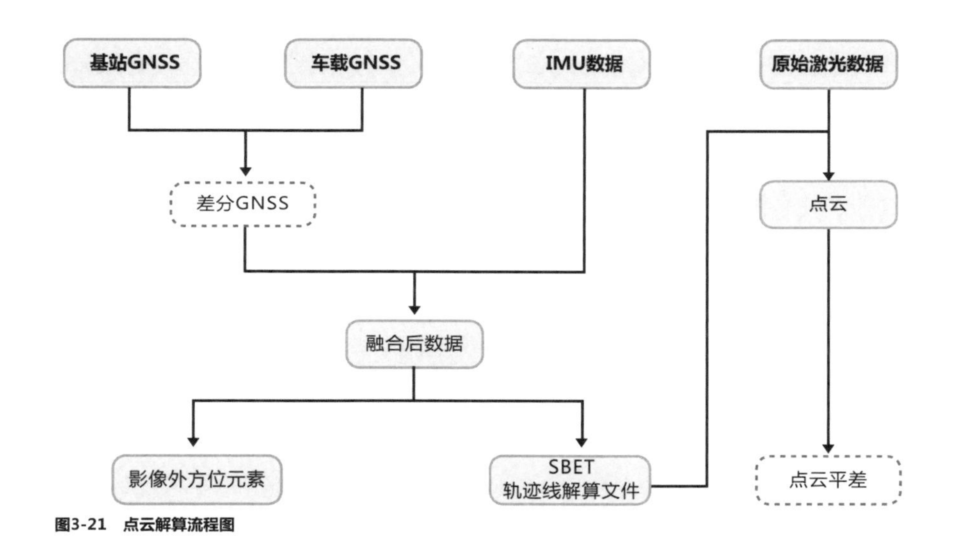

图3-21　点云解算流程图

如图 3-22 所示，以 Applanix 生产的 POS 系统解算为例，车载轨迹线解算精度可通过图表直观判断。图中 X 轴为作业过程中的 GNSS 时间，Y 轴是平差解算时的平面和高程误差估算值。其中，红线和黑线为平面的精度示意线，绿色为高程精度示意线。平缓区域为正常测量过程的时段，精度突变的区域为上跨桥梁遮挡或经过遮挡区域的时段，可有效反映 GNSS 差分解算的精度。

一般情况下，选取所解算航迹线平面精度优于 3cm，高程精度优于 5cm 的时间段对应的点云数据，在精度相当的前提下基于基线最短的原则择优选取对应时间的点云数据。受 GNSS 信号遮挡影响，不同条带间同一区域往往存在匹配误差，此时可利用前期布设的靶标点进行整体平差，如对绝对精度不做要求，可结合车载轨迹线解算精度进行相对精度匹配。

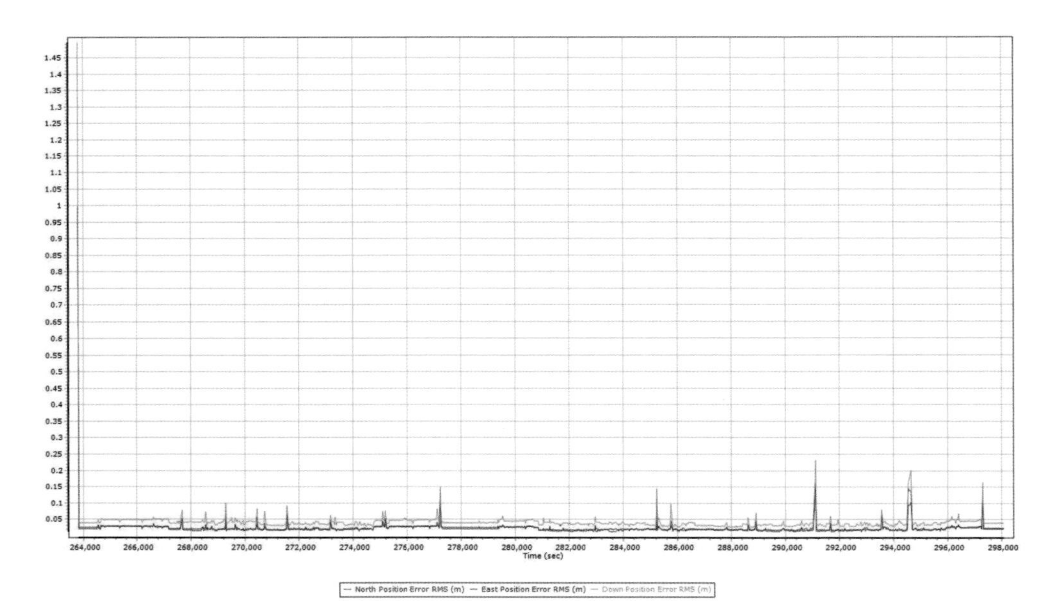

图3-22 POS解算精度

3.2.3 点云数据质量控制

POS 质量控制 同航测一样，车载激光雷达测量点云数据 POS 质量控制的第一步是作业时间段提前调研与规划。作业前应提前了解 PDOP 预告图，只有当可用卫星数不少于 4 颗、PDOP 值小于 6 的时段才可以保证获取的 POS 数据质量。如果存在少量时间段 PDOP 值超标，应把该时间段放在非测量行驶途中或者在 GNSS 信号良好的区域静态观测等时间区间内。

在设备检校与评价、GNSS 基站数据质量控制、POS 成果质量分析等方面，虽然车载与机载激光雷达的承载平台不同，但要求和做法一致，故不再赘述。

点云解算质量控制 工程经验表明，GNSS 信号良好的情况下，原始车载激光点云数据平面精度最高只能达到 10cm，高程精度最高只能达到 5cm，为此应基于靶标点进行点云平差和精度优化。

点云精度验证 车载激光雷达点云数据一般以千米为单位进行精度选择，数学精度检测点视地物复杂程度、任务要求等具体情况确定。

车载激光雷达点云高程精度一般选取位于平直路面上的点作为高程检测点，一般要求高程检测点周围 1m 范围内大致“水平”（地面倾斜角度要求小于 3°）。然后，利用该检测点周边一定范围内的车载地面点云构 TIN，在此以平面位置为基础内插获取高程值与检测点高程值进行比较，该较差视为该局部区域车载点云的高程误差。点云平面精度主要通过采集特征地物角点进行评价，如建筑物角点、道路标识线角点等。

3.2.4　工程实例

为更好地开展“天津三维数字城市”的建设工作，我们团队于 2008 年率先引进了车载激光雷达测量技术。随后完成了覆盖中心城区 1000 多千米路网的车载激光雷达测量。

主要采集并提取了道路两侧路牌、交通标志牌、交通指示牌、路灯、红绿灯、公交站台、过街天桥、桥梁及桥梁附属设施、雕像位置、围墙或临街小区栅栏等地物的平面位置及尺寸信息。该项目是国内首次将车载激光雷达测量技术应用于城市三维建模。

由于白天市内交通繁忙，不利于车载激光测量，而激光又为主动测量技术，因此，本项目最终采用夜间作业的方式实施（图 3-23），所用设备为 Optech Lynx V100，配备双激光扫描仪及 Applanix POS LV220 系统。

图3-23　车载激光测量路径

项目选取位于某开发区某汽修厂作为检校场，在墙面上特征点处利用全站仪采集坐标，最后共采集 70 个有效点位坐标（图 3-24）。

每天作业前，首先查询当天天气状况，然后查看 GNSS 卫星分布状况（选取了 PDOP<3 的时段进行测量）。作业过程以开车的方式进行。测量过程中，车速保持在约 40km/h，匀速缓慢转弯以保证 POS 定位定姿精度。具体作业时间为晚 20:00—次日晨 6:00，作业共计 23 天，获取数据量近 7TB。此外，本项目还对各种典型 GNSS 环境下车载激光雷达测量点云进行了精度评价（表 3-3）。

图3-24　检校场示意

表3-3 项目精度评价表

序号	评价区域	GNSS环境	高程中误差	备注
1	开发区某道路	地形开阔，无高层建筑，GNSS观测条件良好	±0.036m	双激光头数据匹配良好
2	城区某公园周边区域	街道狭窄，建筑物分布密集，大部分时间存在GNSS信号丢失，观测条件较差	±0.250m	双激光头存在数据匹配误差
3	城区某别墅区	建筑物分布密集，大部分时间存在GNSS信号丢失，观测条件较差	±0.193m	双激光头存在数据匹配误差
4	城区某高层小区	建筑间距小，多为高层建筑，GNSS信号差	±0.418m	双激光头存在较大的数据匹配误差

结果表明，点云精度和GNSS信号观测条件呈正相关。针对存在的误差，按上文所述选点原则结合已有机载激光点云和工程测量方法，选取、施测控制点用于点云平差，点位分布如图3-25所示。点位分布间隔同GNSS信号情况相关，从数百米到数千米不等，最终经平差后的点云高程精度中误差为 ±0.141m，优于项目技术设计要求。

图3-25 控制点分布示意

由于车载激光点云数据较为完整地记录了沿行驶路径两侧地物三维信息，能够真实反映各类地物的平面位置及高度信息，因此，完成车载激光点云数据平差处理后，本项目还基于人机交互的方法提取了部件相关信息（图3-26）。

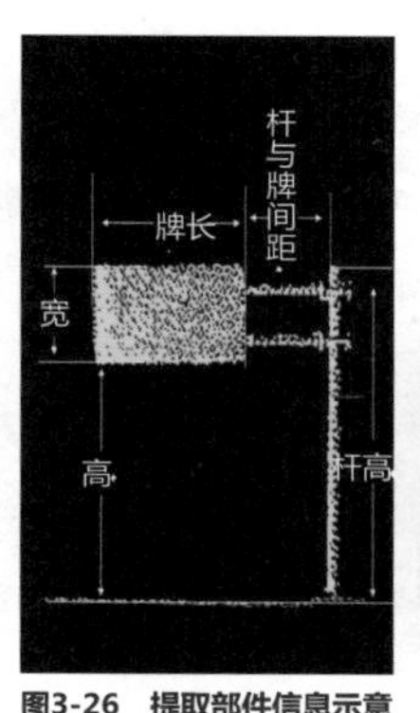

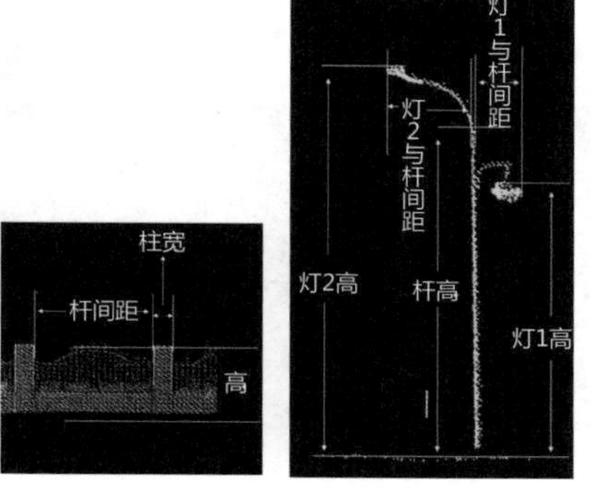

图3-26 提取部件信息示意

3.3　固定站式激光雷达点云获取与处理

相较机载、车（船）载激光雷达，固定站式激光雷达基于地面固定平台，激光多采用 1 级安全激光，不包含 POS 系统，通过按一定规则多次设站的方式完成测量，目前多用于建筑物、局部地形及各类设施设备的精细化测量工作。

3.3.1　点云数据获取

固定站式扫描仪主要有相位式和脉冲式两种类型。相位式静态激光扫描系统单点能量小，测距短；脉冲式静态激光扫描系统单点能量大，测距长，故短距离扫描时多使用相位式激光扫描仪，长距离扫描多使用脉冲式激光扫描仪。

使用固定站式激光雷达作业前应收集测区周边控制资料，根据任务需求选择控制网或测站的布设方式。

控制网布设应遵循以下原则：① 控制网布设应满足标靶测定和设站需求；② 控制网应根据测区内已知控制点的分布、地形地貌、扫描目标物的分布和精度要求，选定控制网等级并设计控制网的网形；③ 控制网应全面控制扫描区域，在分区进行扫描作业时，应对各区的点云数据配准起到联系和控制误差传递的作用；④ 控制点宜选在主要扫描目标物附近等视野开阔的地方；⑤ 控制点位的选定应便于标靶点的测量。小区域或单体目标物扫描，通过标靶进行闭合时可不布设控制网，但扫描成果应与已有空间参考系建立联系。

测站布设应遵循以下原则：① 扫描站设置在视野开阔、地面稳定的安全区域；② 扫描站扫描范围应覆盖整个扫描目标物，均匀布设，尽量减少设站数；③ 目标物结构复杂、通视困难或线路有拐角的情况应适当增加扫描站；④ 需要搭设平台时，应保证平台稳定和仪器、人身安全。

布设标靶，每一测站扫描范围内不宜少于 4 个，且应在扫描范围内均匀布置，高低错落，相邻测站间公共标靶个数不少于 3 个。测量标靶坐标，应满足相应等级技术要求。

点云数据采集前应将设备放置于观测环境中 30min 以上，以实现温度平衡。各测站应顺序编号，且应提前绘制草图，条件允许时，可在大比例尺基础资料上标注各站位置。相邻扫描站间有效点云重叠度不宜低于 30%，困难区域不得低于 15%，应详细记录项目名称、扫描日期、扫描站点等相关信息。每个工程应建立一个文件夹，用工程名或简称命名；同一个工程每天的数据应建立一个文件夹，用日期命名；每个扫描站数据应建立一个文件，用“扫描站号”的方式命名。点云数据导出前应进行完整性和可用性检查，并应及时对异常和缺失的数据进行补扫。

3.3.2 点云数据预处理与质量控制

固定站式激光雷达点云数据的预处理主要包括点云数据配准、坐标系转换、降噪与抽稀等。根据不同的作业方法，可选择控制点、标靶、特征地物进行点云数据配准。当使用标靶、特征地物进行点云数据配准时，应采用不少于 3 个同名点建立转换矩阵进行点云配准，配准后同名点的内符合精度应高于平均点间距中误差的 1/2；当使用控制点进行点云数据配准时，二等及以下应利用控制点直接获取点云的工程坐标进行配准。

坐标系转换应采用不少于 3 个分布均匀的同名点，通过七参数模型进行坐标系转换，转换时宜固定比例因子，小范围或单一扫描目标物可采用一个已知点和一个已知方位进行坐标系转换。

对于点云数据中存在的脱离扫描物的异常点、孤立点，应采用滤波方法进行降噪处理。由于固定站式激光雷达获取的点云密度可达毫米级，多站拼接后的点云数据量太大，故在必要时可进行点云数据抽稀，但应以不影响后续目标物特征识别与提取为原则，且抽稀后的点间距应满足任务要求。

固定站式激光点云数据质量控制内容主要包括：点云重叠度及完整性、点云密度、点云相对精度和绝对精度。此部分内容与机载、车载激光点云数据质量控制基本一致，故不再赘述。

3.3.3 工程实例

在 2017—2018 年天津市 14 个片区的历史文化街区高精细三维建模项目中，大量运用了固定站式激光扫描技术。所用设备为 Faro X330，该设备为相位式激光扫描仪，具有点密度大、精度高等优势。

本项目基于固定站式激光测量技术，对约 200 栋历史建筑正立面及沿街立面进行了扫描（图 3-27），获得了建筑立面的点云和影像数据，并根据数据绘制了立面图，准确地反映出建筑立面从整体到局部的尺寸信息。

在点云拼接方面，本项目主要利用拼接球自动拼接。如拼接残差较大时，采用增加平面等其他参考物进行拼接，且为保证最终整体点云的精度，无控制区域的扫描站或未观测控制用球体的扫描站，在不增加多余扫描测站校验的情况下，两扫描站间顺序累加拼接不超过 4 站。对于巨量数据，进行了抽稀和去噪处理（图 3-28）。

图3-27 外业扫描示意图

图3-28　经预处理后的点云示意图

3.4　便携式激光雷达点云获取、处理与工程实例

便携式激光雷达点云获取主要包括控制测量、扫描路径规划、标靶布设、点云数据采集等内容，而其点云数据的预处理和质量控制与固定式的要求、做法一致，故不再赘述。

控制测量应遵循以下原则：① 控制网应整体设计，分级布设，能全面控制作业区域；②控制点宜选在扫描路径附近且视野开阔的地方；③ 在分区扫描作业时，应对各区的点云数据配准起到联系和控制误差传递的作用；④ 小区域或对象单体扫描，通过标靶进行闭合时可不布设控制网。

路径规划应遵循以下原则：① 扫描路径应覆盖整个作业区域；② 扫描路径应尽量闭合；③ 应尽量避免路径重复；④ 结构复杂或通视困难的作业区域应适当多次测量；⑤ 地面推扫作业宜选择平缓路径，必要时可铺设轨道进行扫描。

标靶应均匀分布在作业区域内，宜使用圆球标靶，且应布设在不同高度，测区内的明显特征点可作为标靶使用，标靶的位置宜便于坐标联测。

作业时，应根据项目技术要求和作业区域环境确定扫描路径、作业时间、移动速度等参数：① 采集前应对扫描路径进行清障，移除影响扫描作业的物品，尽量保持作业区域干净整洁。地面推扫作业前还应进行动态陀螺仪校准；② 扫描作业时应尽量保持设备平稳，分段采集数据时，应保证分段数据间有足够的重叠区域，以便相邻测段拼接；③ 设有标靶的作业区域应进行标靶识别与精确扫描；④ 保证异常情况记录完整，包括遮挡严重或无法进入区域等，便于后续利用其他手段补测；⑤ 保障设备正常工作，电量不足时，应及时做好数据备份和存储；⑥ 扫描作业结束后，应检查点云数据的完整性，对缺失和异常数据应及时补扫。

由于车载受行驶路径和地物遮挡的影响，无法获取沿街建筑物立面完整信息，为此在“天津三维数字城市”项目优化、提升过程中还采用了背包式移动测量技术，该种方式可完整获取车载激光缺失的数据，对其形成良好的补充。

本次所用设备为 Leica Pegasus:Backpack 移动背包扫描系统，该系统不仅配备了 POS 系统，同时还具有基于 SLAM 技术的室内定位测量能力，为此能够有效进行弱 GNSS 环境下数据获取。

作业前的准备工作一如既往的重要。基于已有的测区地形图或者 DOM，结合作业要求，设计行进路线，避免重复采集和最大限度规避 GNSS 信号不好的地方。GNSS 基站覆盖半径要求不大于 10km，采样间隔不大于 1s，本次使用天津市北斗地基增强系统站点作为基站。

在 GNSS 信号较弱导致的精度下降区域，本次采用基于已有车载激光点云数据提取控制点进行纠正的方案，进行数据平差处理，具体选择道路斑马线或房屋轮廓点等特征点位。其他无基础数据区域，还可采用人工布设控制点的方案，具体方法同 3.2.1 节所述（图 3-29）。

图3-29　处理后的背包式点云示意图

3.5　点云的融合处理

随着激光雷达技术应用的不断深入，仅仅依靠单一平台往往难以满足项目需求，因此逐步联合采用多平台激光雷达共同作业。由于各平台激光雷达点云密度、点云精度、获取时间等各不相同，所以需要对其进行融合处理。

首先，结合不同平台的特性，按区域或按对象单体组织管理数据。各平台所获点云数据应基于同名控制点转换至同一坐标系。

其次，根据覆盖范围、点云密度、数据精度等，通过人机交互检查方式确定各平台激光雷达所获点云数据的有效范围，之后，还应进行冗余数据去除。

再次，进行多平台激光雷达点云数据匹配，即结合现势性强的资料确定变化区域，基于未变化区域进行匹配。具体原则如下：① 应统计同一区域不同平台系统获取的激光点云同名点匹配误差；② 宜利用轨迹线或控制点确定各平台所获数据精度，可直接以同区域精度较高的点云数据为参考纠正其他平台所获点云数据；③ 匹配完成后，应利用精度检测点检查点云数据平面精度和高程精度是否满足项目设计要求。

最后，进行多平台激光雷达点云数据融合，具体原则如下：① 宜以可反映大范围信息的平台获取的点云数据为基准，对经匹配后的多平台点云数据反射强度进行调整；② 应对匹配后的多平台点云数据进行综合去噪，可依据各平台点云数据的噪声点特性进行；③ 应对多平台获取的影像数据与点云数据进行高精度匹配后方可进行融合处理；④ 应根据需求选择像素级融合、特征层融合或决策层融合等算法进行彩色点云数据制作。

在“天津三维数字城市”的建设中，综合运用了机载、车载、固定站式等多平台激光雷达测量技术：利用机载激光雷达获取了覆盖全市域点间距优于 0.8m 的激光点云数据，利用车载激光雷达获取了覆盖中心城区全部路网的激光点云数据，利用固定站式激光雷达获取了覆盖历史街区内保护建筑的高精细度激光点云数据。

在数据处理过程中按照上文所述原则，先结合航迹线精度信息和地面控制点对机载激光点云数据进行整体平差，使其精度满足项目技术设计要求，之后基于平差处理后的机载激光点云数据提取特征点和少部分外业实测控制点，对车载激光点云数据进行了平差处理。此方法一方面最大限度地缩减了外业工作量，另一方面可有效保证整体精度的统一。融合后的点云效果如图 3-30 所示。

在天津慢行交通系统建设工程实施中，我们团队综合应用了车载激光雷达与背包式

a. 机载激光点云

b. 车载激光点云

c. 融合后点云数据

图3-30　点云融合

移动激光雷达，两种平台获取的数据相互补充，实现了点云数据对道路沿街两侧部件的全覆盖，取得了良好的效果。

项目区域包含道路总计约 60km 长，首先采用车载激光雷达分 2 个测次完成数据采集，后续内业基于已有机载点云数据进行了精度优化，优化前后，车载点云匹配示意如图 3-31 所示。

a. 精度优化前不同条带车载点云匹配示意

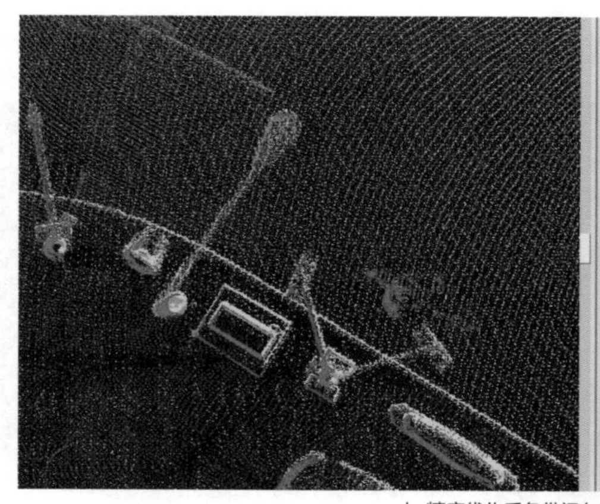

b. 精度优化后条带间车载点云匹配示意

图3-31 精度优化

之后，利用背包式移动激光雷达在大约 10 天内完成数据采集。由于背包式移动激光雷达采集路径多为 GNSS 信号较差区域，故存在较大误差，需要利用经平差处理后的车载激光点云数据对其进行精度优化，由于二者获取的点云对于沿街两侧地物均能够达到较高的点密度，因此，选择斑马线角点、窗口棱角、广告牌角点等各种同名特征点作为控制点，具体如图 3-32 所示。

经分析，可知在 GNSS 失锁一定时长内，背包式激光点云误差与失锁时长呈线性相关，为此，通过连续选取控制点便可完成对整体数据的精度优化。经精度优化后的点云数据融合后效果如图 3-33 所示。

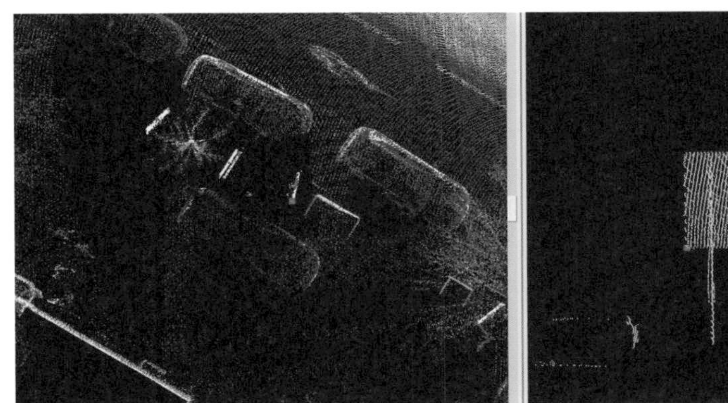

a. 车载激光点云数据提取位置示意（红色点位）

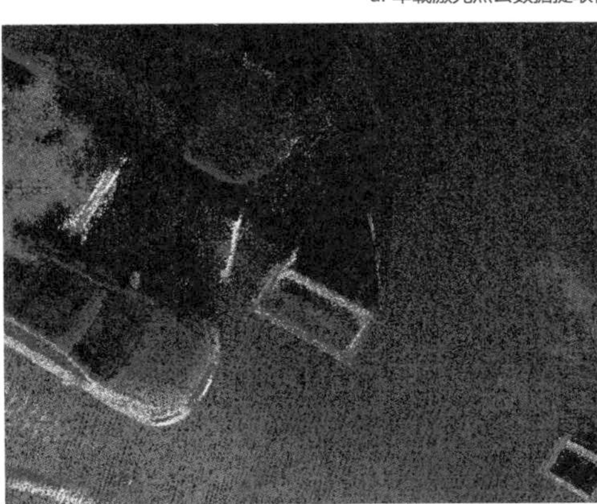

b. 背包式激光点云数据提取位置示意（绿色点位）

图3-32　激光点云数据提取位置示意

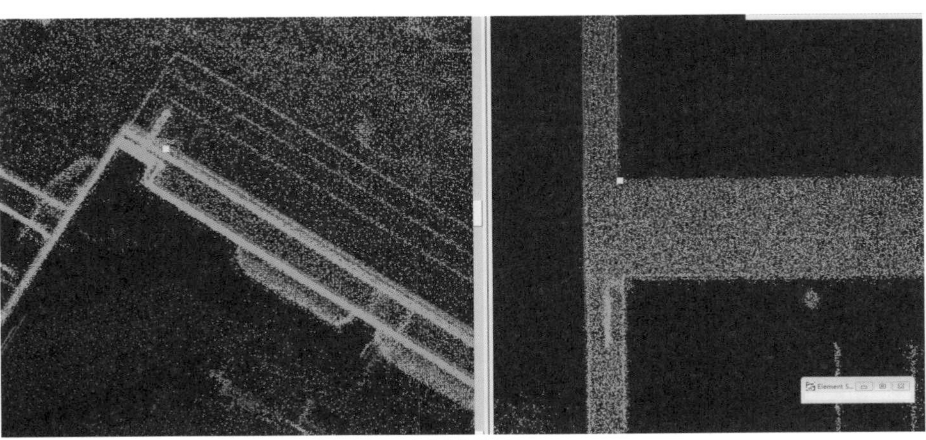

图3-33　融合后激光点云数据示意（绿色为背包式点云，红色为车载点云）

第4章

点云测图

点云测图并不是仅依靠点云开展测图工作，而是以激光雷达测量获取的点云为主要数据源，结合 POS 数据，辅以数码航片等影像传感数据源，面向三维数字城市建设的工程需求，开展大比例尺 DEM、DSM、DOM、数字线划图（Digital Line Graphic，DLG）等基础测绘产品和车道级高精地图制图工作。

4.1 点云分类

基于激光点云反射强度、回波次数、地物形状、剖面形态、影像纹理等特征的算法、算法组合和人工辅助编辑等处理，依据测图、建模工程对点云的属性分类需求，对点云进行噪声、地面、建筑物、植被、桥梁等的点云类别属性标记分类，是点云测图、矢量三维建模的前期基础性数据处理工作。

4.1.1 点云滤波分类

点云具有噪声、非语义、高冗余、非结构化等特点。如何去除夹杂噪声、实现点云语义化、滤波提取有效信息，以及实现结构化地理信息的获取，是点云数据处理的技术要点。激光点云数据主要包括：地面、建筑物、树木、桥梁、电力线、汽车等信息。如何实现激光点云中地面点和非地面点的分离，是点云滤波分类算法的主要内容，也是基于激光点云进行 DEM 提取工作中的关键环节。

近年来，国内外学者已对点云滤波分类算法进行了大量而深入的研究，并从不同的思路和角度设计了大量有效的算法，主要包括线性内插预测算法、基于 TIN 的加密滤波算法、基于梯度特征的滤波算法、移动平面拟合滤波算法、有限元法、基于最小描述长度的滤波算法，以及考虑多种辅助数据源的方法等（Sithole and Vosselman，2003）。下面仅对前四种算法的理论原理和算法流程进行简单介绍。

线性内插预测算法　国外学者已经对线性内插预测算法进行了大量研究，它是目前应用最广泛、最经典的算法之一。此算法的两个基本操作流程为权值计算和线性内插，算法在这两个操作之间通过不断迭代来完成。

所有的点都可以分为两类：地面点和非地面点。地面点对 DEM 的生成具有绝对的影响，而非地面点的影响为零。基于以上原则，对所有的点赋权值，权值的大小在 0 到 1 之间。如果点到生成的数字地面模型（Digital Terrain Model，后简称“DTM”）距离越近，它对 DTM 生成的影响就越明显，那么就赋予它一个大的权值；相反，就赋予它一个小的权值。反过来也是一样，如果某个点计算出来的权值越大，在下一轮中该点对 DEM 的生成影响力就会越大。

线性内插是基于较低的点对 DEM 的生成影响较大，而较高的点对 DEM 的生成影响很小，或者没有影响的原理设计的。

借鉴图像处理中多层次金字塔的概念，该算法在上文基础上进行了扩展。在内插过程中，不断紧缩内插的间距。例如在初始的时候，先用大的格网进行初步的内插，得到一个比较粗的 DEM，然后在权值计算和线性内插之间不断迭代的过程中，渐渐收缩格网，得到不断精细化的 DEM。算法的实现流程如图 4-1 所示。

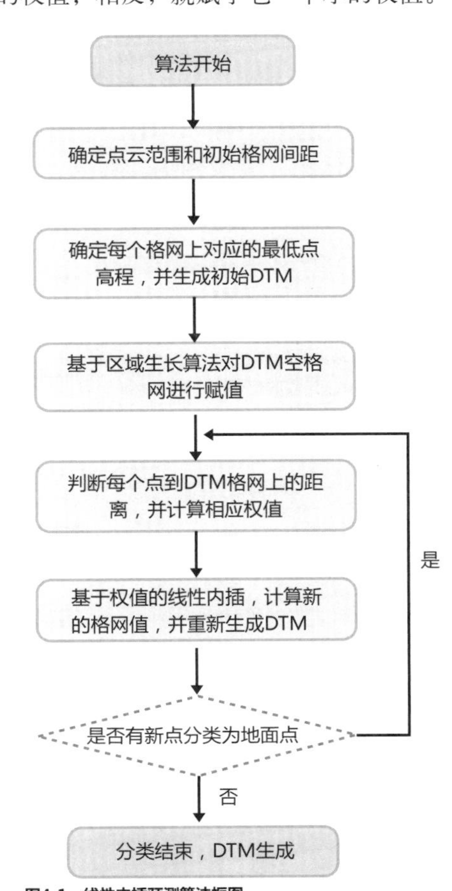

图4-1　线性内插预测算法框图

基于 TIN 的加密滤波算法　这种算法是一个对 TIN 逐渐加密的过程，也是一个不断迭代的算法 (Axelsson and Peter，1999；Sithole and Vosselman，2003；赖旭东，2006)，其基本原则为：局部区域的最低点一定是地面点。基于此，首先选择特征点，进行初步构 TIN。然后，在 TIN 的基础上，逐渐对未分类的点进行分类判断。在每一次迭代过程中，如果点云中未被分类的点到TIN的垂直距离在设定的阈值之内，就把它加入这一TIN中，并重新生成新的TIN。此迭代过程一直进行下去，直到没有新的满足条件的点加入为止，从而实现激光雷达地面点和非地面点的分类。该算法的实现流程如图4-2所示。

基于梯度特征的滤波算法 这种算法是在形态学概念的基础上改进而来的(Vosselman，2000)，其基本思路为：一个滤波器从一定区域的点集下垂直向上移动，并不断地对点进行分类判断。滤波器先定位到一个待分类的点上，随后该滤波器会向上移动，直到它遇到了点集中的某个点为止。如果滤波器碰到的点不是那个待分类的点，那么就认为这个点为非地面点，否则，就把它划分为地面点。该滤波器的倾斜参数需要提前根据具体的整体地形特点来进行适应性的设置。为了提高数据的分类效果和精度，在地形变化陡峭的地方，该滤波器的倾斜度要进行相应的变化和调整。算法的实现流程如图4-3所示。

移动平面拟合滤波算法 移动曲面拟合滤波算法(张小红，2002；张小红，刘经南，2004)的实质是借鉴了图像处理学领域的区域生长算法的思想，而不同之处在于它是基于离散数据点的处理。移动平面拟合滤波算法对前者进行了改进，把“曲面”改为“平面”，平面相对曲面具有更大的刚性，对错误分类点的敏感性也比较低。

在算法的实现过程中，首先，将激光雷达离散点云构TIN，并建立点之间的拓扑关系；

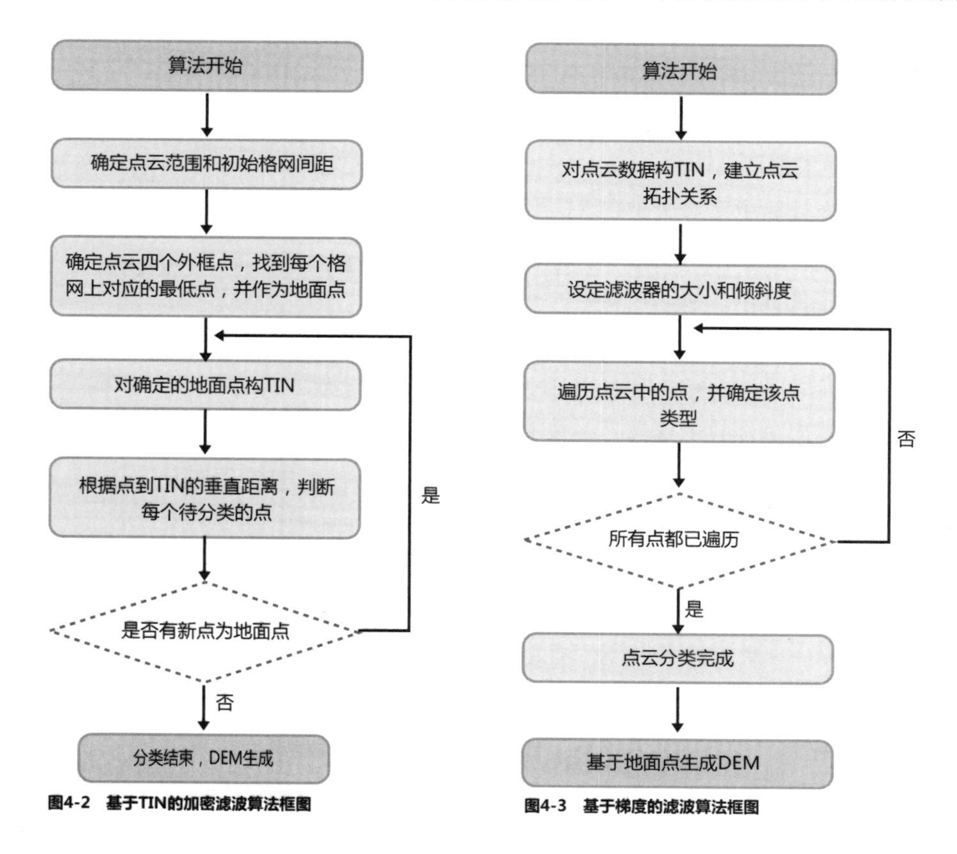

图4-2 基于TIN的加密滤波算法框图

图4-3 基于梯度的滤波算法框图

其次，选取种子区域开始进行扩张，并找到种子区域内彼此相互靠近的最低三点作为初始地面点，三点可确定一个平面，即初始拟合；再次，将邻近的备选点的坐标代入平面方程，可计算出备选点的拟合高程值。如果拟合高程值同该点的观测高程值之差超过给定的阈值，就判断该激光点不是地面点而过滤，否则就接受该点是地面点。基于最小二乘方法，利用接纳点同初始三个点重新拟合平面，对邻近的新点进行同样的外推判断。当拟合点数为 6 时，保持点数不变，每新增一个地面点，就丢掉一个最高（旧）的点。拟合出平面后，将下一被选点的平面坐标代入该方程，可以推出该点的理论高程值，将它与实际观测高程进行比较，如果满足预先设定的阈值，就接收该点为地面点，否则将其过滤为非地物点。不断重复上述步骤，就相当于有一个移动的平面窗口滤遍整个测区。该算法的实现流程如图 4-4 所示。

该算法是对离散点云的处理，不需要进行重采样处理，也不需要预先剔除粗差，它具有同时去除噪声的功能。

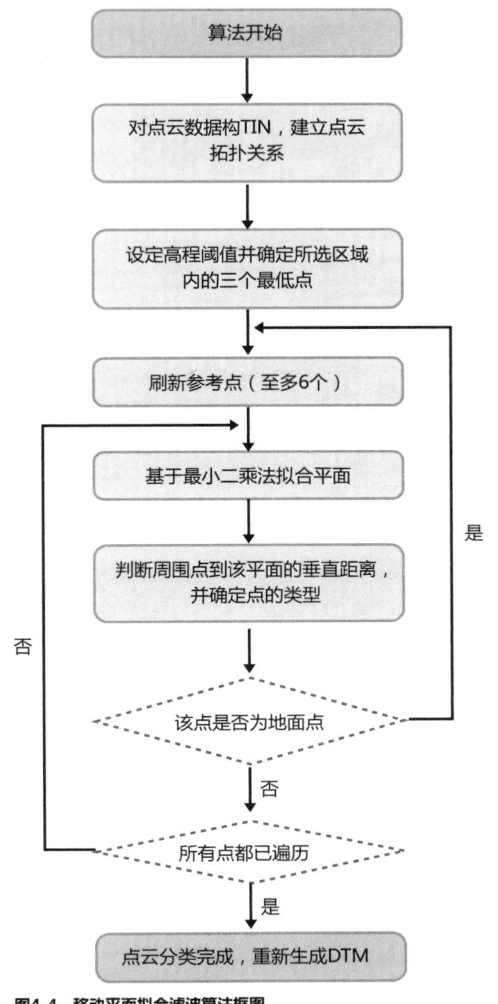

图4-4　移动平面拟合滤波算法框图

当前，对于国际上主流的激光点云滤波分类软件，主要选用芬兰 Terrasolid 软件中的 TerraScan 模块。TerraScan 软件的地面点云滤波分类基于 TIN 的加密滤波算法开发。在实际工程中，激光点云数据一般分为 water，ground，building，bridge，vegetation，temp，noise，default 八类。针对三维数字城市建设的需要，主要应开展地面点和建筑物类的精细化点云分类，其他地物类点云不需关注和分类处理。图 4-5 为地面点云分类算法的软件界面示意。

TerraScan 模块建筑物点云分类算法采用基于高差特征的建筑物滤波分类算法。图 4-6 为建筑物点云分类算法的软件界面示意。

在实际工程实践中，城市、农田、植被密集区等不同地形类别对地面点云滤波分类算法的参数适配特征略有差别。为提高地面点云滤波自动分类的准确性和生产效率，减少内业人员工作量，除常规分类参数外，针对城区建筑物、农田田埂、池塘、植被密集四类典型地形地貌类别，设计针对性的算法参数设置方案（表 4-1），以优化测区地面点

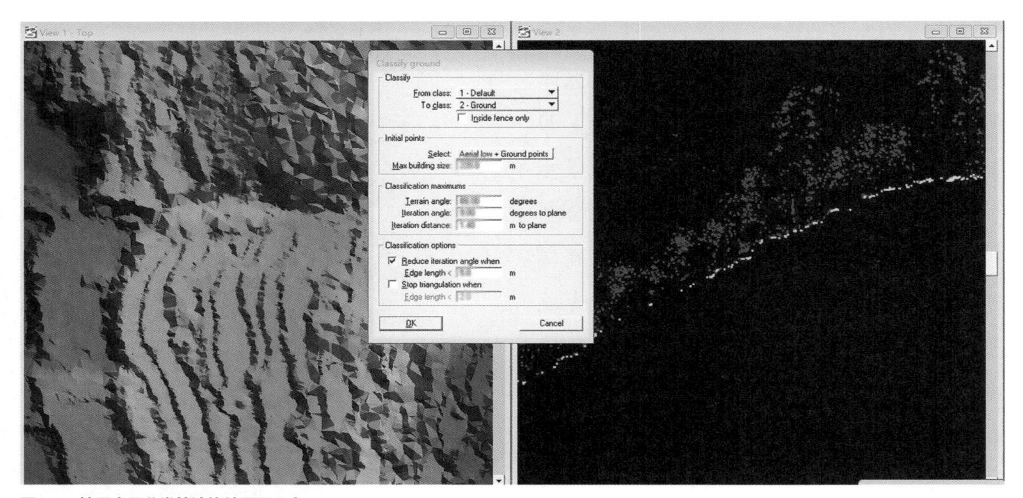

图4-5　地面点云分类算法软件界面示意

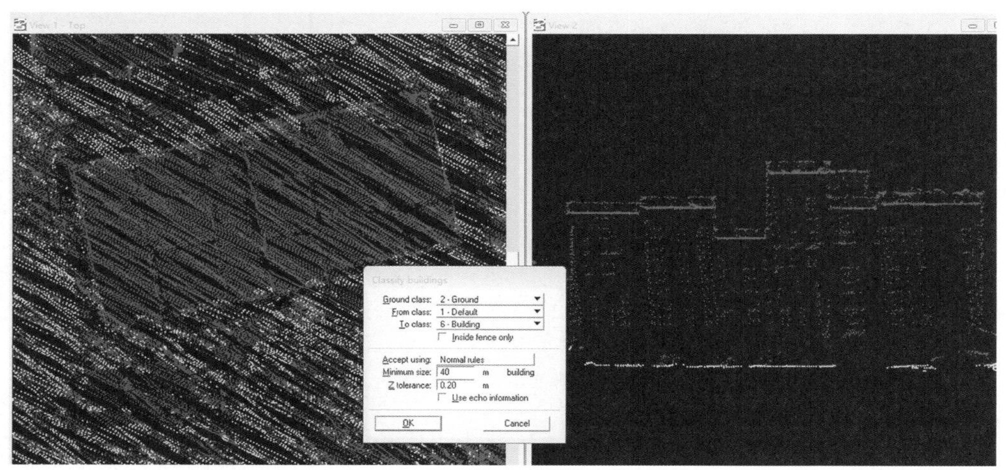

图4-6　建筑物点云分类算法软件界面示意

云自动分类的生产技术流程。通过试验验证，该方案可大幅度提高点云自动分类的准确度，降低手工编辑修改的工作量，提高内业的整体生产效率。

表4-1　机载激光雷达点云分类算法参数设置方案

参数名称 地形	建筑物最大尺寸（m）	地形坡度（°）	坡度迭代值（°）	迭代距离（m）
城市建筑物密集区	220	88	4	0.5
农田田埂密布区	100	88	10	1.5
池塘密布区	60	60	8	1.0
郊区植被密集区	60	88	5	0.6

4.1.2 机器学习点云分类

目前，机器学习在国内多个领域已取得重大进展。机器学习通过应用深度网络学习大批量数据中的内在高阶特征，取得了比传统方法更优的数据处理效果，可广泛应用于图像、自然语言、点云等众多实际工程场景。

机载激光雷达测量点云具有海量、组织形式稀疏、离散分布等特点。传统工业领域的点云分割大多采用人工分割或采用传统算法的滤波分类软件等进行数据处理，存在点云分割准确度低、数据处理周期长、人力投入大等缺点。如何高效、自动、准确地开展海量点云数据分割分类，是当前学术界的一个热点研究课题。

基于监督学习的机器学习充分利用训练样本中包含的点云先验信息进行点云分类，其适应性相对更广。传统点云监督分类算法通常先计算多种人工设计的点云特征，通过特征工程对特征进行处理，再利用如支持向量机（Support Vector Machine，SVM）、信息向量机（Information Vector Machine，IVM）、自适应提升树（Adaptive Boost，AdaBoost）、随机森林（Random Forest，RF）、条件随机场（Conditional Random Fields，CRF）、JointBoost 等，可有效提高点云分类的精度。

近年来，随着深度学习的不断发展及其在图像上目标检测、场景识别等诸多领域的成功应用，许多国内外学者研究基于深度学习的点云分类分割，如 PointNet、PointNet++ 模型，以及基于 PointNet 的多种优化模型，如 F-PointNet。山东大学李扬彦提出的 PointCNN，进一步优化了无序无规则点云的卷积算法。

我们团队针对机载激光雷达测量点云数据特征，基于深度学习计算模型，提出了基于分层多回波的地面点云分类方法，主要包括点云数据预处理、点云特征提取和分类、数据后处理三个技术环节。

（1）点云数据预处理。对机载激光雷达测量点云进行分块，每个数据块标记命名。分块后的数据进行扩张及数据块筛选；按照矩形框对点云进行分块，按照矩形框的位置大小，对矩形块四个边扩张缓冲，将矩形框内点与扩张点标记存储；遍历每个扩张后的矩形块点云，将块内点数少于最少计算的数据筛选出来，该部分数据不参与后续计算。对单块点云进行去噪赋色处理。计算分块后点云重叠区域，删除重叠部分的点；计算出分块中与其他点距离大于设定阈值的点，该点作为干扰点删除；将点云与相同位置的正射影像数据进行读取，在点云读取中同时读取对应位置的一幅影像数据，根据点云位置信息，将影像 RGB（红绿蓝）值赋予对应点，未能被赋予颜色的点以缺省值代替，最终形成彩色点云数据；使用基于坡度的滤波算法对分块点云进行滤波处理，粗略地分出地面点类。计算粗分类后的地面点高程，计算其平均值并将该值写入点云头文件中。

（2）点云特征提取和分类。确定点云中点的局部邻域，设计定义十二类特征用于描述点的特征信息。十二类特征参数分别为空间位置特征 xyz、几何特征线条性 L, 平面性 P, 发散性 S, 垂直性 V、高程特征 elevation、颜色特征 rgb、反射强度 intensity。将点云每一个点的这十二类特征值作为深度学习分类算法的输入值。

在近邻关系确定点云局部邻域时，设计两类近邻关系算法来确定点云局部邻域。临近关系算法包括固定邻接点法和固定半径法。固定邻接点法是针对点云中的每一个点，通过固定邻接法使用最近邻算法查询点云中与之最接近的多个点作为该点的邻域，点的数量由参数指定，参数范围设置为 1～100。固定半径法是针对点云中的每一个点，通过固定半径法使用 Ball Tree 算法查询点云中与该点距离不超过固定半径的多个点作为该点的邻域，固定半径的值由参数指定，参数范围为 0.7～6m。

点云对应的十二类特征设计参数尤为关键。空间位置特征 x，y，z 描述了该点位于数据块的位置特征，用于对该点进行后续分类。首先计算该数据块中心点 M，其坐标为该数据块所有点的三维坐标的均值，之后计算每个点的空间位置特征 x，y，z 计算公示如下：

$$x = \frac{V_x - M_x}{L_{VM}} \tag{4-1}$$

$$y = \frac{V_y - M_y}{L_{VM}} \tag{4-2}$$

$$z = \frac{V_z - M_z}{L_{VM}} \tag{4-3}$$

其中，V_x，V_y，V_z为该点在点云中的原始坐标，M_x，M_y，M_z为当前数据块中心点坐标，L_{VM}为该点与中心点的距离。

几何特征描述了该点周围局部区域的几何特征，用于对该点进行后续分类。其中，该几何特征分别为线条性 L、平面性 P、发散性 S 和垂直性 V。通过计算公式获得所需的几何特征，其计算公式如下：

$$L = \frac{\lambda_1 - \lambda_2}{\lambda_1} \tag{4-4}$$

$$P = \frac{\lambda_2 - \lambda_3}{\lambda_1} \tag{4-5}$$

$$S = \frac{\lambda_3}{\lambda_1} \tag{4-6}$$

$$V = \frac{\hat{u}_3}{\hat{u}_1 \times \hat{u}_1 + \hat{u}_2 \times \hat{u}_2 + \hat{u}_3 \times \hat{u}_3} \tag{4-7}$$

其中，λ_1，λ_2，λ_3为该点局部邻域所有点三维空间坐标的协方差矩阵的3个特征值，按$\lambda_1 > \lambda_2 > \lambda_3$排列。$\hat{u}_1$，$\hat{u}_2$，$\hat{u}_3$为与$\lambda_1$，$\lambda_2$，$\lambda_3$对应的3个特征向量。

高程特征 elevation 描述了该点所在地域的地貌，用于对该点进行后续分类。高程特征 elevation 计算公式如下：

$$elevation = \frac{V_{\text{elevation}}}{\max\_elevation} \quad (4\text{-}8)$$

其中，$V_{\text{elevation}}$为该点在点云中的实际高程，$\max_elevation$为该数据块所有点的最大实际高程。

颜色特征包括红色特征 r、绿色特征 g 和蓝色特征 b，各颜色特征分别描述了该点的颜色，用于对该点进行后续分类。计算公式如下：

$$r = \frac{V_r}{\max\_r} \quad (4\text{-}9)$$

$$g = \frac{V_g}{\max\_g} \quad (4\text{-}10)$$

$$b = \frac{V_b}{\max\_b} \quad (4\text{-}11)$$

其中，V_r，V_g，V_b为该点在点云中的实际红绿蓝颜色值，$\max\_r$，$\max\_g$，$\max_b$为点云中颜色格式红绿蓝的最大值。

反射强度特征 intensity 用以下公式计算，反射强度特征能够区分该点是人工建筑或自然景观，用于对该点进行后续分类。

$$intensity = \frac{V_{\text{intensity}}}{\max\_intensity} \quad (4\text{-}12)$$

其中，$V_{\text{intensity}}$为该点在点云中的实际反射强度，$\max_intensity$为该数据块所有点的最大反射强度。

计算完以上特征后，通过深度学习分类 PointNet++ 算法，将之前求得的点云中点的十二维特征作为输入值，为每一个点生成分类标签。

（3）数据后处理。采用曲面拟合方法对离散的点进行噪声删除。恢复点云高程，形成最终的点云成果。

点云数据杂点滤波是针对分好类的点云数据，采用曲面拟合的方法对点云主数据中的地面点进行拟合。遍历分块点云中的每一个点，计算点到曲面的距离，该距离值大于设定的阈值则认定该点为杂点并将其删除，最终恢复分块点云高程。

基于以上算法模型，经过大范围、多类型准确标签数据训练，最终生成对地面、建筑物、植被等点云的分类模型。在模型训练中，按照地形、地物、植被覆盖程度等多种不同的方式分别训练模型，形成模型库。程序自动调用适配的模型，对输入数据进行精准化分类（图 4-7）。

为达到更好的分类效果，我们团队从预处理着手，通过传统算法滤除由于水汽、云雾等天气原因导致的激光杂点，减小该类点云对模型的干扰。通常点云数据量较大，需要进行分块处理，为保证样本点云数据的连续性，我们采用外扩缓冲的方式计算每个点

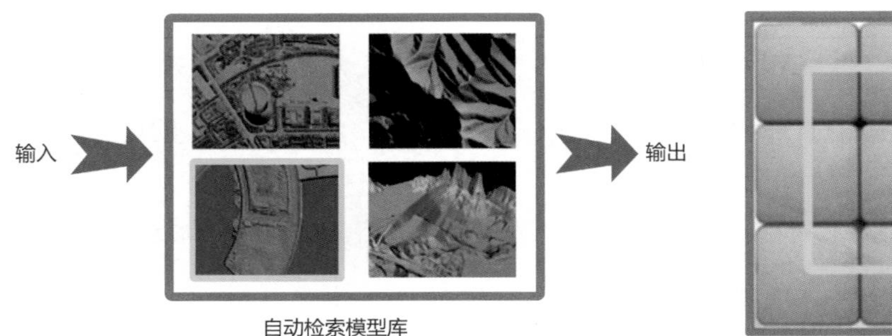

图4-7 程序根据地形等情况自动检索模型库示意

图4-8 分块点云缓冲外扩提取参数

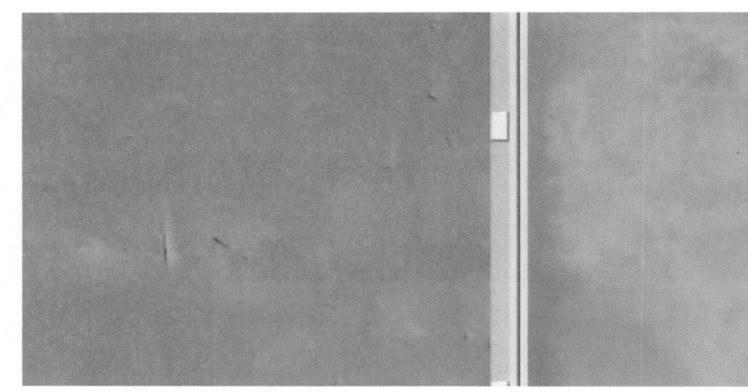

图4-9 机器学习成果与人工分类成果模型对比

云的参数，保证分块点云之间的无缝接边（图 4-8）。

经测试，该模型地面点云分类准确率达到 95% 以上。针对机载激光雷达测量点云分类工程项目要求，开发了点云数据组织、数据预处理、分类后数据优化检查等软件工具，推进了点云机器学习数学模型的工程化应用。该算法模型已在天津、广西等工程项目中使用，完成了地面、植被、建筑物等点云的准确分类，提高了工作效率。机器学习点云分类结果存在一定的误差，不能直接应用。与传统滤波分类算法一样，后期还需少量人工编辑处理才能输出正式的测绘产品（图 4-9）。

4.2 数字高程模型

数字高程模型（DEM）是以高程表达地面起伏形态的数字集合。DEM 可以制作透视图、断面图，进行工程土石方计算、表面覆盖面积统计，用于与高程相关的地貌形态分析、通视条件分析、洪水淹没区分析、高程分析、坡度和坡向分析等，量测坐标、距离、面积、体积（填挖方），以及生成等高线专题图等。

本书的点云 DEM 测图主要指采用机载激光雷达测量制作 DEM 成果。机载激光雷达测量 DEM 制作，采用点云为主要数据源，辅以匹配的数字影像参考的技术路线。

传统 DEM 采集制作主要有野外人工实测、摄影测量立体绘制和干涉雷达三种技术方法，存在外业采集效率低，因密集植被覆盖遮挡或其他客观条件限制导致的地面特征点缺失，模型高程精度低等多方面问题。

机载激光雷达测量在高精度 DEM 制作方面技术优势明显。机载激光雷达测量获取的点云大致均匀地采集了高密度的地表三维坐标，在技术工艺优化前提下，可获取密林测区树下高精度地形坐标，且内业地面点云分类和模型内插等数据处理自动化程度高。另外，DEM 产品制作时分类后的地面激光点云，还可以自动生成高精度的等高线专题图成果，这也是传统测量手段采集等高线专题图不可比拟的。

机载激光雷达测量是当前测绘界大范围 DEM 获取的主流技术手段。到目前为止，北京、天津、广东、山东、江苏、吉林等多地已完成一次或多次全区域机载激光雷达测量和 DEM 基础测绘工程。

机载激光雷达测量点云分类的准确性是影响 DEM 测绘产品质量的主要因素，对以上自动分类后的点云开展人工检查编辑修改工作至关重要。

机载激光雷达测量点云具有三维离散特征，相较影像，点云不太直观，较为抽象。为更好地方便内业人工判读，一般以地面点云高程分层设色渲染图、点云剖面、影像底图这三大类视图作为重要参考。

地面点云分类人工检核时，可以以还未精确接边的粗正射影像图为底图辅助参考，不必使用最终正式的 DOM 成果，因为当前制作正射影像图的 DEM 还不是最终正式的成果。因此，我们可在点云粗分类后内插的 DEM 和初始相机检校模型基础上，直接利用未空三加密的 imagelist 文件快速生成粗 DOM 图。

水域和建筑物地基的置平工作是影响 DEM 产品质量的又一个重要细节，也是 DEM 测绘产品质检的关键之一。

由于河流、池塘等水域表面或多或少会存在一些杂质，会产生一些激光点云，可对这类点云进行单独分类后取平均值，作为置平水域的高程值。然而，对于一些长线路河流，河流水面具有逐渐降低的特征，不可能用一个固定值进行整个河流水面的置平处理，否则会存在部分河段与衔接地面存在明显高差错位问题。为此，可把河流线路分为若干河段，对每个河段按以上方法设置一个固定值，并做好相邻河段的高差错位衔接处理。

建筑物地基的置平工作与以上水域置平思路类似，置平高程值可随机选取建筑物周边的任一地面点高程值。

将地面类点云构建三角网并考虑以上水域、建筑物地基等面状专题要素的高程置平处理后，按规范要求的格网间距内插裁切输出，就可得到 DEM 成果（图 4-10）。

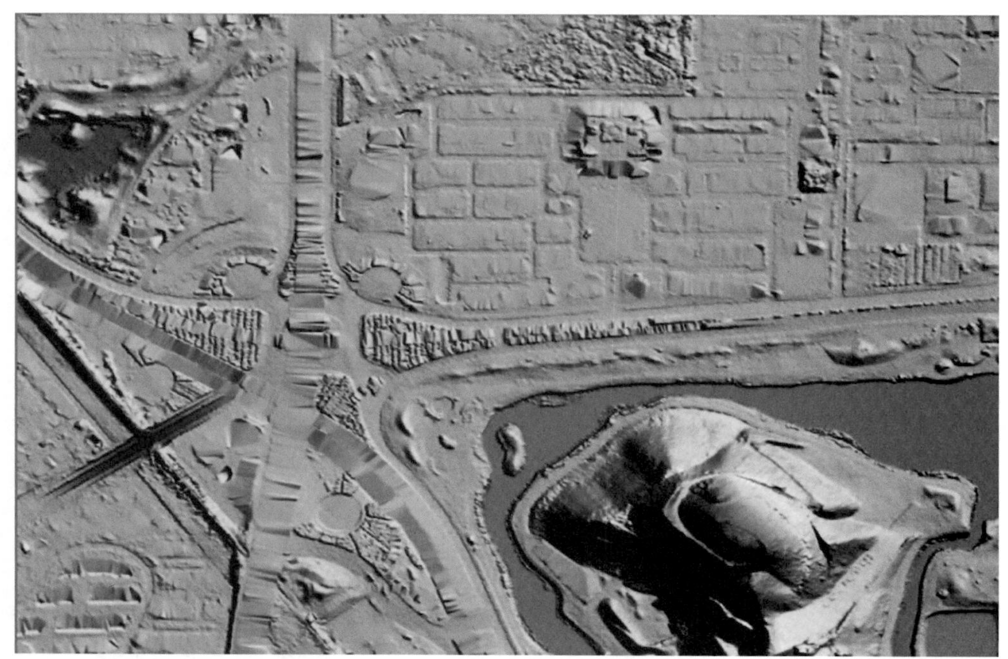

图4-10　某1：2000比例尺DEM产品示意图

4.3　数字表面模型

数字表面模型（DSM）是传感器获取的地球表面及其上自然或人工地物要素的空间位置数据集，它包含了地表建筑物、桥梁和树木等高度信息。DEM只包含了地形高程信息，并未包含其他地表信息，而DSM是在DEM的基础上，进一步涵盖了除地面以外的其他地表信息的高程。机载激光雷达测量DSM的数据处理流程见图4-11。

DSM可在DEM成果制作的基础上，重点人工检查建筑类、植被类、桥类三类地物要素，结合地面类点云一起构建三角网，并考虑以上水域面状专题要素的高程置平处理后，按规范要求的格网间距内插裁切输出，从而生成DSM成果。

在DSM产品制作过程中，应注意重点去除移动物体和架空管线。移动物体是指位置随时间变化的物体，如车辆、船舶、飞机等。移动物体的存在会影响DSM的精度，应当滤除，并将其存放在移动物体类中。对于车辆应重点关注道路、停车场、铁轨、居民地和商圈等区域；对于船舶应重点关注水域、码头和造船厂等区域；对于飞机应重点关注飞机场、机场维修场等区域。在点云类DSM中，架空管线不做处理；在格网类DSM中，电力线、通信线等横截面积小的架空管线应滤除，而管道、墩架等设施可不做特殊处理。

对流动水域及河流、湖泊等面积较大的无数据水体区域，应采集水涯线作为特征线。其中，流动水域的高程应根据上下游水涯线高程进行分段赋值（图4-12）。

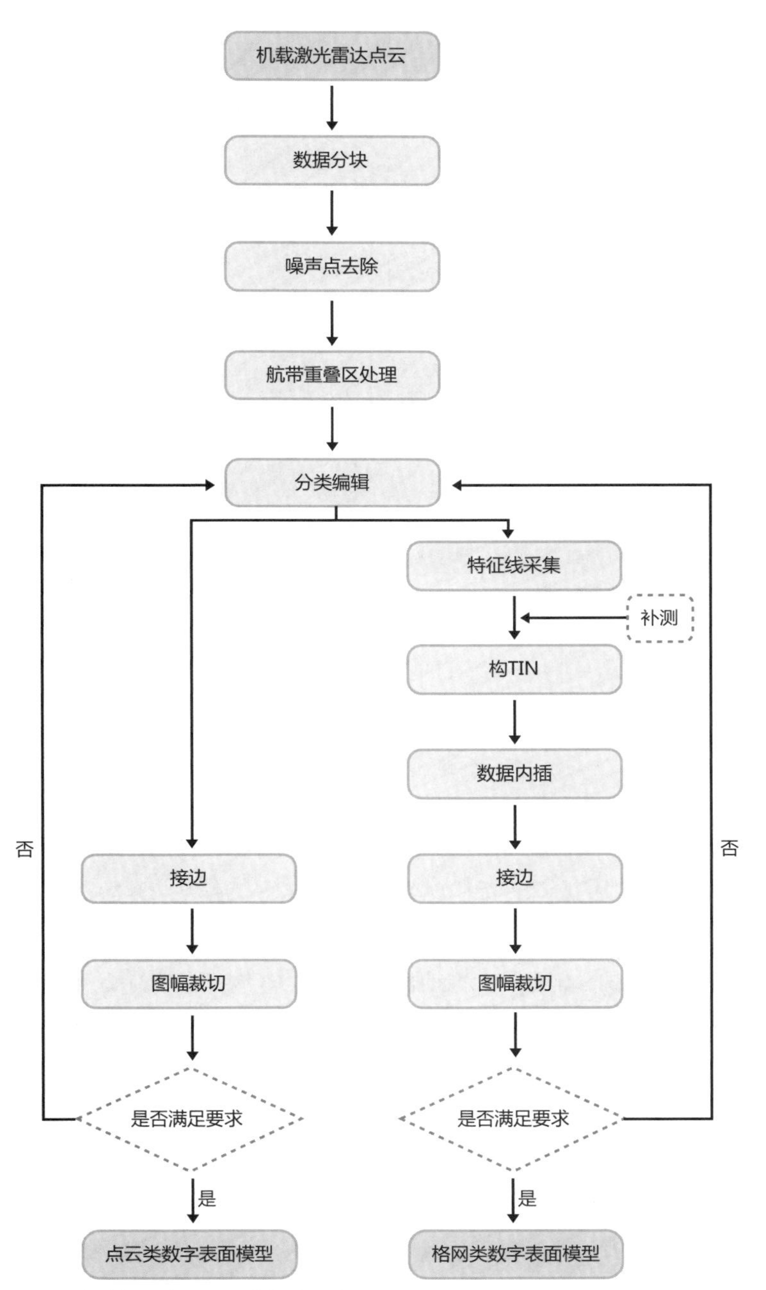

图4-11　机载激光雷达测量DSM的数据处理流程图

图4-12　某1：2000比例尺DSM产品示意图

4.4　数字正射影像

数字正射影像（DOM）是利用DEM对数码航空影像像元进行纠正，再做影像镶嵌，根据图幅范围剪裁生成的影像产品。DOM的信息丰富、直观，具有良好的可判读性和可量测性，从中可以直接提取自然地理和社会经济信息。DOM的主要用途包括量测坐标、直观展示地理环境概貌、辅助外业实地调查等。将DOM分别与DEM、DSM叠加后，可以更加直观地呈现三维地形地貌环境信息，更好地支撑可视化服务和辅助决策等。

与传统数码航测制作DOM产品技术工艺相比，机载激光雷达测量已通过激光点云制作高精度的DEM产品，并且航片具有高精度POS定位定姿信息。机载激光雷达测量制作DOM产品不需要外业布测地面像控点，内业空三加密可免像控，仅通过充分利用高精度DEM和航片POS定位定姿信息即可完成。然而，机载激光雷达测量对应相机属于中画幅非量测相机，相较大画幅大型数码航测仪相幅小不少，航测带宽偏窄，航测外业数据采集效率较低。因此，传统数码航测和机载激光雷达测量制作DOM产品，生产技术上各有特点和优劣势，但从DOM测图成本考虑，传统数码航测技术方法具有相对优势。

在前期DEM产品制作的基础上，对数码航片、航迹线进行相关数据处理，即可制作DOM产品，主要生产技术流程如下：

（1）原始航片调色、匀色。

（2）POS 辅助空三加密，添加连接点。集成后的大区域空三加密时，平原地区要求公共点较差中误差在 0.1m 以内、最大误差 0.2m。山地要求公共点较差中误差在 0.13m 以内，最大误差 0.26m 以内；还未集成的小区域空三加密时，平原和山地的公共点较差可在以上基础上放宽一倍。

（3）通过生成的连接点文件，对原始影像的三个角度外方位元素进行优化调整。

（4）对正射纠正的影像进行拼接线修改和优化，使不同航片在接边处不穿过建筑物、树木等非地面地物，保证地物影像的完整、自然。

（5）在拼接线处对影像进行色调修改和平衡，使整幅正射影像色调自然、均匀。

（6）对专用软件生成的 DOM 进行架空桥梁等地物出现的拉花、错位、变形等情况的修正，提交 DOM 成果进行验收。

（7）待大部分处理工作完成后，需要对最终的 DOM 航片色调再进行一次整体调色处理，使 DOM 影像色调自然、柔和、美观，并尽可能接近标准模板影像。

DOM 生产技术流程中的航片空三加密环节，是决定 DOM 产品精度、质量甚至 DOM、数字线划图产品制作生产能否顺利推进的核心技术环节。在大量机载激光雷达测量工程项目中，曾频繁、多次出现过机载激光雷达测量航片空三加密平差无法顺利通过的技术问题，严重影响了工程项目质量和工期，甚至导致重复进行外业航测数据采集的严重后果。总结近年全国范围近百项大型机载激光雷达测量工程项目经验，机载激光雷达测量航片空三加密无法顺利通过的主要技术原因如下：

（1）空三加密参考用的 DEM 和航片轨迹线（外方位元素 *XYZ*）高程基准不统一，存在高程上的“两张皮”，导致航片空三加密无法闭合，平差残差超标。

（2）机载激光雷达测量相机为非量测数码相机，几何畸变大，航测时未开展相机检校飞行或空三加密时未选取试验区拟合相机的初始几何畸变模型参数，导致空三加密初始阶段相机几何畸变过大，后期即使通过航片同名点等方式进行约束，也无法实现相机准确几何畸变参数的迭代收敛。

（3）测区存在军事雷达对航测 POS 信号干扰或航测飞机飞行采集数据时存在非均匀抖动等，导致机载激光雷达测量采集的 POS 定位定姿数据紊乱，在航片外方位元素误差上表现为大的随机偶然误差而非系统误差，后期无法通过平差进行消除。这类情况属极少数特殊情况，但是一旦出现，只能通过外业实地布测大量的地面像控点参与空三加密时的强制约束。

测绘产品制作的注意事项包括：① 原始影像要经过调色，解决明显的偏色、色调不均匀、雾等问题。注意在调色过程中要参考标准模板，尽可能使航片自然、柔和并符合实际地貌情况。对于季节反差大的航片应尽可能让衔接部分自然过渡。② 拼接线不能穿过较高的建筑物，不能出现错位、明显地物丢失等；影像上无地物丢失；颜色点要适当添加在拼接线两边影像色调不一致的地方，但也要避免出现偏色。③ DOM 成果数据清晰

图4-13　某1：2000比例尺DOM产品示意图

易读，片与片之间影像尽量保持色调均匀，反差适中，纹理清楚，不能出现局部地物曝光太强丢失纹理的情况。④ DOM 影像色彩鲜明有真实感、图面上不得有影像处理后留下的痕迹，在屏幕上要有良好的视觉效果。⑤ DOM 影像接边时，镶嵌处色彩过渡自然，无明显的色彩变换，接边重叠带不允许出现明显的模糊和重影，相邻 DOM 要严格接边。⑥不同季节影像接边处在尊重季节影像差异的情况下尽量均匀过渡。⑦ DOM 图按标准图廓坐标范围裁切，色调接近模板。⑧ 航片能全覆盖，则架空桥梁的全部影像可选用该航片。如桥梁长度较长，一幅原始航片不能全覆盖时，需要参考桥梁上激光点云，进行真正射影像制作，保证桥梁上的相邻航片在拼接线处无缝自然相连（图 4-13）。

4.5　数字线划图

数字线划图（DLG）是以点、线、面形式或地图特定图形符号形式表达地形要素的地理信息矢量数据集。点要素在矢量数据中表示为一组坐标及相应的属性值；线要素表示为一串坐标组及相应的属性值；面要素表示为首尾点重合的一串坐标组及相应的属性值。数字线划图是我国基础地理信息数字成果的主要组成部分。

数字线划图测图主要包括人工外业实测、数码航空摄影测量、机载激光雷达测量、车载激光雷达测量等多种技术方法。根据测区具体特殊情况，也可采用以上多种技术方法集成测图。在机载与车载激光雷达测量技术出现前，由于生产效率方面的明显优势，数码航空摄影测量是大范围、大测区、大比例尺数字线划图测图的主要技术手段。

数码航空摄影测量技术采用立体测图模式，人工绘制数字线划图产品中的平面和高程要素。由于双目立体视觉立体测图的技术原理，在密林区，无法使用数码航空摄影测量采集密林区的准确地形坐标点，在山岭重丘等特大山区地形特征点坐标高程采集误差也较大。数码航空摄影测量在密林、山区等特殊测区以 1 ： 2000 比例尺及以上大比例尺数字线划图测图时，数字线划图产品的高程要素精度常常超标，技术缺陷较为明显。

相较数码航空摄影测量技术，机载激光雷达测量技术除配置数码相机外，主要是以激光扫描仪为主要传感器。经过科学的航测数据采集工艺设计，机载激光雷达测量激光束可穿透密林区获取树下高精度地形坐标，获取的点云密度大（最新款大型机载激光雷达测量点云密度已达 10 点 /m^2）、高程精度高，经过地面点云滤波分类等处理后，可获取高精度的点云 DEM。

数字线划图高程要素主要采用经滤波分类后的地面点云构建三角网内插后，依据测图规范规定的等高距要求，自动生成等高线专题图。考虑到等高线的平滑、艺术性要求，直接采用所有地面点云构建三角网内插的等高线线条存在明显突出的毛刺等，线条整体平滑度较差，导致后期去毛刺、线条平滑等内业人工处理工作量大。为避免这一问题，需要对原始地面点云滤波分类后的地面点云成果进行地形特征点的提取，去除大量的冗余地形激光点数据。在此基础上，构建三角网后内插生成对应等高距的等高线专题图成果。

公路勘察设计、石油天然气管道勘察设计、铁路勘察设计等行业更多的关注和要求地形图等高线精度，对等高线平滑度等直观美观度要求不高，以上自动输出的等高线专题图成果经过简单质检、编辑，完善可能存在的突出毛刺等问题后，即可直接用于最终正式数字线划图的编辑组合。然而，当前全国各省开展的 1 ： 10000 比例尺数字线划图基础测图工程，对等高线的平滑度等细节要求较高，应严格按国家基础测绘产品关于等高线线条平滑度规范要求严格编辑完善（图 4-14）。

在数字线划图平面要素测图方面，根据工程要求、测区地理地貌情况或内业测图人员技术水平等实况，主要有集成机载点云和 DOM 测图、集成机载点云和航片立体像对测图、集成机载点云和航片单片测图，以及点云剖面测图四种。

4.5.1　集成机载点云和DOM测图

集成机载点云和 DOM 测图方法技术门槛低，对测图人员技术培训要求低，测图操作便捷，是当前大部分机载激光雷达测量工程技术单位主要选用的测图模式。

在数字线划图建筑物平面要素测图方面，对地面、建筑物点云构建三角网并以高程分层设色渲染模式视图显示，同时，同位置匹配模式在另一视图中同步显示以上制作的

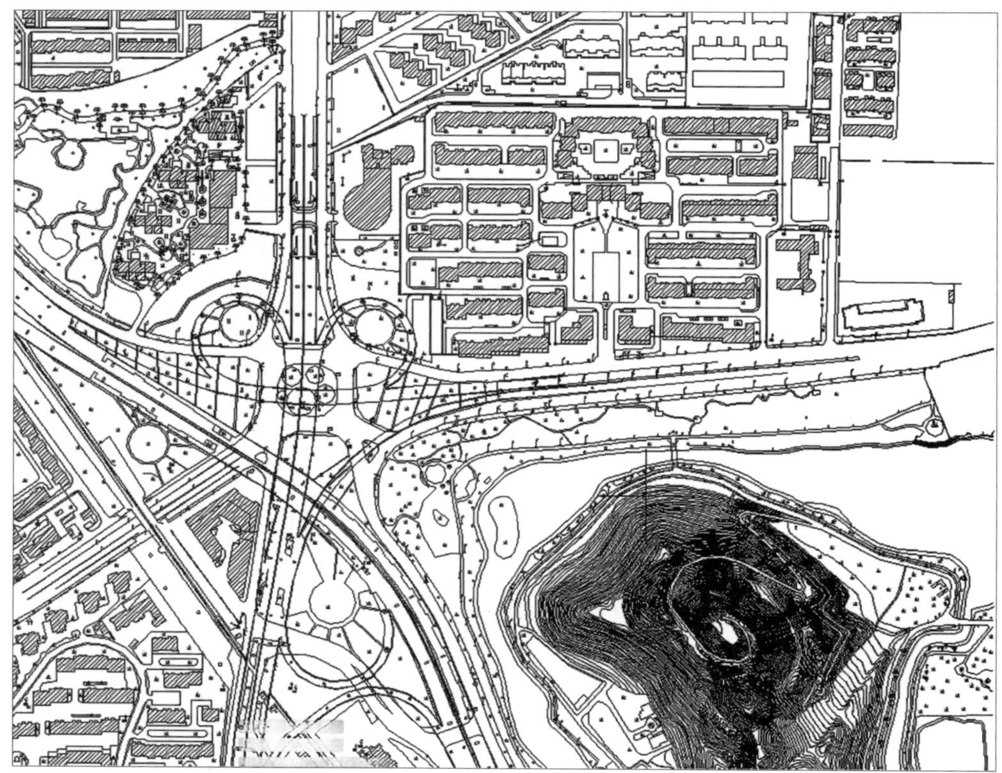

图4-14　某1：2000 数字线划图产品示意图

最终正式 DOM 成果，综合参考以上两种信息源，人工绘制建筑物平面要素。随着机载激光雷达测量硬件装备性能的不断发展进步，采集的点云点密度越来越高，点云高层分层设色渲染的建筑物特征边线明显，可重点比划绘制。以 1 ： 2000 比例尺机载激光雷达测量测图工程为例，采用当前国际上最新型的 Galaxy T1000 设备航摄，像对航高设置 1000m，获取的点云点密度可达到 10 点 /m^2 以上。我国南方植被覆盖密集，测区存在大量植被遮挡建筑物屋顶的情况，仅依据 DOM 不能有效绘制植被遮挡的建筑物特征边线。为此，可针对性开展该遮挡建筑物屋顶剖面分类后，刷新点云高层分层设色渲染视图并进行遮挡区的建筑物边线准确绘制。对于点云高程渲染图中部分建筑物附属面片结构或边线模糊问题，可重点参考 DOM 辅助识别判读。

在道路、水系、电力线、灯杆等平面要素测图方面，点云的平面要素线划特征不明显，主要以 DOM 为参考绘制对应平面要素的线划。对于少量正射影像上平面要素位置识别模糊的情况，在锁定大致位置后通过点云切剖面等方式辅助判读确认。有些平面要素，也存在部分植被遮挡的情况。本测图模式已无法有效提取绘制，应重点标绘后，安排外业调绘人员在测区现场实地采用 RTK、全站仪等传统工程测量方法完成地物要素的修补测（图 4-15）。

本作业模式依靠 Terrasolid 软件即可方便组织实现，对内业作业人员专业技术水平和

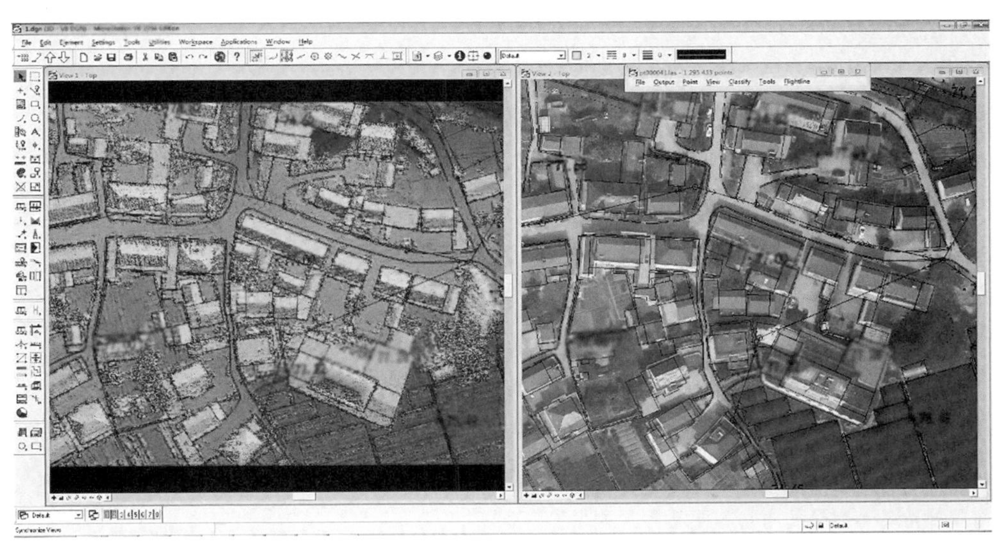

图4-15　集成机载点云和DOM测图示意

作业经验等要求均不高，可实现快速、规模化生产落地。

然而，DOM 是对原始航片的影像重采样，1 ∶ 500、1 ∶ 1000 和 1 ∶ 2000 比例尺 DOM 的像素采样分辨率分别为 5cm、10cm 和 20cm。一般而言，DOM 产品的影像地面分辨率已小于甚至远小于原始航片的地面分辨率。因此，DOM 对地物要素的分辨率、清晰度和位置准确度表达已部分甚至严重弱化。本测图模式未能充分发挥和利用好原始影像具有的最优空间分辨率和辅助识别优势。另外，经数字地形正射纠正后，DOM 中的建筑物屋顶会存在倾倒。对于 1~3 层楼的低矮建筑物，正射纠正位移不大，还可以直接用于提取和辅助识别；但是，对于高楼和有复杂结构的建筑物，DOM 已经不能用于其平面位置线划的提取。因此，本技术方案在乡村、山区等非城区测区实用性较好，但不太适合用于城区，特别是大型城市测区的大比例尺数字线划图测图。

集成机载点云和 DOM 测图虽然对生产组织和作业人员专业技术水平要求不高，但也存在影像分辨率弱化、植被和高楼遮挡等多方面测图局限性和缺陷，未能充分发挥原始航片平面地物要素测图潜力，一定程度上还增加了外业修补测人力成本，并不是大范围、高效率数字线划图测图工程作业的最优方法。

4.5.2　集成机载点云和航片立体像对测图

采用航片立体像对方法绘制数字线划图平面要素是解决集成机载点云和 DOM 测图方法局限性的重要思路。

与传统大型数码航测仪不同，机载激光雷达测量配备的数码相机框幅偏小，最重要的是配备的数码相机多为非量测相机，几何畸变大，无法直接构建立体像对，或构建的立体像对绘制数字线划图平面要素精度超标，因此不能直接用于数字线划图平面要素绘制。

前面已介绍 POS 和地面点云 DTM 辅助下的机载激光雷达测量航片空三加密方法和生产技术流程。机载激光雷达测量航片空三加密与传统数码航测空三加密的理论原理是一样的；但是，由于有 POS 和地面点云 DEM 辅助，机载激光雷达测量航片空三加密不需要外业布测像控点辅助空三，避免了测区实地外业布测像控的工作环节，节省了人力成本。

通过空三加密处理后，获取相机精确的几何畸变数学模型参数，以及每张航片的 Heading、Roll、Pitch 外方位元素和加密同名点坐标集序列。然而，一方面，机载激光雷达测量空三加密 imagelist 文件中的定姿参数为 Heading、Roll、Pitch，该参数是基于 POS 空间定姿系统的一套参数，不同于摄影测量学对应的 Phi、Omega、Kappa；另一方面，Terrasolid 软件输出的加密同名点空三文件格式，不兼容 JX-4、Virtuozo、航天远景等国内主流摄影测量立体测图软件，不能直接导入。考虑到 Heading、Roll、Pitch 定姿空间坐标系统与摄影测量学对应的 Phi、Omega、Kappa 系统之间的坐标转换关系较为复杂，拟以空三加密同名点文件信息为切入点构建机载激光雷达测量航片立体像对数学模型。为实现机载激光雷达测量航片立体像对构建，主要应解决两方面的技术问题：

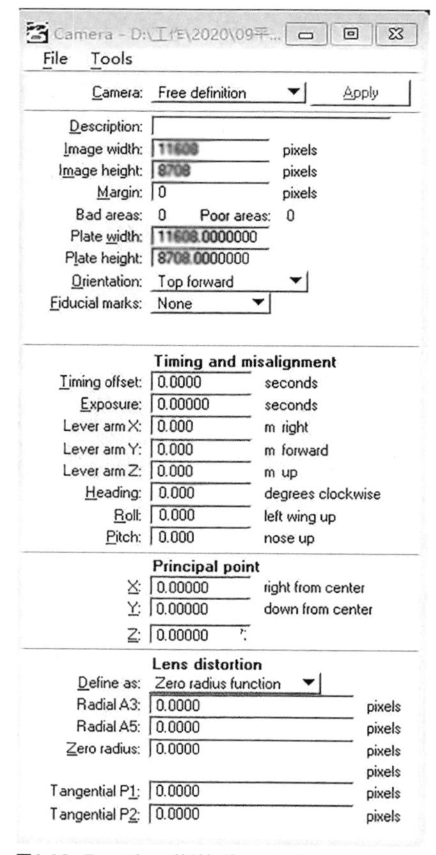

图4-16 TerraPhoto软件插件界面几何畸变参数情况示意

（1）航片几何畸变问题。机载激光雷达测量相机的几何畸变一般为 1 ~ 3 个像素误差，如不消除，数字线划图平面要素的绘制极易超标。这里，以上空三加密成果中的相机几何畸变数学模型参数为依据，恢复构建相机几何畸变数学模型，开发航片几何畸变误差批处理软件工具，从而实现了航片自动批处理几何畸变误差的消除。

相机可选的几何畸变模型较多。实际工程生产中，常采用“Zero radius functions”模式来拟合相机几何畸变误差。图 4-16 为 TerraPhoto 软件插件界面中拟合解算出的相机几何畸变数学模型参数情况示例。

切向畸变引起的像素点坐标偏移可以用以下公式表示：

$$\mathrm{d}x = P1\times(d^2+2.0\times rx\times rx)+2\times P2\times rx\times ry \quad (4\text{-}13)$$

$$\mathrm{d}y = P2\times(d^2+2.0\times ry\times ry)+2\times P1\times rx\times ry \quad (4\text{-}14)$$

径向畸变引起的像素点坐标偏移可用以下公式表示：

$$dx = -rx \times [A \times (d^2 - R^2) + B \times (d^4 - R^4)] \quad (4\text{-}15)$$

$$dy = -ry \times [A \times (d^2 - R^2) + B \times (d^4 - R^4)] \quad (4\text{-}16)$$

其中，A是Radial A3参数，B是Radial A5参数，R是Zero radius参数，$P1$是Tangential P1参数，$P2$是Tangential P2参数。

以以上几何畸变数学模型函数为依据，开发软件批处理工具，即可对机载激光雷达测量航片的几何畸变误差进行批处理，从而系统去除机载激光雷达测量航片的几何畸变误差，为之后航片立体测图奠定基础。

（2）空三文件加密同名点格式转换批处理。Terrasolid 软件输出的加密同名点空三文件，虽然不能直接导入国内主流摄影测量立体测图软件中，但记录了每个同名像控点的物方三维坐标及每张航片编号及像方二维坐标值，且像方二维坐标值是已经过几何畸变纠正后的航片上像控点坐标。国内摄影测量空三加密文件的标准文件格式为 Pat-B，且主流摄影测量立体测图软件均支持 Pat-B 文件格式直接导入。因此，拟开发加密同名点空三加密文件格式批处理软件工具，实现 Terrasolid 加密点空三加密文件格式向 Pat-B 文件格式的批处理转换。

Terrasolid 空三加密成果主要为 txt 和 tpt 两种格式文件，Pat-B 输入文件主要为 con 和 im 两种格式文件。图 4-17、图 4-18 为 Terrasolid 空三加密成果文件格式示例，图 4-19、图 4-20 为国内主流摄影测量立体测图软件 Pat-B 输入文件格式示例。其中，txt 文件上面部分 Ground 行，表示像控点（或连接点）物方坐标值，依次为东方向、北方向、高程，文件下面部分第一列为航片 ID（idetity document，身份标识号）编号及对应的空三加密连接点平差改正值（数据处理中不需考虑）；tpt 文件为所有覆盖该编号像控点（或连接点）的像方信息，第一列为像控点（或连接点）ID 编号，之后第二、三列分别为像方 x、y 坐标值；con 文件上面部分（4 列）表示平面坐标，依次为：点名、东北、平面控制点分组组号；下面部分（3 列）表示高程坐标，依次为：点名、高程、高程控制点分组组号。0 表示该组开始，-99 表示改组结束。im 文件第一行 1001 为影像索引，152 760.001 为相机焦距（单位：μm），0 为相机分组（第 0 组）；第二行 991001001 为像点编号（索引），8051.248 为像方 x 坐标（单位：μm），-57 185.212 为像方 y 坐标，0 为像点分组。

```
D:\tie point report.txt*
Pixel ray mismatches
--------------------------------------------------------
Ground      368163.452  2651625.151       66.586
65232                        17 cm
65229                        19 cm
65230                        14 cm
65231                        21 cm
65247                        12 cm
65248                        17 cm
65249                        19 cm
65250                        13 cm
65268                        12 cm
65269                         6 cm
65270                        17 cm
```

图4-17　Terrasolid空三加密像控点txt文件格式示例

```
D:\tie point.tpt*
Ground
65232 7632.10 7079.51
65229 8170.51 521.73
65230 7351.13 3048.08
65231 6852.14 5089.57
65247 2825.63 2291.13
65248 4520.39 4732.14
65249 3484.45 6586.08
65250 3661.86 8367.99
65268 2744.75 939.46
65269 2994.66 2671.96
65270 2709.41 5758.52
65271 2303.91 8029.85
```

图4-18　Terrasolid空三加密像方坐标tpt文件格式示例

```
像控点文件.con - 记事本
文件(F) 编辑(E) 格式(O) 查看(V) 帮助(H)
0
  1155  16331.749  12731.929 1
  1156  14946.850  12462.769 1
  1157  13161.393  12654.357 1
  2155  16246.429  11471.730 1
  2156  14895.665  11348.226 1
  2157  13535.400  11454.393 1
  2264  13533.396  9170.630  1
  2265  14767.371  9151.982  1
  2266  16337.646  9042.483  1
  3264  13491.930  7740.217  1
  6155  16360.235  10214.228 1
  6156  14977.986  10335.860 1
  6157  13535.624  10350.523 1
  6265  14898.312  7779.835  1
  6266  16212.309  7841.696  1
  -99
0
  1155   771.666  1
  1156   772.349  1
  1157   781.479  1
  2155   841.794  1
  2156   1116.443 1
  2157   875.774  1
  2264   849.260  1
  2265   786.751  1
  2266   758.470  1
  3264   745.624  1
  6155   761.178  1
第1行，第1列  90%  Windows (CRLF)  UTF-8
```

图4-19　Pat-B外业像控点con文件格式示例

```
像控点文件.im - 记事本
文件(F) 编辑(E) 格式(O) 查看(V) 帮助(H)
1001        152760.001    0
991001001   8051.248      -57185.212   0
11001002    17526.464     -93638.080   0
11001003    -2432.628     5849.818     0
11001004    6589.563      74451.819    0
11002005    85887.883     78640.191    0
11002006    99965.049     -12535.613   0
1157        691.789       69056.752    0
6157        66.141        -78166.291   0
1156        86035.589     59950.083    0
2157        248.886       -6021.398    0
2156        93393.298     -14293.511   0
 6156       88780.536     -66771.114   0
-99
1002        152740.001    0
991001001   -80075.471    -57773.353   0
991002002   13749.967     -85085.467   0
11001002    -77989.912    -94257.321   0
11001003    -92660.282    5511.468     0
11001004    -79960.553    74248.578    0
11002005    376.933       78095.672    0
11002006    4221.091      -13457.332   0
11003007    85814.729     -98567.197   0
11003008    90938.968     -7676.448    0
11003009    84107.608     81243.645    0
12003012    72835.621     -55477.669   0
第1行，第1列  100%  Windows (CRLF)  UTF-8
```

图4-20　Pat-B像点坐标im文件格式示例

集成机载点云和航片立体像对测图的技术工艺，很好地解决了机载激光雷达测量航片不能内业直接用于立体像对测图的技术问题，充分利用了原始航片的有效分辨率识别能力，可提取道路灯杆、建筑物附属物等集成机载点云和DOM测图不能有效识别、定位和量测的小型地物要素线划，可实现稀疏林木局部稀疏遮挡情况下的建筑物、道路等地物平面要素线划绘制，充分发挥了航片数据源的测图潜力，是当前大测区、大比例尺数字线划图测图的最佳工程技术方法之一。

机载激光雷达测量同时获取高程高精度点云和平面高分辨率的数码航片，通过POS辅助和航片空三加密优化，可实现点云与航片的精准匹配。从理论和技术上而言，可实现精确配准点云和航片两种数据源，在数字线划图平面要素绘制方面具有自动提取的技术可行性和潜力。

集成机载点云和航片立体像对测图的技术工艺，虽然在数字线划图测图方面已充分利用了点云和航片两种传感器数据源的测图优势，达到了两种传感器数据源数字地形图测图的技术极致，但是其在数字线划图平面要素绘制方面还是全手工，内业生产效率较低，还不能作为数字地形图平面要素测图未来最理想、高效的作业模式。

4.5.3　集成机载点云和航片单片测图

本技术工艺是在集成机载点云和航片立体像对测图充分利用机载点云、航片两种传感器数据源测图优势的基础上，构建机载点云和单张航片精准匹配的单片测图环境，充分利用成熟的数字图像处理算法，实现航片上道路、水系边线的自动、半自动提取。

环境构建理论　集成机载点云和航片单片测图方法基于建筑物、地面精细分类后的

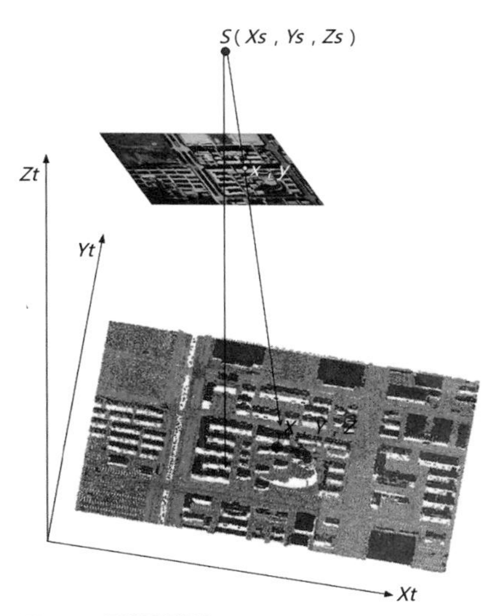

图4-21　摄影瞬间姿态

激光点云及原始航片对应的相机、航片参数文件，恢复单张航片摄影瞬间空间姿态，利用透视投影模型实现航片前方交会，将点转化为单条光线与对应点云模型进行求交处理，计算出与点云的相应交点，获取点云物方高程值，完成从二维像平面坐标到物方三维工程系平面坐标的转换。在整个过程中，前台作业员就如同在单张航片上采集地物要素边界，复杂的坐标计算在计算机后台自动进行（图 4-21）。传统摄影测量共线方程建立了像点、摄影中心、物点三者之间的关系。公式表达如下：

$$x-x_0+\Delta x+f\frac{a_1(X-X_S)+b_1(Y-Y_S)+c_1(Z-Z_S)}{a_3(X-X_S)+b_3(Y-Y_S)+c_3(Z-Z_S)}=0 \tag{4-17}$$

$$y-y_0+\Delta y+f\frac{a_2(X-X_S)+b_2(Y-Y_S)+c_2(Z-Z_S)}{a_3(X-X_S)+b_3(Y-Y_S)+c_3(Z-Z_S)}=0 \tag{4-18}$$

其中，（x，y）为像点在像空间坐标系中的坐标，（X，Y，Z）为像点对应的物点在世界坐标系中的坐标，（Xs，Ys，Zs）为摄影中心在世界坐标系中的坐标，（a_1，a_2，a_3，b_1，b_2，b_3，c_1，c_2，c_3）为航片外方位元素构成的旋转矩阵的系数。

由共线方程可知，已知像点坐标、摄影中心，以及相片的内外方位元素，上述方程的未知量为（X，Y，Z），即像点对应的物方点坐标。由于两个方程求解三个未知量，该方程有无限解。不妨将 Z 作为已知量，求解 X，Y 的方程变为如下：

$$X=(a_1\times x+a_2\times y-a_3\times f)/(c_1\times x+c_2\times y-c_3\times f)\times(Z-Z_S)+X_S \tag{4-19}$$

$$Y=(b_1\times x+b_2\times y-b_3\times f)/(c_1\times x+c_2\times y-c_3\times f)\times(Z-Z_S)+Y_S \tag{4-20}$$

上述公式物理意义明确，即透视投影模型中空间一条光线的数学表达式；但是，上述两个公式并不能由像点的平面坐标（x，y）确定对应物点的三维坐标（X，Y，Z），因为像平面上的点可以对应空间一条线上的所有点，如图 4-22 所示。

若能获得物点的高程值，即公式中的 Z 值，便可以按照共线方程的公式由像平面坐标（x，y）确定另两个坐标（X，Y），从而完成从像空间坐标到世界坐标的解算过程。

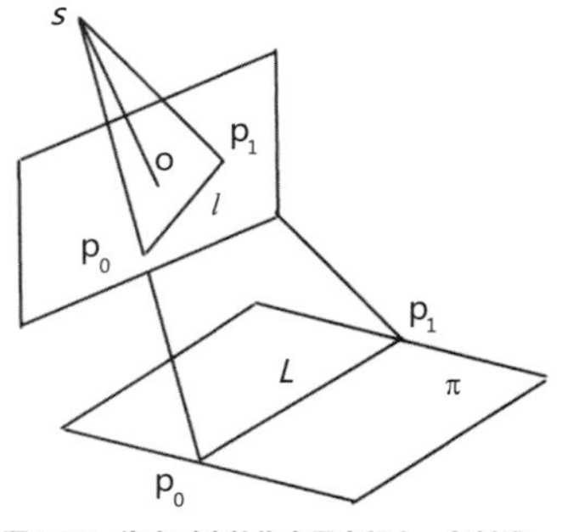

图4-22 像点对应的物点是空间上一条射线

激光点云数据能获取地物表面密集的三维坐标且能够达到厘米级高程精度，可很好满足 Z 值确定需要，主要表现在以下两个方面：

（1）点云数据高程精度高。大量的机载激光雷达测量工程项目案例表明，在裸露地面、建筑物屋顶无植被遮挡等地理环境下，经过科学的点云匹配和平差等数据处理和精度优化后，机载激光雷达测量点云的高程精度中误差可控制在 10 ~ 15cm 内。国家测绘规范标准规定，1 ： 500、1 ： 1000、1 ： 2000 大比例尺数字线划图测图对平面地物平面精度要求的中误差分别为 0.3m、0.6m 和 1.2m 以内。因此，利用机载点云确定 Z 值的误差，可保证以上射线解算数学模型求交后的地物平面精度。

（2）地物表面点阵密度大。随着大型机载激光雷达测量设备硬件性能的成倍提升，在常规大比例尺机载激光雷达测量工程设计条件下，机载点云点密度已可达 10 点 /m^2 以上，能够表达地表细节高程起伏变化的细节和精确度特征（图 4-23）。

图4-23 点云影像配准结果图

数字地形图建筑物类平面要素对应机载建筑物类点云确定物方 Z 值，数字地形图道路、河流、湖泊、灯杆等平面要素对应机载地面类点云确定物方 Z 值，从而在理论和技术可行性上实现了机载激光雷达测量单片测图环境的构建。

软件原型系统 StarMapping 架构与开发　当前，国内外科研院所、企业开发了众多机载激光雷达测量数据处理和测图软件，其中芬兰的 Terrasolid 软件（基于 MicroStation 软件平台）最早开发，具有运行稳定、软件成熟、功能丰富实用等优点，是当前国际上机载激光雷达测量数据处理方面的主流软件。由于国外测绘行业很少像国内一样主要使用数字线划图产品，Terrasolid 软件在测图方面仅提供了支撑 DEM、DSM 和 DOM 产品制图的软件功能，并没有涉及数字线划图测图的软件功能模块。

我们团队在 MicroStation+Terrasolid 软件平台上开展机载激光雷达测量单片测图软件工具原型系统 StarMapping 研发。MicroStation 软件平台提供了强大的二次开发方式和便利的函数接口，StarMapping 软件模块通过利用 MicroStation 提供的视图环境即可快速实现点云与影像相结合的单片测图功能；Terrasolid 软件插件提供了关于点云、航片导入导出、图幅索引等开放的二次开发方式和便利的函数接口，StarMapping 软件模块可在 Terrasolid 软件已有的软件工程基础上进行单片测图算法和工具方面的专业化开发。

首先，通过工程化思想管理，配置相应工程参数化文件，获取系统所需的必要数据。通过内部核心算法搭建测图环境，连接地物要素数据库，为人工手动或半自动地物采集提供必要条件。其次，在作业员进行地物要素采集时，计算机后台同步进行相应解算，完成二维坐标到三维坐标之间的转换。再次，通过相应的人工交互编辑修改，导出线划专题图成果。

StarMapping 插件运行后应配置工程环境，包括设置 Mission、影像列表、点云等文件所在路径，从而构建单片测图所需数据。在构建完成工程环境后，StarMapping 插件根据设置的文件目录将点云、航片及关联数据加载到系统中，根据 Mission 文件和影像列表文件的内外方位元素构建单片测图环境，通过要素类管理面板选择待采集的要素类型，利用采集工具并结合辅助工具进行数据采集。当采集的区域存在遮挡或影像与点云匹配效果不佳等问题时，人工切换航拍方位找到最佳视角，完成地物目标采集。

采集过程中，系统默认方式为半自动采集，在效果不理想情况下可切换到手动采集模式下继续采集，两种采集模式可实时切换。采集完成后，结合机载点云提供的高程信息及航片外方位元素，以摄影测量共线方程为基础，将航片上像空间的二维坐标转换为物空间的三维坐标。最后，将提取的矢量线划成果以 dwg 格式文件存储下来。图 4-24 为机载激光雷达测量单片测图的工程流程图。

除支撑以上机载激光雷达测量单片测图生产技术流程外，还需引入数字图像处理关于线状地物平面要素提取算法实现数字线划图部分平面要素的半自动提取制图。下面简单介绍 StarMapping 软件插件的主要功能：

（1）实现 POS 辅助下的机载点云与航片精确配准套合，将激光点云与航片两种不同

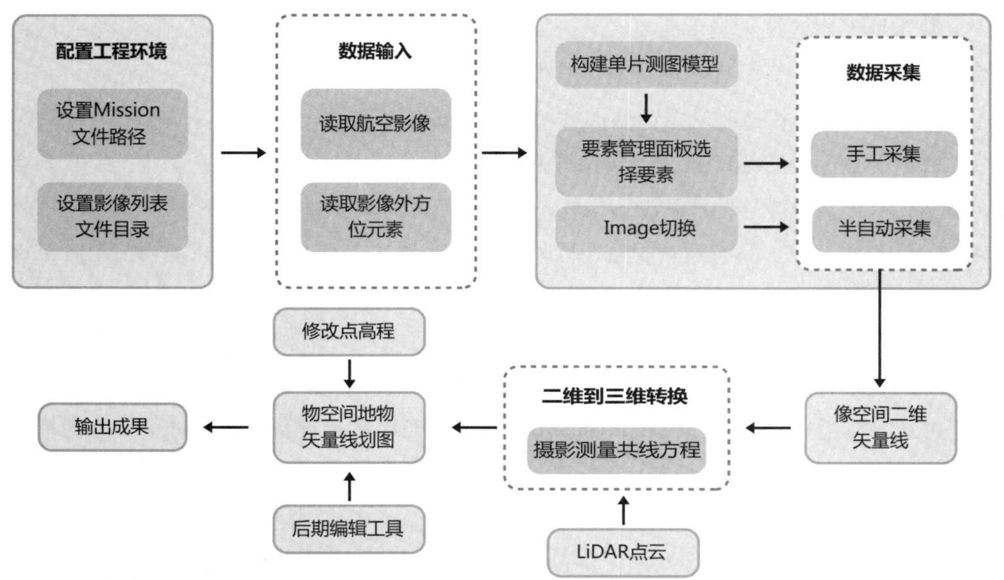

图4-24　机载激光雷达测量单片测图工程流程图

数据源的优势结合，为单片测图提供基础测图环境。

（2）开发 Mission 工程、影像外方位元素列表、Block 点云等文件读入功能，设计开发线划符号化绘制、图层管理等功能模块，为完成整个测图流程提供完善的功能支持。

（3）开发航片数字影像道路、水系等线状要素平面边线的半自动、准确提取算法。

（4）针对建筑物、道路、水系等平面地物线划制图成果，开发人工交互编辑和核查工具，实现对采集成果高效的核查和编辑。

（5）针对采集流程开发多种辅助工具，使用方便、快捷，符合以往其他软件的使用习惯，提高整体数据采集生产效率。

线状地物边缘追踪自动提取算法开发　边缘是影像中灰度发生变化的像素集合，灰度的变化可用梯度表示。Edison 算子是对 Canny 算子的改进，它将置信度贯穿在整个边缘追踪过程中。

高斯差分算子计算影像梯度时，为了减少噪声带来的影响，考虑了水平方向分布的噪声要结合垂直方向的平滑操作，效果较 Prewitt、Sobel 等差分算子效果好。本算法采用高斯算子计算影像的梯度，实际效果证明高斯边缘检测效果较好（图 4-25）。高斯差分模板由差分序列 $d(j)$、平滑序列

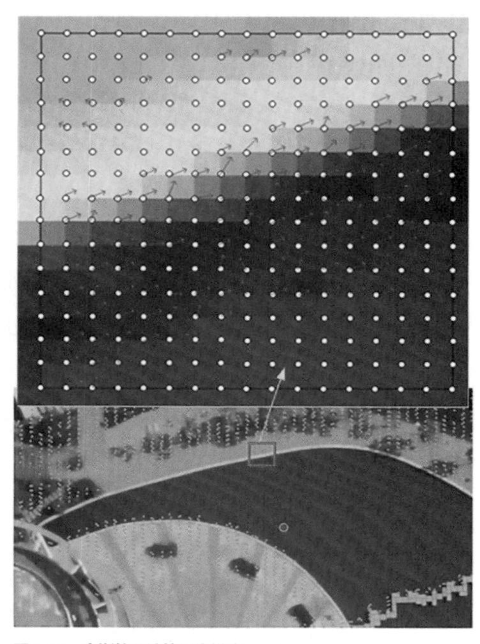

图4-25　高斯算子计算影像梯度

$s(i)$ 的外积获得。

$$s(i)=s(-i) \quad s(0)\geq s(i) \quad \sum_{i=-m}^{m} s(i)=1 \tag{4-21}$$

$$d(j)=-d(-j) \quad d(0)=0 \quad \sum_{j=-m}^{m} d(j)=1 \tag{4-22}$$

$$s(i)=\frac{(2m)!}{2^{2m}(m-i)!(m+i)!}\,,\ d(j)=\frac{2i}{m}s(i) \tag{4-23}$$

$$\boldsymbol{W}\mathrm{d}x=s\boldsymbol{d}^{\mathrm{T}}=\begin{bmatrix}-0.0078 & -0.0156 & 0 & 0.0156 & 0.0078\\ -0.0312 & -0.0625 & 0 & 0.0625 & 0.0312\\ -0.0469 & -0.0938 & 0 & 0.0938 & 0.0469\\ -0.0312 & -0.0625 & 0 & 0.0625 & 0.0312\\ -0.0078 & -0.0156 & 0 & 0.0156 & 0.0078\end{bmatrix} \tag{4-24}$$

$$\boldsymbol{W}\mathrm{d}y=\boldsymbol{W}^{\mathrm{T}} \tag{4-25}$$

利用高斯算子对影像进行梯度计算，如图 4-26 所示。利用高斯算子计算窗口内梯度场，统计梯度场主方向能量流向，建立关于窗口角度和梯度大小的判别函数：

$$f(i,j)=\frac{a}{m\times n}\sum_{m=i-2}^{i+2}\sum_{n=j-2}^{j+2}[\mathrm{Grad}\,(m,n).Angle-Angle\,0]^{-1}\times[\mathrm{Grad}\,(m,n).Magnitude-Magnitude\,0]+b \tag{4-26}$$

其中Grad(m，n). $Angle$为在（m，n）位置处的梯度方向，Grad(m，n). $Magnitude$为在（m，n）位置处的梯度大小。

计算贝叶斯概率，大于概率阈值认为是下一窗口起点种子点，依次循环，迭代寻找影像灰度变化边缘，直到超出迭代阈值终止（图 4-27）。

本算法可实现线状地物要素平面线划的自动提取。然而，测区影像可能存在少量线路段植被遮挡、影像模糊等实际情况干扰。针对这一情况，可以设置阈值识别发现干扰情况，界面提示作业人员切换至手工绘制模式。

通过本算法的开发，提高了线状地物平面要素线划提取的自动化程度和水平。StarMapping 软件插件的研发和工程测图项目的实践表明，机载激光雷达测量单片测图技术路线成熟，可实现线状地物要素的自动化绘制水平，具有一定的学术价值和工程参考。

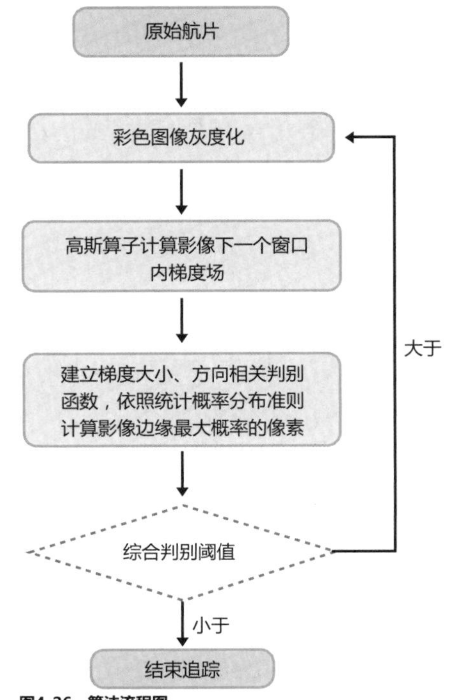

图4-26　算法流程图

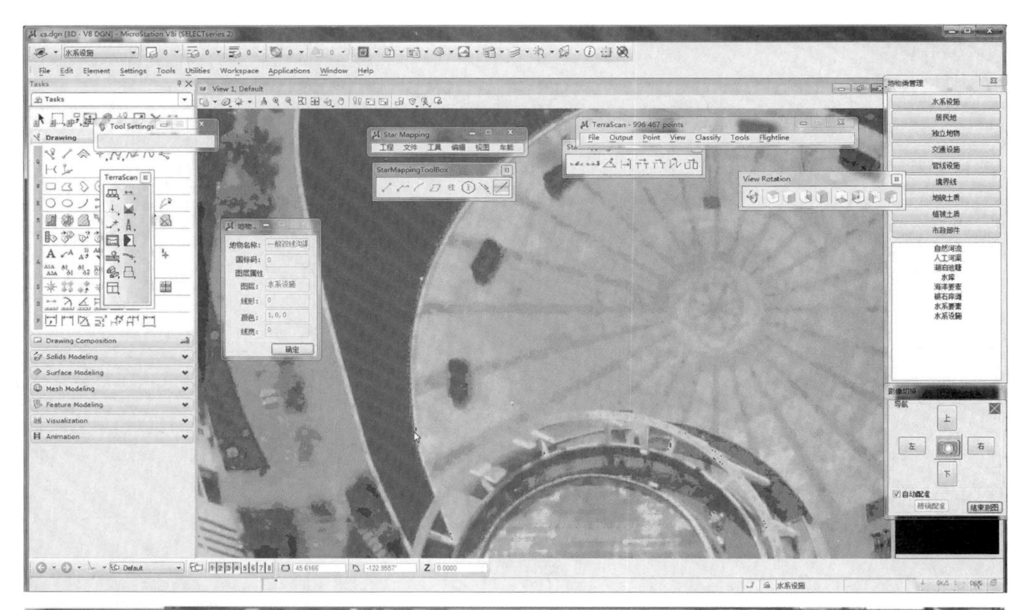

图4-27　高斯半自动引导效果图

4.5.4　点云剖面测图

以上介绍的数字线划图测图方法适用于机载激光雷达测量技术。近年来，测绘界采用无人机激光雷达航测和车载激光移动测量技术获取全三维、高密度点云数据开展大比

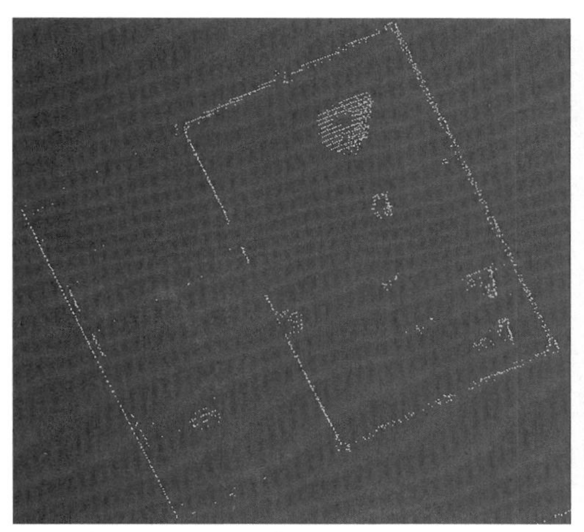

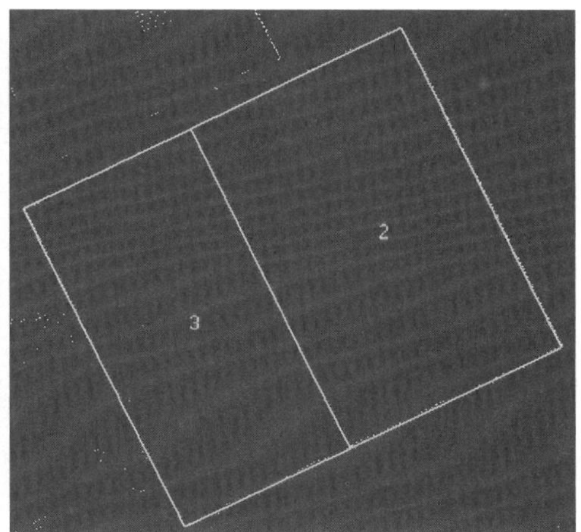

图4-28　激光点云剖面测图环境

例尺数字地形图测图工作，内外业效率高，精度和质量有保障。当前，商用的点云剖面测图软件主要有：清华三维的 EPS，中煤航测遥感集团的二维、三维综合测图系统，宏图创展的 LidarFeature，南方测绘的 SouthLiDAR 等。这类测图软件充分利用稠密点云获取的建筑物侧面墙体密集点云细节特征，通过水平剖面切制视图模式实现建筑物外轮廓的准确绘制，是一种大比例尺地形图测图的新方法。

点云剖面测图软件支持点云导入、漫游和三维渲染可视化，配备国家标准编码的地物要素属性表，拥有符合最新图式要求的符号库和线型库系统，支持全要素地形图测绘要求。点云剖面测图方法对点云密度要求较高，且要求建筑物至少三个侧面有点云数据，通过高程设置确定水平剖切空间后显示对应点云集，人工目视编辑建筑物外轮廓线并进行规则化处理，从而绘制建筑物平面要素线划（图 4-28）。

点云剖面测图方法具有外业数据采集高效、精度高，内业绘图模式简洁直观，绘图不需要特别的专业技术门槛，特别适用于城市、乡村等建筑物密集测区的数字地形图测图工程，具有较大的工程推广价值。

随着激光雷达测量无人机、汽车、摩托车、背包等多种载体移动测量装备包括 SLAM 技术装备的发展成熟，建筑物侧面、室内建筑物结构等高密度、高精度点云数据的采集效率成倍提高，投入成本越来越低，点云剖面测图的工程应用前景也越来越广阔。

4.6　车道级高精地图

道路是城市的主要组成部分。随着数字城市，特别是自动驾驶、车路协同技术的发展，车道级高精地图成为数字城市、自动驾驶、车路协同工程必备的数字化基础地理信息，是当前新型基础测绘、实景三维城市建设的重要内容。

高精度地图的精度为厘米级，除道路信息之外，还包括与交通相关的周围静态信息，是实现无人驾驶的必要技术条件。传统地图的服务对象是人类，高精地图的服务对象是机器，即与传感器互相补充，为无人驾驶提供安全保障。高精度地图主要用于无人驾驶路径的规划，无人驾驶定位，以及 ROI（Region of Interest）区域过滤等。

车道级高精地图的图层按其在自动驾驶中所起的作用大致可以分为：车道级路网图层、定位图层和动态图层。

（1）车道级路网图层。该图层主要是对路网精确的三维表征（厘米级精度）进行描述，并存储为结构化数据。该图层主要分为道路和道路周边附属设施两大类，其中，道路数据包括路面的几何结构、车道线类型（实线 / 虚线、单线 / 双线）、车道线颜色（白色、黄色），以及每个车道的坡度、曲率、航向、高程等属性等；道路周边附属设施数据包括交通标志、交通信号灯等信息、车道限高、下水道口、障碍物及高架物体、防护栏数目、道路边缘类型、路边地标等基础设施信息。

（2）定位图层。该图层保存原始的点云地图，并提取一些特征，如电线杆、建筑物、交通标志等，用来做点云匹配定位，其所包含的元素取决于自动驾驶汽车打算采用何种传感器来匹配定位图层进行定位。然而，目前自动驾驶汽车在定位方面的解决方案差异性较大，例如有基于视觉特征匹配定位方案，也有基于激光雷达点云特征匹配定位解决方案，还有基于视觉特征和激光雷达点云特征数据融合的定位方案。另外，定位图层所包含元素还与自动驾驶车辆的应用场景相关。未来图商有可能会根据不同的场景、不同的传感器生成不同的高精地图的定位图层。

（3）动态图层。现阶段对于高精度地图动态图层需要哪些信息要素还没有定论，仍处于探讨、研究阶段，但其主要内容大致可分为两个方面：实时路况和交通事件，诸如道路拥堵情况、道路施工情况、交通管制情况，以及是否有路段交通事故等。此外，由于路网每天都有新变化，如整修、道路标识线磨损与重漆、交通标示改变等，只有所有信息及时反映在高精地图上，才能确保自动驾驶车辆的行驶安全。

4.6.1 车道级高精地图生产技术流程

车道级高精地图的平面精度要求为 0.2m，可支持车辆、路侧设施及各类交通动态信息的精准标定与显示；可通过地图数据与实际行车环境感知数据、车辆定位数据的匹配，实现车辆的精准定位、路径规划等应用；可通过地物匹配推算，精确校准车辆位置信息；可结合高精度定位系统，可支持自动驾驶车 辆防避碰、换道、跟车等精准控制。相对于一般电子地图，车道级高精地图是精度更高、更新频率更快的电子地图，包含交通基础设施建设规范所定义的车道、道路交叉、交通安全设施、管理设施、服务设施等关键要素。车道级高精地图的生产技术流程分为 4 个步骤：地图采集、点云地图制作、地图标注、地图保存。

（1）地图采集是由装备有激光雷达、相机、GPS、IMU 等传感器的数据采集车采集完成的。

（2）通过车载激光雷达测量扫描整个街道，把采集好的数据进行加工，建立整个街道的三维模型图，这就是点云地图制作。

（3）地图标注是在点云地图上，标注车道线信息、交通标志信息、红绿灯等信息，以显示道路的结构化信息。无人驾驶规划控制模块会利用道路结构化信息完成路径规划（图 4-29）。然而，长期以来，一直依赖人工完成的地图标注，很难满足大规模高精地图制图的需求。为此，经过技术攻关，我们团体研发了高效的车道线自动提取算法，有力推动了自动化地图标注的进程（图 4-30）。

（4）地图保存即把地图标注的信息保存为通用标准格式。目前，车道级高精地图开放标准格式为 Opendrive 格式。

图4-29　已标注的高精度地图

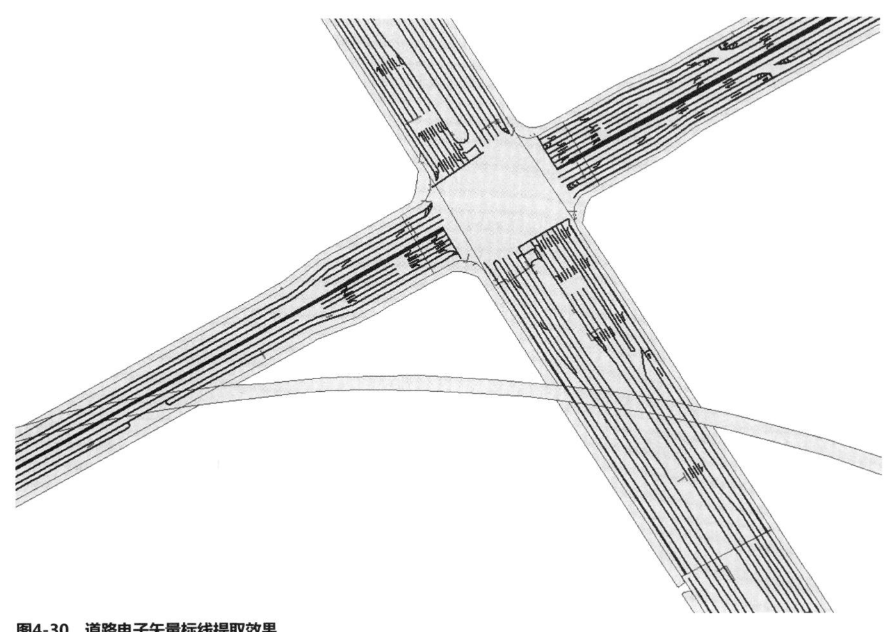

图4-30　道路电子矢量标线提取效果

4.6.2 车道线自动提取算法

我们团队研发的车道线自动提取算法，以车载点云高程、强度等信息为特征参数，采用模糊聚类算法，自动提取准确率达到 90%，实现了道路中央隔离带、车道线、路缘石等特征标线的快速、精准获取。该算法较好地满足了高速公路改扩建、自动驾驶领域车道级高精地图制图的需要，将内业效率提高近 1 倍，提高了道路信息提取的自动化程度和智能化水平。车道线自动提取算法思路和流程如下：

（1）道路点云数据组织及提取。将车载激光雷达采集的点云导入已构建 Kd-tree 模型。提取处理车载测量车的行车轨迹线制作道路纵向线，或者使用道路设计线提取制作道路纵向线。以道路纵向线为骨架，每隔固定间距 5 ～ 10m 相交于道路纵向线 90° 计算范围线并记录，形成固定间隔的点云索引范围。

（2）道路中心线精确提取。根据固定间隔的点云索引文件，逐个读取点云数据，提取高程变化大于 2cm 的关键点云，计算中央隔离带角点坐标，通过平均值计算道路中心点坐标并连接生成道路中心线。通过高斯滤波的方法对分类点云去噪滤波，剔除高于路面 20cm 的车辆等噪点。对滤波后的路面点云进行特征点提取，临近点云高程值小于 2cm 的点云自动忽略，提取点云中高程变化大的关键点。中间隔离带点云连续并高于路面，通过高程变化迭代计算出高程突变超过 3cm 的隔离带两边的高程变化节点，这两个节点即为道路的中央隔离带的边界点。通过中央隔离带边界点计算坐标平均值拟合道路中心点，道路中心点连线即为道路中心线。叠加路面激光点云与道路中心线数据，检查道路中心线位置是否与点云数据显示一致，偏差超过 3cm 时修改一致，最终提取准确的道路中心线。

（3）道路标线精确提取及检查。依据道路中心线，按照道路标线的设计间隔，形成约 40cm 的模糊定位矩形框（图 4-31）。框内的点云采用 k-means 聚类算法，聚类高反射强度的标线点云，提取道路标线点并通过相应规则连接，然后进行检查。提取精准的道路中线后，以车辆行进方向自左至右按照 1 车道 ～m 车道的顺序计数命名。根据道路的车道数、车道和道路标线间的固式距离形成约 40cm 的矩形模糊定位框。以反射强度值为聚类属性值，采用 k-means 聚类算法提取反射强度较高的标线点云，绘制标线边界点。依据点云反射强度值高斯分布，按照标线宽度与矩形框长度的比例 1 ∶ 2，提取该比例内较高反射强度的激光点云数据。k-means 聚类标线点云，概略点云数据中存在部分高反射强度的杂点，采用 k-means 聚类方法提取标线点云数据（图 4-32）。该算法输入点云簇的数目 k 和包含 n 个点的数据集。最后，输出 k 个点云簇，使平方误差准则最小。具体公式如下：

$$\overline{x}_i = \frac{1}{|C_i|}\sum_{x \in C_i} x \tag{4-27}$$

$$E = \sum_{i=1}^{k}\sum_{x \in C_i}\left|x - \overline{x}_i\right|^2 \tag{4-28}$$

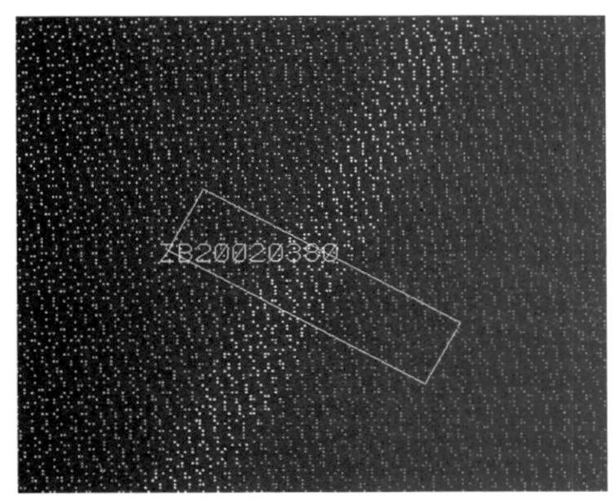

图4-31　模糊定位道路标线

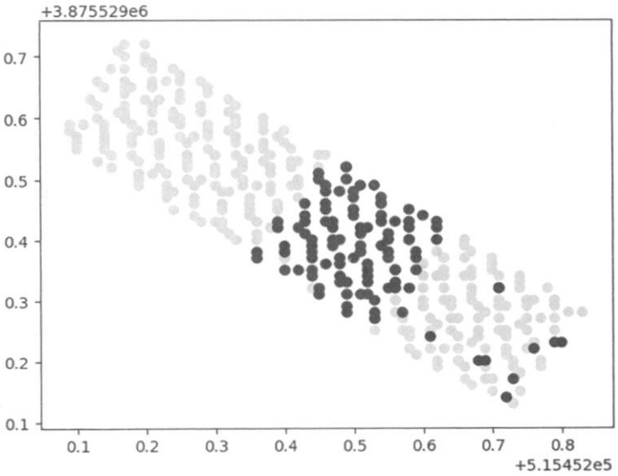

图4-32　聚类标线点云

其中，X为数据集特征值，$\bar{x}_i$为簇平均值，C_i为每个簇的中心，E为误差平方和准则，k为点云簇数目。

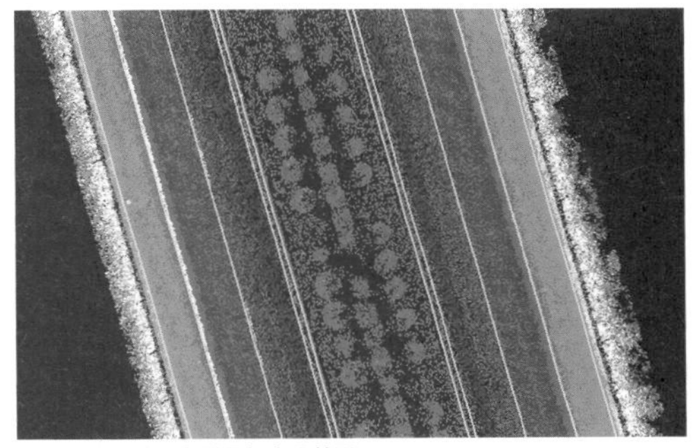

图4-33　道路行车线叠加点云效果

提取标线中心点，提取精准的标线点云后，通过最小二乘法计算点云最小外接矩形，当该矩形面积与标线设计面积小于限差约 5cm² 时，计算该标线点云的中心点，否则认为该点为误差点而忽略该标线点云。连接检查标线，依据车道名字，按照道路里程逐个连接标线中心点，连接后的线与精准道路中线的方位角做对比，方位角较差大于限值 5° 时删除该点不做连接。叠加路面激光点云与道路标线连线数据，逐条检查道路标线是否与点云数据显示一致，偏差超过 3cm 时修改一致，提取准确的道路标线（图 4-33）。

4.6.3　工程实例

2018 年，我们团队主持完成了某高精地图制图项目，采用车载激光雷达测量技术获取了项目范围市政道路 120km 路网的车载激光雷达测量点云和全景影像，制作完成了路网车道级高精地图，并对道路两侧交通专题资产进行了数字化提取、三维建模和可视化管理。经质检验收，项目测区点云平面绝对精度优于 0.2m（图 4-34）。

图4-34　车道级高精三维矢量模型样图

第5章 点云矢量三维建模

地形、建筑物和城市部件是三维数字城市建设的三大类主要建模要素。基于第4章介绍的大比例尺 DEM、DSM、DOM 等基础测绘产品可高效、自动生产地形三维精细模型成果，本章的主要内容主要针对后二者展开。

同样，点云矢量三维建模工作的开展要以激光雷达测量点云为主要传感数据源，通过 POS 辅以数码航片等影像传感数据源参照，并面向三维数字城市建设的工程需求。

5.1 建筑物矢量三维建模

传统机载激光雷达软件较多考虑的是激光雷达点云的数据处理，而忽略影像在三维建模中的作用。影像在建筑物特征线、道路等方面具有边界清晰、特征明显的特点，尤其是建筑边缘，影像中获取的建筑物边缘精度较点云提取的边缘精度更加准确。因此，融合机载激光雷达测量点云和航片开展城市建筑物矢量三维建模是必然的技术趋势。有关机载激光雷达点云和航片的矢量测图软件开发的技术流程见图 5-1。

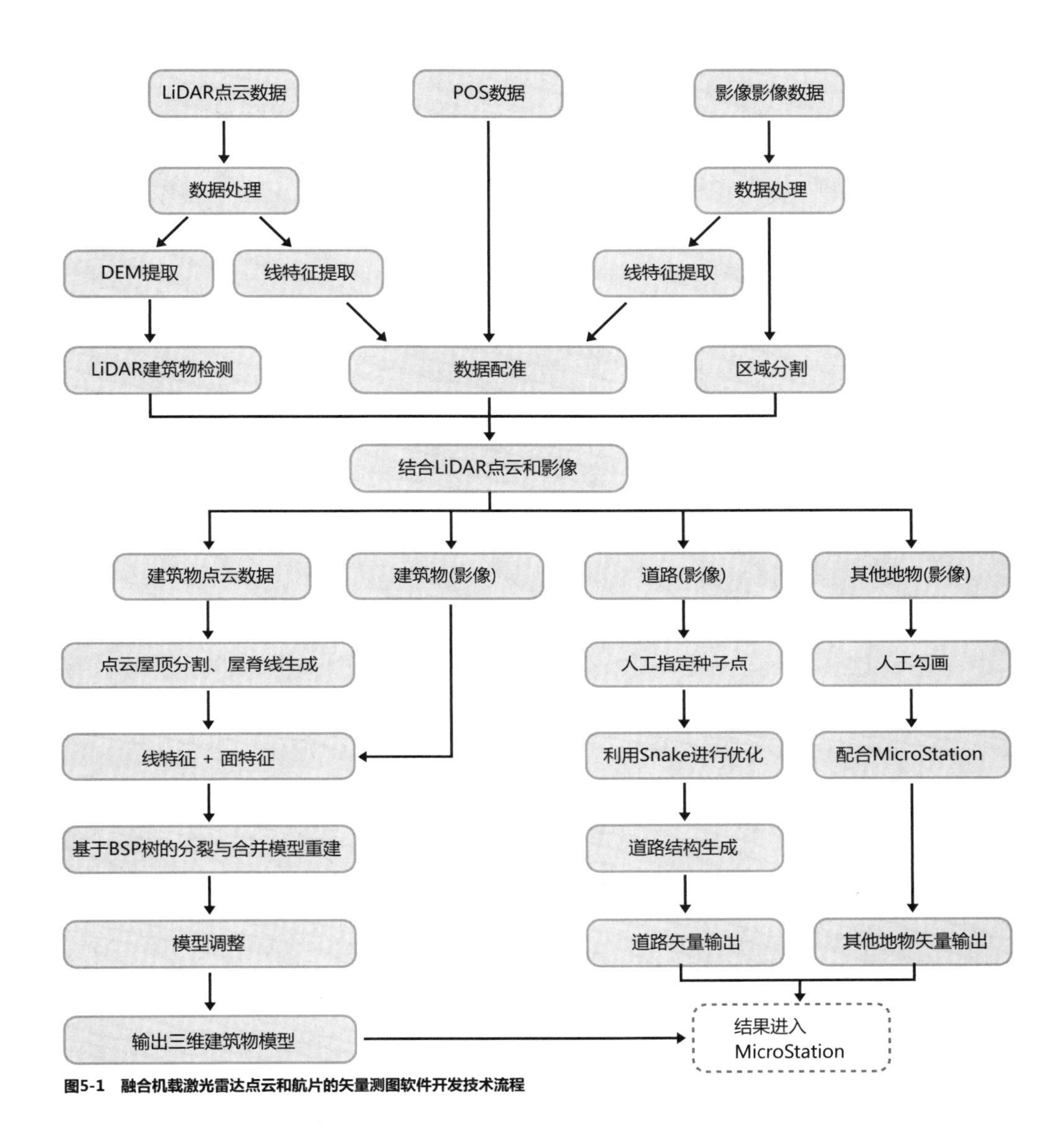

图5-1　融合机载激光雷达点云和航片的矢量测图软件开发技术流程

5.1.1　融合机载点云和航片建筑物屋顶建模

针对特大城市的三维数字城市建筑物矢量精细三维建模的工程需求，我们团队研发了机载激光雷达测量建筑物矢量三维建模软件工具 StarBuilding，设计实现了融合机载点云和航片下建筑物屋顶结构的精细、半自动、高效建模生产技术工艺。

StarBuilding 软件工具是基于传统 TerraScan 软件生成建筑物矢量三维模型存在的不足而进行的定制化开发（图 5-2）。

TerraScan 生成建筑物矢量三维模型的流程为：读入激光雷达点云→利用 TerraScan 生成粗略三维建筑物模型→利用 TerraScan 工具进行模型编辑生成较精细三维模型→利用 3ds Max 软件编辑处理生成精细三维建筑物模型。其不足表现为：① 没有利用建筑物数

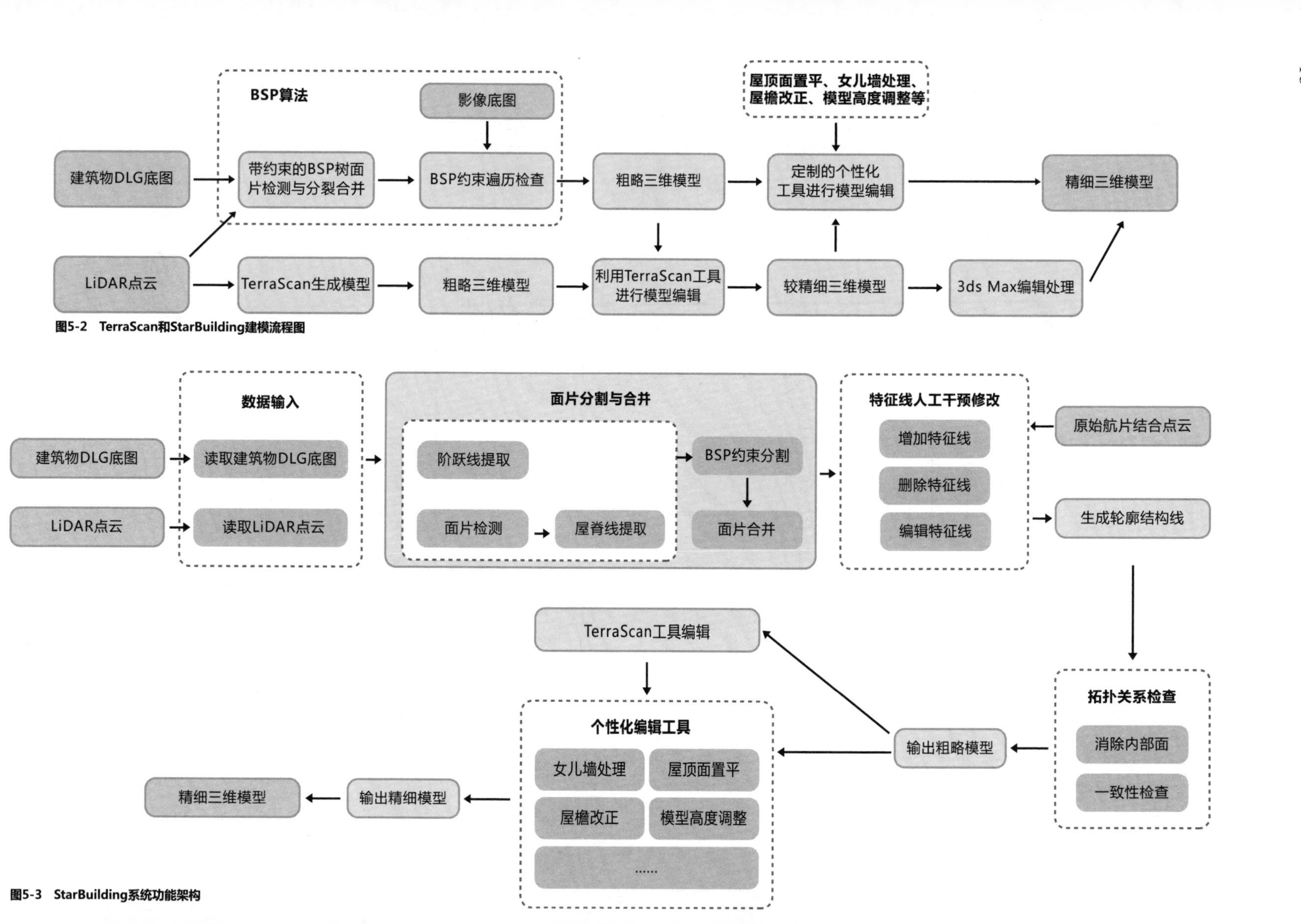

图5-2 TerraScan和StarBuilding建模流程图

图5-3 StarBuilding系统功能架构

字线划图底图作为数据源参与生成三维建筑物模型；② 生成模型的整个过程需要运用 MicroStation 和 3ds Max 两个软件平台，具有大量人工干预的过程，整体建模效率较低；③ 缺少方便的个性化模型编辑工具，如屋顶面片置平、女儿墙处理、屋檐改正、高度调整等。

StarBuilding 生成建筑物矢量三维模型的流程为：读入激光雷达点云和建筑物数字线划图底图→利用 BSP（Binary Space Partitioning）算法进行面片检测与分裂合并→ BSP 约束遍历检查与人工修正生成粗略三维模型→利用自主开发的个性化工具进行模型编辑生成精细三维模型（对于生成的较复杂粗略三维模型，利用 TerraScan 工具进行模型编辑生成较精细的三维模型，再利用自主开发的个性化工具进行模型编辑生成精细三维模型）。StarBuilding 软件工具具有以下优点：① 充分利用了建筑物数字线划图底图生成三维模型，使得生成的三维模型与数字线划图底图相套合，利用了影像底图辅助约束特征线编辑；② 研发个性化的编辑工具（屋顶面片置平、女儿墙处理、屋檐改正、模型高度调整）提高了自动化处理的效率，大大减少了人力成本；③整个模型生成可只基于 MicroStation 软件平台，降低了对 3ds Max 软件平台的依赖程度；④ 提供了两套不同的模型重建工艺流程，基于 TerraScan 生成的模型也可以利用 StarBuilding 中的个性化编辑工具进行后期模型编辑优化。

在 StarBuilding 建模过程中，首先利用数据输入模块读入激光雷达点云和建筑物数字线划图底图数据，然后进行面片分割与合并处理，依次涉及屋顶阶跃线提取、面片检测、屋脊线提取、BSP 约束分割、面片合并等功能模块及相应算法；对于部分屋顶面片模型可进行特征线人工干预修正，主要利用影像底图辅助编辑、增加特征线、删除特征线、编辑特征线等功能；人工干预编辑后生成建筑物模型轮廓结构线，形成建筑物体框模型，并对体框模型进行拓扑关系检查，主要消除模型内部面，检查模型拓扑关系一致性；最后输出粗略模型（三维模型中间文件），并重新载入 MicroStation 软件平台进行后期编辑，对于简单模型可直接利用研发的个性化编辑工具生成精细三维模型，对于相对复杂的模型可先调用 TerraScan 模型编辑工具进行前期编辑，然后再利用个性化编辑工具进行编辑生成精细模型。StarBuilding 系统功能架构如图 5-3 所示。

屋顶精细建模的主要技术流程包括数据输入与工程准备、点云面片分割与合并、特征线人工干预修改、拓扑关系处理、模型编辑修改和模型输出 6 个工作环节。

（1）数据输入与工程准备。开展三维数字城市建设的城市，大多已有 1 ： 2000 及以上大比例尺数字地形图成果。为避免制作的三维数字城市模型特别是建筑物模型与建筑物线划存在数据冗余，特别是导致建筑物模型外轮廓边界与数字线划图建筑物边线错位冲突的“两张皮”问题，在开展建筑物三维建模时应充分利用城市已有数字地形图建筑物线划图成果。

建筑物矢量三维建模工作需要充分发挥点云和航片建筑物信息提取建模的各自优势，提前做好点云地面、建筑物类分类及航片空三加密、相机几何畸变模型拟合、航片外方位元素优化等工作。

参考 POS 高精度定位定姿数据，实现物空间机载激光雷达测量点云、屋顶面片多边形向像空间的转换，从而实现机载激光雷达测量点云和数码航片融合模式下的建模环境构建。理论原理和数学模型详见“4.5.3 集成机载点云和航片单片测图”。

工程上，数据输入与工程准备方面需准备的文件主要包括：地面和建筑物精细分类后的机载点云文件（las 格式、Block 分幅索引）、包含对应航片的文件夹、相机几何畸变文件、外方位元素优化后的航片信息列表文件（imagelist）等。创建建筑物矢量三维建模的工程管理文件，在工程管理文件信息中设置好以上相关文件的目录地址。

实现点云和航片的配准后，后期可自主选择视角合适的多张数码航片对屋顶面片进行编辑修改，包括面片删除、边界调整等处理，确保制作的建筑物体框模型结构正确、外轮廓边界精度合格。

（2）点云面片分割与合并。通过构建三角网建立点云邻接关系，计算邻接点云之间的高程阶跃获取屋顶内部阶跃点，然后矢量化成直线段。建筑物阶跃线是建筑物面不同高度或不同结构的分界线，是屋顶结构线的重要组成部分，为后续分割提供边界特征线。

利用 Hough 变换原理，通过统计点法向量，分离不同法向的面片，通过面片到原点的距离分离相同法向的面片，通过区域增长的方法分离同一平面的不同面片。面片检测是屋脊线提取的前奏；同时，面片检测为屋顶面后续分割块提供类别信息和面片参数。

通过计算相邻面片的交线获取公共边界的直线段。屋脊线是屋顶内部主要的结构线之一，为后续分割提供关键特征线。

通过约束阶跃线、屋脊线的空间二元分裂将空间进行划分，把一个子空间划分两个空间，如此迭代的空间二元细分算法。经过阶跃线提取、面片检测、屋脊线提取后通过 BSP 约束分割恢复建筑物每个面片的高度和形状以及面片之间的关系。

通过对类别相同、高度相同的面片进行合并处理，合并其中的点云集合，以及多边形。经过分裂后的区域基本上用一个个多边形区域的形式将建筑物的内部结构表示出来，通过获取相应的点云信息，得到面片相应的参数，最终形成结构稳定的屋顶面片。

（3）特征线人工干预修改。由于地物实际情况的复杂性，某些特殊建筑物阶跃线并不十分明显，会造成漏提取现象，提供特征线人工增加功能以解决此类问题。

由于拟合误差，一些特征点的位置并没有完全符合屋顶面的结构特征，如：gable 型屋檐线应与数字线划图边缘角点重合，提供特征点人工编辑功能以解决此类问题。

（4）拓扑关系处理。拓扑关系处理主要针对三维模型内部面消除、点歧义问题。通过面片之间的交、并运算获取模型内部面片之间的关系，对于重叠面片（图 5-4）、模型内部面片予以消除。

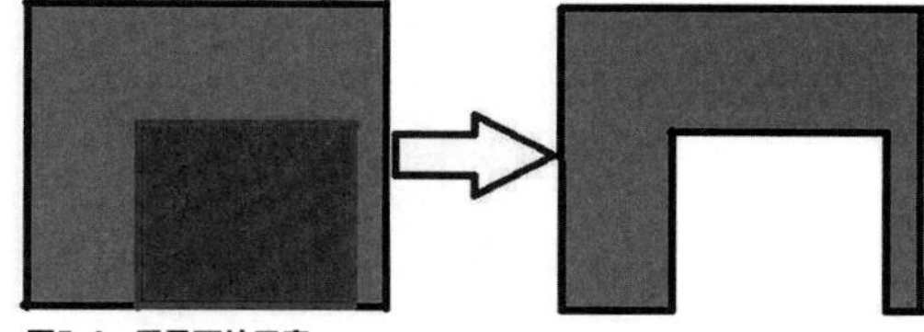

图5-4　重叠面片示意

通过结构点之间的邻域运算获取模型内部结构点之间的靠近程度。对于满足合并条件（点之间的距离）的结构点按照不同的策略进行合并。结构点与外轮廓边界点满足合并条件，边界点将代替结构点；结构点与结构点合并，点的算术平均值为合并后结构点的值。

（5）模型编辑修改。模型编辑修改的内容涉及建筑屋顶面、女儿墙、屋檐以及高度等。具体操作为：① 屋顶面置平。自动生成的模型中，有部分模型的屋顶与水平面之间存在小角度夹角，需要通过设置角度阈值，将近似水平的屋顶面自动设置为严格水平面。② GableRoof 屋顶线置平。自动生成的模型中，存在部分人字形屋顶面，表现为屋顶面片与真实水平面片之间存在较大夹角，且人字形屋顶通常表现为镜像对称的形态，但是自动提取的屋脊线以及屋顶面边线的两端点不位于同一水平位置，需要进行后期设置处理，分别使屋脊线两端点处于同一水平位置，屋顶边线处于同一水平位置。③ 女儿墙处理。现实平顶结构的建筑物屋顶通常会有女儿墙，由于女儿墙厚度较小，通过激光雷达点云扫描很难进行自动重建，需要在后期外业核查或通过航片解析，最后进行编辑处理才能重建女儿墙。④ 屋檐改正。现实类似于人字形屋顶结构的建筑物屋顶通常会有向外延伸的屋檐，由于激光雷达航测从空中获取数据，无法获取建筑物真实的轮廓（墙基边线）信息，需要通过外业测量获取屋檐宽度信息（屋檐改正值）。数字线划图中的建筑物外轮廓为建筑物墙基正确位置，也没有表示建筑物屋檐宽度。对于有数字线划图底图的，屋檐采用外扩方式处理；对于由航片确定建筑物外轮廓的，屋檐采用内缩方式处理。⑤ 模型高度调整。建筑物模型高度值主要由屋顶高程值和相邻的地面点高程均值决定。由于地面点高程受扫描点云密度以及其他障碍物等因素的影响，可能使得邻域范围内生成的地面高程与现实不符，从而影响生成模型的实际高度值，因此需要在后期进行编辑处理，还原模型的实际高度。

（6）模型输出。由于 TerraScan 建模模块未对外开放接口，本系统自主研发的基于 BSP 技术的建模流程若调用 TerraScan 的模型编辑模块，则需要先将粗略模型导出为 TerraScan 支持的中间格式（txt 格式），然后导入 MicroStation 环境中，再调用 TerraScan 模型编辑工具进行后期编辑。

5.1.2　融合车载点云和影像的建筑物侧面构建

与机载激光雷达测量点云和数码照片匹配原理类似，在 3ds Max、Pointools 等软件中导入相关建筑物点云数据，结合建筑物侧面对应的数码照片影像参考，通过数学模型可实现车载点云和数码照片的套合，从而完成建筑物侧面结构的精细建模。

在以上完成的建筑物体框模型成果基础上，在三维建模软件 MicroStation 中同时导入以上建筑物体框模型和对应车载点云，可实现车载点云与建筑物体框模型在三维可视化环境中的浏览查看，从而方便对建筑物屋顶等整体结构及建筑物侧面细节有一个直观、清晰的认识，方便在 3ds Max、Pointools 等软件中以建筑物体框模型为基础进行建筑物侧面结构的模型细化和优化（图 5-5）。

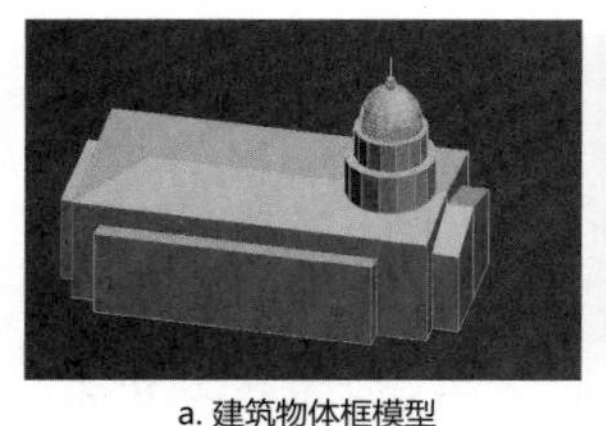

a. 建筑物体框模型

b. 车载点云数据

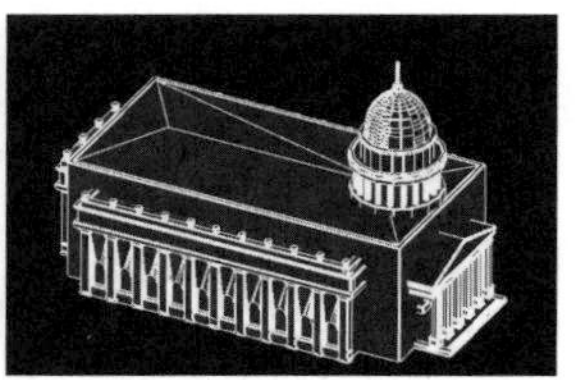

c. 侧面精细结构模型

图5-5　基于车载激光雷达测量数据的建筑物侧面精细三维建模

5.1.3　固定站式激光雷达测量与古建筑BIM建模

我国亭台楼阁等古建筑结构复杂，构件多为非常规形状，使用 GPS-RTK 或全站仪等传统单点测绘方法很难获取全面、准确的特征点坐标，古建筑 BIM 建模效率低下。固定站式激光雷达测量在发射接收装置高速转动过程中进行激光测距，突破单点模式，可以快速获取待测物体表面点云，在竣工测量、变形监测，以及 BIM 构建等领域已经取得广泛应用。固定站式激光雷达测量以架设站点更自由，可以避免测量时的遮挡盲区，以及外业数据采集效率快、精度高等特点成为古建筑测绘数据采集和 BIM 建模的最佳技术手段。

在外业完成多站激光雷达测量数据采集后，多站点云配准拼接和基于点云的逆向三维建模，是古建筑内业 BIM 建模的主要工作内容。多站点云配准拼接工作主要包括多站点云自动拼接、噪点去除、点云抽稀、分块和导出等。

为防止点云内业拼接误差累积，外业扫描测量应避免直线分布测站的两两顺序叠加拼接。为保证点云最终整体精度，无控制区域的扫描站或未观测控制用标靶的扫描站，在不增加多余扫描测站效验的情况下，两扫描站间顺序累加拼接不应超过 4 站。如遇扫描条件限制导致 4 站以上需要直线拼接时，应采用对向拼接顺序进行各测站坐标转换纠正。若现场环境和条件限制导致无法进行对向拼接时，应加测最远端扫描站周边真实坐标用以纠正该测站坐标并进行校核。当待拼接扫描站为闭合扫描站时，即待拼接扫描站周边有两站或两站以上已拼接完成的扫描站时，应加入相关几个测站进行拼接，避免出现闭合差。

应注意同位点位置选择在两站数据间分布均匀，并依据仪器的扫描范围选取离仪器中心距离较为适中的点，以达到长边控制短边的目的。为了提高每一个待拼接测站与已纠正数据的拼接精度，每一个待拼接测站在拼接时均需要增加以下 3 种方式作为拼接辅助：① 利用标靶和点云数据上的同位点同时参与拼接；② 在选择同位点的方法外，加入拟合平面或各种立体的方式拼接；③ 利用多站已纠正系统坐标的融合点云数据，纠正未知测站坐标系统以分散选点误差的分布。

固定站式激光雷达测量外业获取的是海量级点云数据，为了更好地处理和管理这些数据，需要对采集的原始数据进行点云去噪、重采样、分割等数据预处理。考虑到硬件处理能力和内业作业分工，需要将整体点云进行分割成块。对于每一块单体点云数据，首先需要进行去噪处理。去噪处理包括手动和程序两种。手动去噪可人工目视分辨剔除古建筑之外的多余干扰数据，程序去噪可利用各种去噪算法自动提取离散点并删除。通过去噪，保留有用数据，删除大量的噪声点和多余信息。固定站式激光雷达测量点云数据的输出成果及格式为一套可支持 Revit 使用的 RCS 格式点云，以及一套通用 ASCII 格式的 *xyz* 点云即可。外业采集回来的点云都有各自独立的坐标系，可使用迭代最近点算法（ICP）将其配准到同一坐标系下。

固定站式激光雷达测量建筑物三维建模软件主要有 Geomagic Design X、Revit、AutoCAD 等。下面简要介绍 Geomagic Design X、Revit 软件的点云建筑物建模生产技术流程。

基于 Geomagic Design X　Geomagic Design X 软件是利用扫描的点云数据，通过构建三角网方式拟合物体形状的一种精细建模软件。Geomagic Design X 软件和建模技术流程主要适用于不规则形状、结构复杂的建筑物及其部件。对点云构建网格后，在 Geomagic Design X 软件中进行参数化建模，依据三角网格模型进行建筑物精细建模，其流程如下：

（1）点云导入 Geomagic Design X 软件后，可进行多种显示模式设置，通过设定，能够得到更加适合人机交互的视觉效果，以便于绘图人员进行逆向三维建模操作。

（2）在调整好点云显示效果后，通过软件的点云切片工具，分别在顶视图、前视图、右视图中截取建模所需截面信息，然后参照截面中的点云，基于 Geomagic Design X 的线、面以及建模工具完成建筑物三维建模。

（3）通过以上方式切图后，根据所需要的截面，使用 Geomagic Design X 绘图工具，完成建筑物截面或轮廓的绘制。线元素绘制完成后，通过 Geomagic Design X 建模工具，基于事先提取的线元素完成大多数模型元素的建立。模型建立完成后，将点云数据恢复全部显示，即可得到模型与点云叠加效果。

（4）通过检核模型成果与点云的贴合程度来判断建模精细化效果。

模型与点云数据的紧密贴合得益于 Geomagic Design X 所具备的精确点云捕捉功能。建模过程中，对软件捕捉功能的熟练应用，能够有效确保模型建立的效率和准确度。

基于 Revit　Revit 是我国建筑业 BIM 体系中使用最广泛的软件之一。在扫描获取的大量数据基础上，通过剖切点云的方法得到需要的各种建筑物轮廓线图，依据轮廓线图构建出物体的三维模型，其流程如下：

（1）把三维激光扫描获取的点云数据转换为 las 格式点云。

（2）将 las 格式点云数据导入 Revit 软件中进行数据索，生成 RCP 格式。

（3）将 RCP 格式点云数据重新插入 Revit 软件中。

（4）点云数据在计算机中以图像方式显示。

（5）在 Revit 软件中识别建筑物的三维定位坐标，识别出的三维定位坐标即为后期需要勾勒的有用信息。

（6）根据建筑物的三维坐标信息，从 Revit 软件的工具栏中选取相应画笔，将对应可识别的三维定位坐标连续勾勒出对应构件。

（7）全部结构勾勒完成后，去掉点云数据。

（8）完成建筑物的 BIM 逆向三维建模。

古建筑 BIM 建模的测绘内容主要包括总平面、平面、立面、剖面、大样图等，其中后四项内容的二维图纸数字成果技术标准见表 5-1。

表5-1　古建筑测绘二维图纸数字成果技术标准

图名	内容及深度标准	附注说明
平面图	应包含各层平面图及屋顶平面图	黑白线条图； 墙、柱断面为黑色粗线； 地面铺装、家具布置为灰度细线，其余均为黑色细线； 平面应进行轴线编号，轴线为灰度点划线； 尺寸及文字标注尽量不与图形重叠； 重要、有特色的建筑构件应绘制大样图
	绘图比例不小于1：100	
	平面要素：台基、台阶、柱础、柱、墙基、墙、门窗、楼梯、室内地面铺装、家具布置等	
	首层平面应表达周边环境要素:石板路、堡坎、挡墙、台阶梯步、古井、花坛、排水沟、雕塑、保护的树木等	
	文字标注：材质、色彩、构件名称等	
	尺寸：墙段及门窗尺寸、轴线尺寸、总尺寸	
	平面图中凡标高有变化的地方均应标注标高；楼梯只标注平台标高	
	剖切符号及编号	
	大样图索引	
	图例：材料、绿化、地面铺装等	
	指北针	
	图名及比例（或比例尺）	
立面图	应包含建筑各方向的立面图	黑白线条图； 地坪线为黑色加粗线，线宽为粗线线宽的1.5倍； 建筑外轮廓线为黑色粗线； 建筑内部轮廓线为黑色中粗线； 墙面材质填充为灰度细线；其余均为黑色细线； 环境要素不得遮挡建筑； 尺寸及文字标注尽量不与图形重叠； 重要、有特色的建筑构件应绘制大样图
	绘图比例不小于1：50	
	地坪线应重点表达地形高差变化与建筑接地关系	
	立面要素：台基、台阶、柱础、柱式、柱头、墙基、墙、梁、枋、屋面、檐口、脊饰、门窗等	
	历史环境要素：石板路、堡坎、挡墙、台阶梯步、古井、花坛、排水沟、雕塑、保护的树木等	
	文字标注：材质、色彩、构件名称等	
	尺寸：总高度、檐口高度、层高、墙段及门窗尺寸	
	标高：地面、楼层、屋顶、檐口等	
剖面图	典型部位剖面图，不少于2个	黑白线条图； 地坪线为黑色加粗线，线宽为粗线线宽的1.5倍； 墙、梁、楼板断面为黑色粗线； 墙面材质填充为灰度细线，其余均为黑色细线； 尺寸及文字标注尽量不与图形重叠； 重要、有特色的建筑构件应绘制大样图
	绘图比例不小于1：50	
	地坪线应重点表达地形变化与建筑接地关系	
	剖面要素：台基、台阶、柱础、柱、墙基、墙、 梁、枋、檩、楼板、屋面板、屋面（瓦）、门窗、 楼梯、室内装饰等	
	文字标注：材质、色彩、构件名称等	
	尺寸：总高度、檐口高度、层高、墙段及门窗尺寸	
	标高：地面、楼层、楼梯平台、屋顶、檐口等	
	楼层数	
	大样图索引	
	图名及比例（或比例尺）	

续表

图名	内容及深度标准	附注说明
大样图	绘图比例1∶2∽1∶50	黑白线条图，附实物照片
	测绘具有代表性的建筑细部，如门窗、外廊拱券、柱式、柱头、栏杆、楼梯、窗台、叠涩山墙、屋面瓦作、有雕饰的建筑构件等	
	标注构件尺寸、材质、色彩等	
	大样图编号、图名及比例（或比例尺）	

古建筑三维建模内容包括建筑整体外观模型、内部结构模型、构件模型等。模型数据成果应满足以下标准：① 每个古建筑模型为独立对象；建筑主体结构大于或等于 5cm 应室内外全要素建模；精确反映建筑细部结构形式及各类雕饰等细节；② 模型不应出现漏缝、废点、重叠面、交叉面等现象；③ 模型所有可视面法线方向向外；④ 单个物体结构总面数不宜超过 70 000，点数不宜超过 100 000。

5.1.4　工程实践

基于目前国内外数字城市体框建模的技术瓶颈以及国内城市建筑物数据特点，我们团队提出了具有创新性的带约束条件 BSP 建筑物三维模型重建方法，有效融合了激光雷达点云、航片和地形图等多源数据进行体框建模，同时成功研发了一套实用且高效的激光雷达三维建模系统 StarBuilding，解决了以往城市建筑物三维建模生产效率低、生产周期长、项目成本高的缺点，同时形成了一整套基于机载激光雷达航测进行城市三维数字化建模的工艺化生产技术流程，推动全国三维数字城市信息化工程建设迈上新的台阶。我们已成功在天津、长春、太原、成都等多座城市的多项大型三维数字城市工程中应用了建筑物矢量三维建模技术工艺。

在模型成果精度和质量方面，以天津市中心城区建筑物矢量三维建模工程为例。我们采用机载和车载激光雷达测量完成了天津市中心城区 334km^2 的三维空间数据采集和建筑物矢量三维建模工作。经省级以上测绘质量检查检验站的验收评价，建筑物平面精度优于 0.5m，模型高度高程精度优于 0.3m，都优于高精三维数字城市模型技术标准。

在建模效率方面，以长春市中心城区建筑物矢量三维建模工程为例。我们采用机载激光雷达测量完成了长春市中心城区 290km^2 建筑物屋顶结构精细建模工作。选取城区 5km^2 范围进行建模实验，其中，棚房片区面积 0.5km^2，占总面积 10%，主要集中在城市外环线附近，为一层平顶和简单斜屋顶房屋，结构简单；多层和高层普通居民区面积 3km^2，占总面积 60%，以平屋顶、简单斜屋顶、阶跃型屋顶居多，房上房结构主要有电梯间、水箱、老虎窗等；商业楼、别墅区面积 1.5km^2，占总面积 30%，屋顶层次混乱，装饰物较多，结构复杂（图 5-6）。

将以上三种实验片区建模面积各自进行均分，分别采用传统建模方法和 StarBuilding

图5-6　棚房片区、普通居民区和复杂商业别墅区三类建模实验区概况

软件技术工艺两套生产作业流程进行矢量三维建模。通过研究分析，StarBuilding 软件技术工艺应用于棚房片区时的生产效率较传统建模方式提高了 3.4 倍，应用于普通居民区的效率提高了 1.92 倍，应用于复杂商业别墅区的效率提高了 1.27 倍，整体效率是传统建模方式的 1.87 倍（表 5-2）。

表5-2　不同典型建模区传统方式和StarBuilding软件建模效率统计表

序号	测区类型	建模面积（km^2）	传统方式建模小时数	StarBuilding 建模小时数	建模效率对比
1	简单棚房片区	0.5	17	5	3.4：1
2	普通居民区	3	80	41.7	1.92：1
3	复杂商业别墅区	1.5	163.3	128	1.27：1

小结：针对本建模区建筑物类别结构情况，StarBuilding软件建筑物体框建模效率是传统建模方式的1.873倍（3.4×0.1+1.92×0.6+1.27×0.3=1.873）。

另外，StarBuilding 软件技术工艺生成的三维建筑物体框模型与已有大比例尺地形图建筑物外轮廓底图严格套合，在实现批量建模的同时，可有效保证体框模型外轮廓的平面精度，特别是保证三维模型成果与二维地形图成果的一致性。

在建筑单体三维精细建模方面，以某历史保护建筑为例，展示部分相关成果（图 5-7—图 5-10）。

图5-7　历史保护建筑现状图

图5-8　RGB点云渲染图

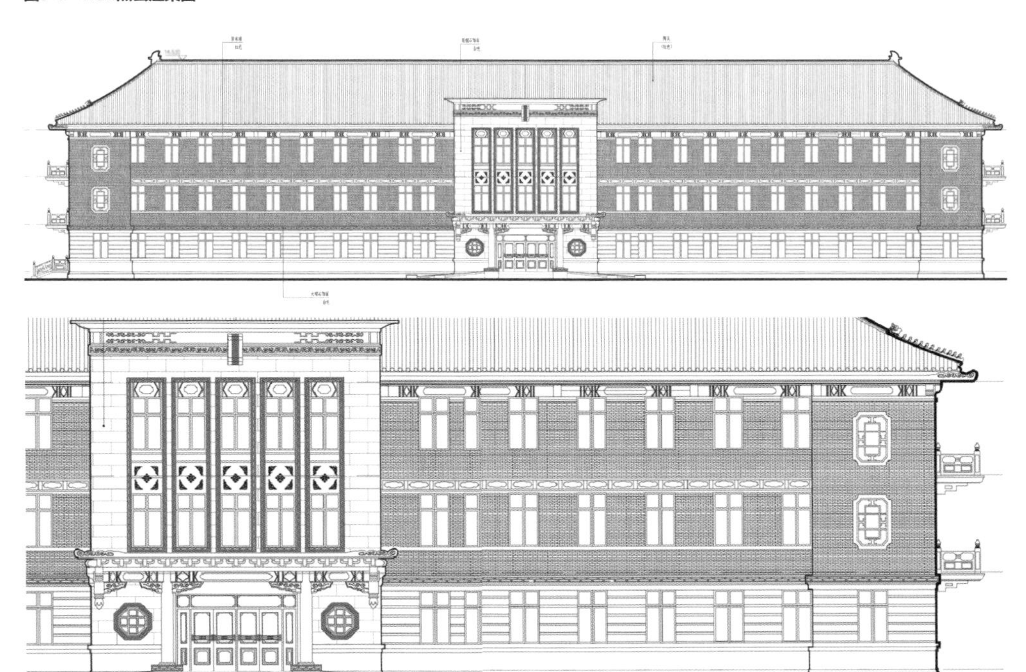

图5-9　建筑立面图

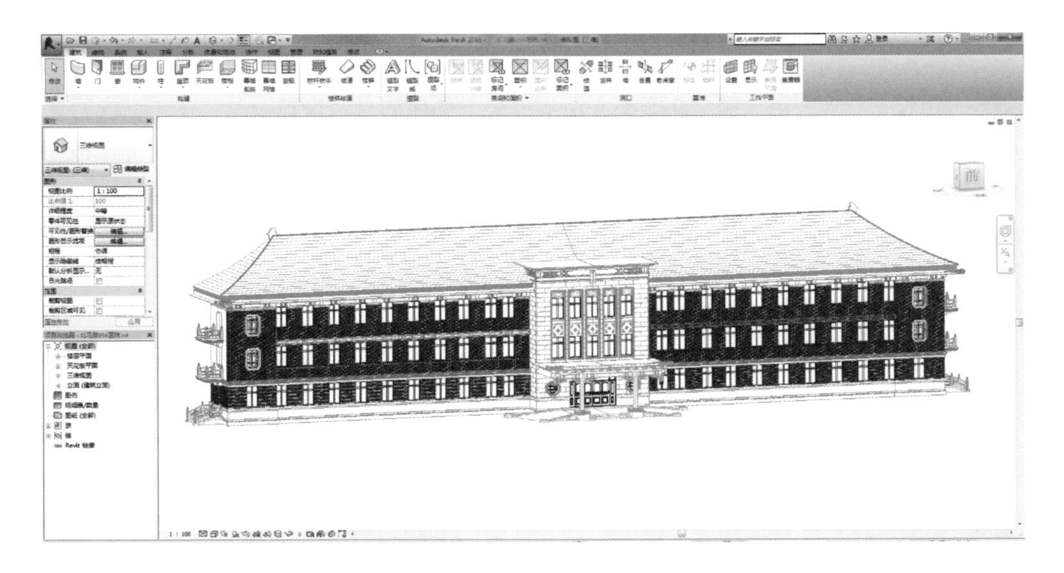

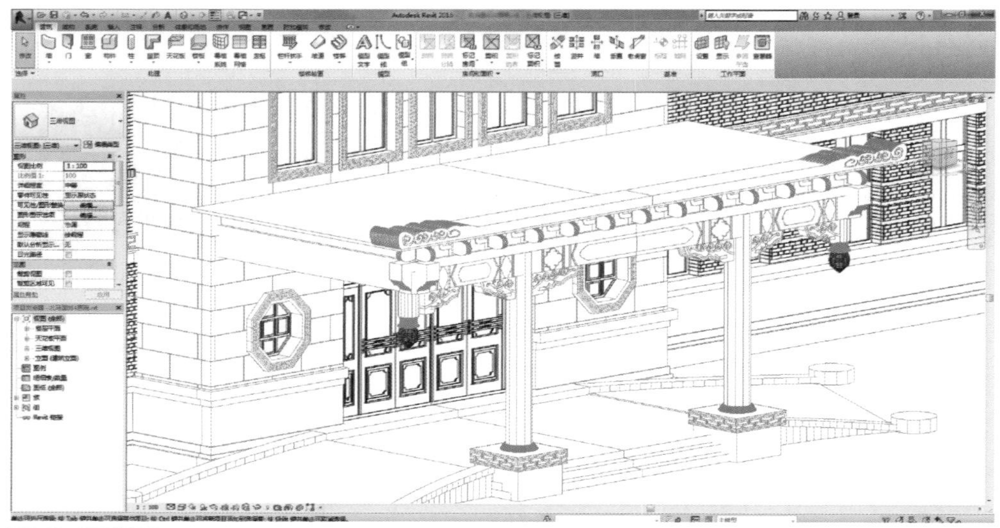

图5-10 BIM效果图

5.2 城市部件矢量三维建模

传统城市部件三维建模的数据采集工作采用 RTK、皮尺等测量方法，外业生产效率低下，测量数据不易质检、无法数字化存档。车载激光雷达成为替代传统测量方法的新型测量技术手段。

车载激光雷达测量获取的点云数据以具有城市部件的精确位置和细节尺寸信息，通过同步匹配的数码照片辅助识别，完全满足城市部件三维建模的测量数据源要求。然而，由于车载激光雷达测量点云不具有语义结构化信息，相关数据处理算法和软件发展尚不成熟，内业仍然还需采用全手工提取的制作模式。

经过多年实践和经验总结，我们团队提出了城市部件点云聚类方法：在车载地面点云粗分类基础上，采用模糊空间聚类方法实现每个部件的点云聚类分类；基于面向对象方法构建城市部件模型库，设计点密度法、尺寸自动提取方法等算法实现城市部件位置和尺寸的自动提取，从而实现了路灯、路牌、交通指示牌、垃圾桶等多种类型城市部件的自动矢量三维建模。该方法具有很好的工程参考价值和意义。

5.2.1 城市部件点云分割

模糊空间点云聚类方法 模糊空间聚类的目的是通过聚类运算，将属于不同城市部件的车载激光点云数据进行分类，为进行城市部件的特征计算和匹配提供基础。

（1）点云分块与快速空间索引。为提高模糊空间聚类的计算速度，减少运算量，在进行空间聚类计算之前应对点云数据进行索引。在这里，采用矩形分块方法，分块的原则是：

$$Num = Pt / mt \tag{5-1}$$

其中，Num代表空间分块数，Pt代表区域内的总点云数，mt是指每个分块内的最大点云数。

（2）点云模糊空间聚类。对上述每一个数据块进行聚类计算，对空间进行均匀划分，选择每个空间的中心点作为聚类的中心点。计算每个待聚类点到各个聚类中心点的直线空间距离，并将该点划分给最近的中心点。其中，按以下数学模型计算所有点云数据到聚类中心点 P_i 的距离总和：

$$f(U, P) = \min \sum_{k=1}^{n} \sum_{i=1}^{c} w_k \mu_{ik} (\hat{d}_{p_i k})^2 \tag{5-2}$$

其中，n为点云数据的个数，c为聚类中心点数据，$\hat{d}_{P_i k}$为样本x_k与聚类中心点P_i之间的直线空间距离。w_k为第k个空间数据点的权值，实际应用时可以默认设置为1；μ_{ik}为第k个点与第i个聚类中心点的权值，可以根据空间距离值大小进行设置。

根据以上距离总和对空间中心点进行重新选取，以每一个类的所有对象平均值作为该类新的原型，迭代进行对象的再分配，直到迭代的次数小于给定的计算次数或者中心点的变化小于一定的值为止。

（3）车载点云数据的分类。对分块数据进行聚类计算后，每个块的数据已经分为 C 个类别。在这里，需要对全区域的点云进行重新归类。归类原则是：

$$Num < dt > (C_i, C_j) / Pt > p \tag{5-3}$$

其中，$Num < dt > (C_i, C_j)$ 是指第i个聚类中心和第j个聚类中心小于最小距离dt的个数，Pt是点数据的总个数，p是比率值。

通过以上步骤，达到将车载激光点云数据按照部件进行分类的目的。

机器学习点云聚类方法　点云数据处理的深度学习方法有 PointNet、PointNet++ 等，它能够用于点云数据的分类、语义分割和目标识别等多种认知任务。通过该方法可分类道路两侧高密度城市部件点云数据，识别点云城市部件并对点云进行分割。按照 5.2.2 节的介绍，分割后的部件点云匹配模型库中相应的城市部件模型，进行部件比例缩放后生成对应的城市部件。

点云数据由无序的数据点构成一个集合来表示，它具有三个特征：① 无序性。点云数据是一个集合，对数据的顺序是不敏感的。② 点与点之间的空间关系。一个物体通常由特定空间内的一定数量的点云构成，也就是说这些点云之间存在空间关系。③ 不变性。点云数据所代表的目标对某些空间转换应该具有不变性，如旋转和平移。根据点云的特性构建 PointNet 网络结构见图 5-11。

该网络结构主要解决以下两个问题：① 空间变换网络解决旋转问题。三维的 STN（Spatial Transformer Networks）可以通过学习点云本身的位姿信息学习到一个最有利于网络进行分类或分割的 $D \times D$ 旋转矩阵（D 代表特征维度，PointNet 中 D 采用 3 和 64）。PointNet 采用了两次 STN：第一次 input transform 是对空间中点云进行调整，直观上理解

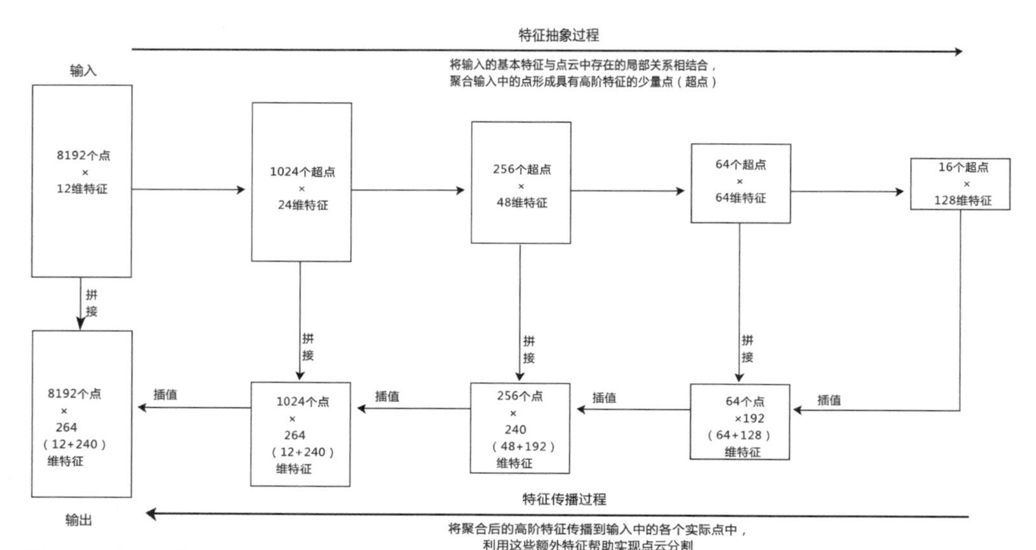

图5-11　PointNet网络架构

是旋转出一个更有利于分类或分割的角度，例如把物体转到正面；第二次 feature transform 是对提取出的 64 维特征进行对齐，即在特征层面对点云进行变换。② maxpooling 解决无序性问题。网络对每个点进行了一定程度的特征提取之后，maxpooling 可以对点云的整体提取出 global feature。

由于 PointNet 只是简单地将所有点连接起来，只考虑了全局特征，丢失了每个点的局部信息，所以，继 PointNet 之后，出现了 PointNet++，其整体思路是：首先选取一些比较重要的点作为每一个局部区域的中心点，然后在这些中心点的周围选取 k 个近邻点(欧式距离的近邻），再将 k 个近邻点作为一个局部点云采用 PointNet 网络来提取特征。

以上方法通过公共数据集训练后，城市部件点云分割准确率达到 80% 以上，提高了车载点云城市部件的分类分割效果。以人工智能深度学习的思路有效提高了城市部件建模的效率。

5.2.2　部件矢量化三维建模

如图 5-12 所示。针对城市部件三维建模技术要求，对路灯、路牌、交通指示灯、公交站牌、垃圾桶、栅栏等主要城市部件进行类抽象概括，每个部件均定义类别 ID、位置 (x，y，z)、方位角 (A)、高度 (H)、宽度 (W) 等特征参数；同时，每个部件可以具有多个子部件，子部件也可以采用上述 5 个参数进行描述。

结合城市部件的模型结构和对应点云特点，我们团队研发了智能化算法计算城市部件的空间位置、部件方位、体量等特征参数。

（1）部件空间位置的自动计算。对于具有杆、柱状结构的部件，采用点密度法进行计算。以为杆、柱的直径 R 为缓冲区半径，以点平面坐标为中心，统计每个点圆内的数据点个数。如该点缓冲区内的点个数大于阈值 M，则标记该点处于点云高密集区域。

由于部件类型的多样性及同类部件车载点云数据的多样性，每个部件在点密度特征上均存在差别。为实现阈值 M 的灵活性，我们设计了针对多类型城市部件的阈值自适应调整方法。阈值自适应调整的数学模型如下：

$$M = N \cdot P \tag{5-4}$$

其中，P 为部件对应的百分比值。

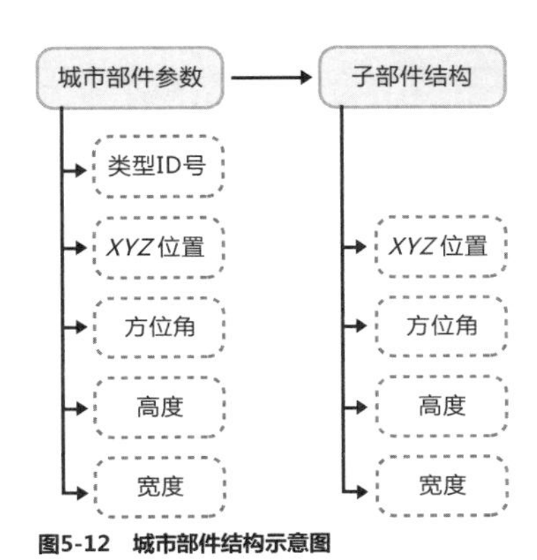

图5-12　城市部件结构示意图

首先，通过实验分析不同类型部件对应的合理 P 值；然后，通过 N 值来解决同类部件车载扫描点云疏密不等的问题。对于路灯、红绿灯、交通指示牌等部件类型，通过以上步骤处理后，可提取部件对应杆、柱部分的车载点云；对于垃圾桶、小路牌等部件类型，车载点云在部件表面大致均匀分布，可采用取部件对应点集的平均值来计算部件中心位置。部件模型位置的数学计算公式为：

$$X = \sum_{i=1}^{n} X_i / n \tag{5-5}$$

$$Y = \sum_{i=1}^{n} Y_i / n \tag{5-6}$$

在此基础上，参考该位置一定缓冲区范围内的地面点，即可快速获取部件位置的地面点高程，从而计算部件位置 $P_0(x_0, y_0, z_0)$。

（2）基于车载点云的部件模型高度 H 计算。遍历人工选取范围内的所有部件类点云，以提取的部件位置 P_0 为参考，搜索距离 P_0 点在 XY 二维投影面上距离最远的部件类点。S 为部件类点 $P(x, y, z)$ 与 $P_0(x_0, y_0, z_0)$ 在 XY 二维平面投影上的距离。如 S 为最大值，则对应 P 点为需要提取的特征部件类点。部件高度 H 即为 $P(x, y, z)$ 点与 $P_0(x_0, y_0, z_0)$ 点的高差。

（3）部件宽度 W 值计算。部件宽度 W 为点 $P(x, y, z)$ 与点 $P_0(x_0, y_0, z_0)$ 在 XY 平面投影上的距离，对应的数学模型为：

$$W = \sqrt{(x-x_0)^2 + (y-y_0)^2} \tag{5-7}$$

部件方位角计算。部件方位角 α 为点 $P(x, y, z)$ 与点 $P_0(x_0, y_0, z_0)$ 在 XY 平面投影上矢量对应的方位角，对应的数学模型为：

$$\alpha = \arctan\left(\frac{y - y_0}{x - x_0}\right) \tag{5-8}$$

基于车载激光雷达测量的城市部件智能化三维建模技术，我们团队研制出激光雷达测量数据处理软件 StarModeler。通过天津市实验区的测试分析，可实现城市部件模型的智能化三维建模，模型提取正确率达到 80% 以上。

第6章 三维数字城市模型构建

三维数字城市在城市规划管理、运维管理、应急安全等应用过程中，不仅对三维模型的建筑轮廓的精度、真实性有较高要求，还对其精细程度、视觉效果和城市其他要素的表达也有较高要求。前者通过点云构建的矢量三维模型能达到要求，后者应对点云模型进行进一步的精细化和渲染处理才能满足，力求真实、详细地反映城市面貌，达到“既可远观，亦可近赏”的目的。

6.1 点云矢量模型精细化

基于点云构建的矢量模型精细化处理，主要包括要素模型的构建与精细化、纹理制作、模型整合集成、烘焙处理、输出及格式转换5个主要环节。图6-1为三维数字城市模型精细化构建流程。

6.1.1 城市要素模型的精细化构建

在城市要素框架模型的基础上，针对建筑、场地、道桥，以及包括植被在内的城市部件要素进行进一步的精细化构建。

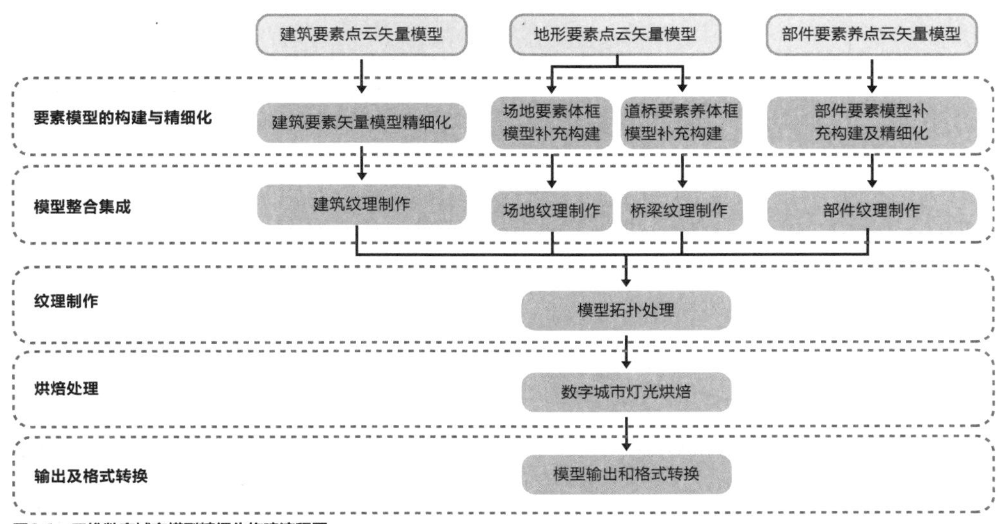

图6-1　三维数字城市模型精细化构建流程图

建筑要素矢量模型精细化　建筑框架要素模型精细化主要表现在建筑物的屋顶要素、立面要素、附属要素结构细节的呈现上，下面从建筑物主体外部结构细化、建筑附属结构细化，以及建筑内部要素细化三方面加以论述。

（1）建筑物主体外部结构细化。建筑物屋顶大致可划分为平屋顶、坡屋顶和复杂屋顶三种类型。以平屋顶为例，通过激光雷达点云成果很难自动重建女儿墙，需要在进行细化处理以构建女儿墙。导入点云数据，确定建筑主体高度，将点云矢量模型与点云进行建模匹配，获取准确的建筑屋顶、女儿墙、附属物等高度和尺寸，利用 3ds Max 软件内的 ploygon 编辑模块，完成建筑屋顶女儿墙、附属物的三维模型构建（图 6-2）。

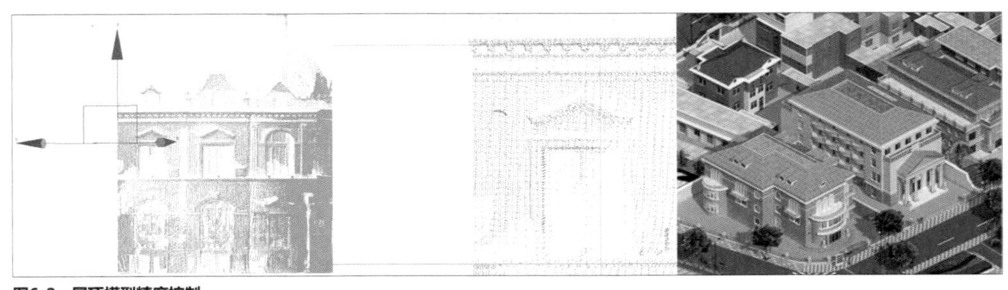
图6-2　屋顶模型精度控制

建筑立面结构细化应将点云矢量模型与点云进行套合，并根据不同精细度标准要求进行操作。精细建筑立面结构表现精度控制在 0.2m 以内，细小结构应控制在 0.1m 以内，一般性建筑立面结构表现精度控制在 0.5m 以内（图 6-3）。

对于建筑主体上的重要装饰要素，可通过与点云数据的匹配，利用 3ds Max 软件内的 ploygon 编辑模块完成构建，包括建筑的老虎窗、窗框，以及装饰性的浮雕、壁柱等内容，满足整体的点云套合要求（图 6-4）。

图6-3 建筑立面精细化控制

图6-4 建筑主体立面装饰精细化

图6-5 建筑柱体精细化

（2）建筑物附属结构细化。建筑主体之外，诸如建筑的连廊结构可采用 ploygon 编辑模块进行制作，高层住宅有多层连廊结构的，为提高效率可直接采用搭建的方式逐层制作；复杂的栏杆结构可用透明纹理表示。建筑物的柱体结构应根据点云数据进行细化，添加平滑组。柱基和柱头结构可根据建模 “高精细度”与“普通精细度”的不同要求，分别选择建模表现或贴图表现（图 6-5）。

对于复杂建筑的入口、建筑门廊、台阶等应按照实景进行细化表现。为减少模型的面数，台阶可单独制作，应将台阶与建筑主体模型塌陷，以确保建筑物为一个物体对象（图 6-6）。

一般情况下，建筑门廊与台阶的细化可采用模型与纹理相结合的表达方式进行制作。台阶结构可采用斜面纹理的形式表示，台阶高度、宽度按常规尺寸制作；室外扶梯结构需要结合点云的尺寸建立起三维模型结构。护栏等复杂结构使用透明纹理表达（图 6-7）。

（3）建筑内部要素细化。建筑内部结构可分为建筑结构、给排水、暖通、电气、装修和陈设等内容。目前行业内主要有两种细化建模的方法，一种基于 BIM 技术，另一种基于 SLAM 技术。

图6-6　建筑入口台阶精细化

图6-7　建筑门廊精细化

基于 BIM 技术的建筑内部要素建模方法能够建立起具有属性信息的三维模型，可满足多元化的应用需求，但在获取和建立室内 BIM 数据实施上具有难度，应制作不可见的室内结构模型。基于 SLAM 的建筑内部要素建模方法实现了建筑内部可见结构的激光雷达点云扫描，根据点云数据建立起内部建筑结构基底轮廓，采用 3ds Max 软件内的 Extrude 工具，保证模型与点云的匹配，构建墙体模型。通过裁切和分割处理，完成门窗、柱结构的模型建立。分别制作室内楼梯、电梯结构、栏杆等模型，通过集成，获得整个建筑内部结构模型。

机电模型分为线型和构件两类。电线、水管类模型采用线性建模方法，根据点云的走向绘制二维线，通过可渲染线功能根据线、管直径直接生成三维模型成果，制作管与管的链接结构。开关、空调、照明灯、消防设施等模型采用提前建立模型库的方法，根据点云获取构件位置坐标及轮廓尺寸，从模型库中选择对应模型通过缩放、旋转等操作完成制作。

依据点云构建室内装修模型，应保证装修模型的结构及材质与现实一致。陈设模型的制作内容宜包括家具、装饰品摆件等，应建立室内陈设部件模型库。构建方法可采用点云建模、相片建模以及扫描建模的方法。为保证良好的人视点浏览视觉效果，模型须达到高精细、高仿真级别，以实体模型进行要素的制作与表达。

场地要素模型构建　从线划地形图中提取道路、绿地、停车场、地砖、台阶、围墙等地物的边界线，将线型，线宽、标高、厚度值设为 0，导入 3ds Max 建模软件内。通过 ploygon 工具构建场地面片模型，使用切割功能参照线划地形图进行道路、铺地、绿地、广场等的切割（图 6-8）。

切割处理后，按照类别分别赋予道路、草地、铺装、水泥等贴图纹理，通过调整点、线、面匹配地面点云数据，形成具有高程的场地面片模型（图 6-9）。

按照材质选取场地各个模型面，利用挤出工具分别制作道路、便道、路牙、广场等地面结构，形成具有起伏高程结构的精细场地模型成果（图 6-10）。

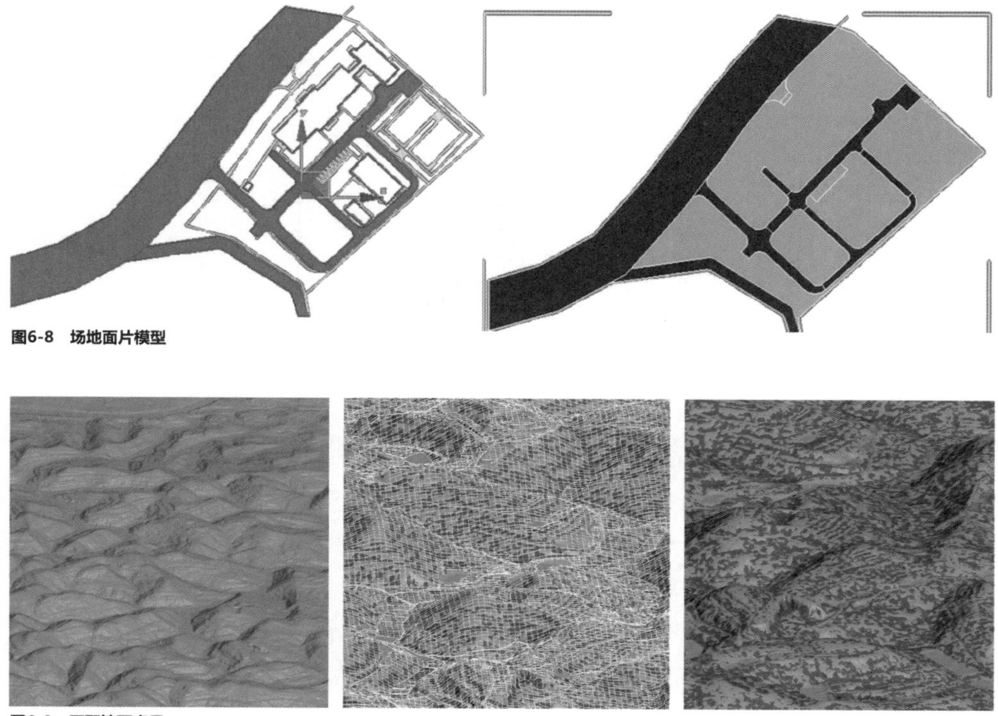

图6-8　场地面片模型

图6-9　匹配地面点云

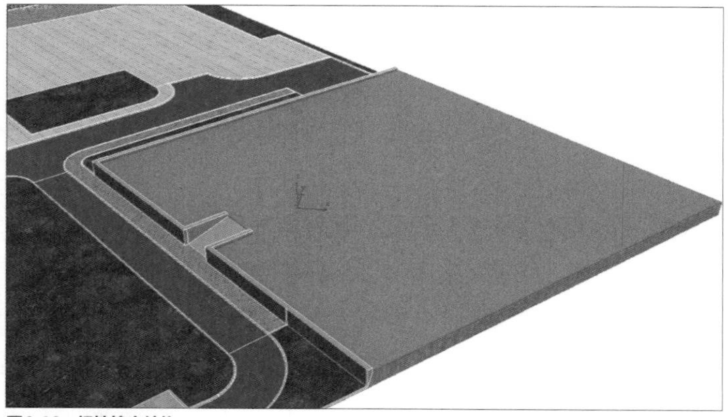

图6-10　场地挤出结构

针对地形起伏较大的场地模型，通过 polygon 工具内 Tessellate 功能增加布线的方式细化模型起伏结构，增加细节精度。需要控制布线的数量，避免布线过多导致模型面数过大（图 6-11）。

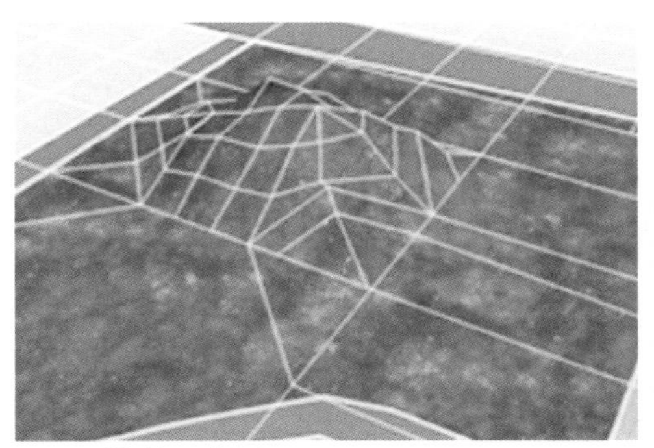

图6-11　增加地面网格分布

道路桥梁要素模型构建　提取线划图的路网边线，导入建模软件 3ds Max 内，利用 Edit Spline 工具勾勒道路轮廓并制作平面路面模型。通过增加路面模型的布线，调整模型点线结构，保证路面起伏细节与地面点云匹配。连线位置应进行平滑处理，避免道路模型出现较大幅度的褶皱（图 6-12）。

利用 polygon 工具的切割功能制作道路行驶线。赋予相应的行驶线纹理，通过 UVW 工具调整车道数量和车道线长度，使其与实际情况一致。

制作桥梁模型时需要提取线划图中的主体结构边缘，模型的制作应符合精度要求。桥墩结构样式、比例及位置应参照相片和点云数据进行布局。桥梁模型的高度依照点云数据中桥梁特征点进行控制。

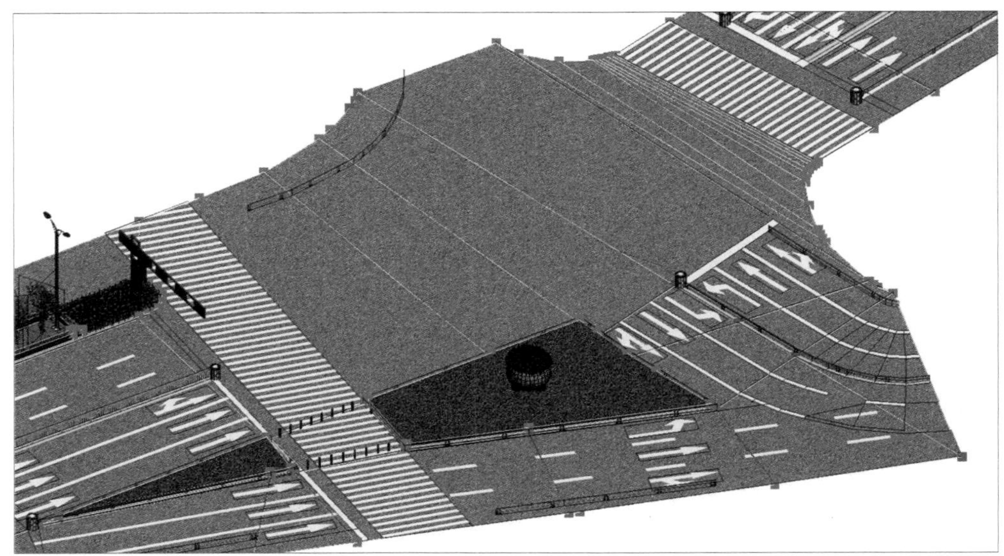

图6-12　调整路面细分点

桥梁附属结构（透明栏杆、拉索、雕塑、隔音板、隔离带、植被、装饰结构等）面片建模时应赋予双面，应避免桥底及桥下因烘焙造成的过暗情况（图 6-13）。

植被要素模型构建　三维数字城市对于植被的建模一般通过透明纹理的形式表示。首先通过点云判断植被分布和聚集情况，然后根据现状相片及点云分类的情况判断树种，通过分布式、组团式等制作方法，制作三维模型（图 6-14）。

单棵树木宜用十字面片模型的方式表达，通过缩放工具来控制树木的大小（图 6-15）。树木模型应参照实际的位置及范围进行制作，通过缩放、旋转处理，实现大范围植被的高低错落。行道树宜制作树坑，其间隔、位置、数量应与实际相符，不得与道路盲道、路灯等其他交通设施有冲突。

图6-13　桥梁模型示意图

图6-14　植被要素三维模型示意图

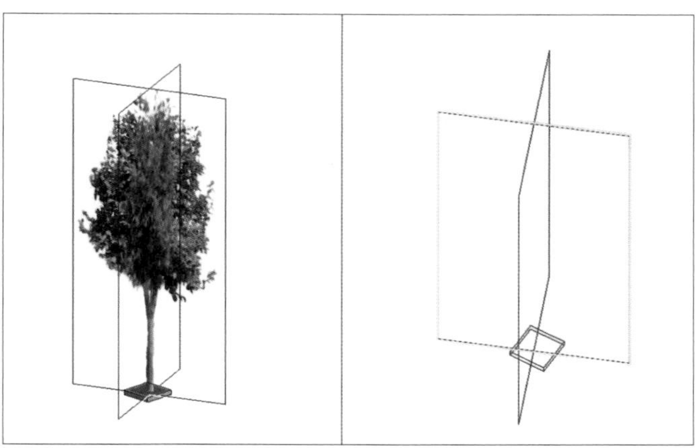

图6-15　十字面片树木模型

图6-16　多面片树木的建模表现方式

图6-17　符号化雕塑建模方式

具有保护意义或标志性意义的树木可重点表现。为保证模型视觉效果，主树干宜采用实体模型，枝叶采用多面片相结合的方式进行建模。应表达出树木的整体特征，主要包括树木种类、枝叶茂密程度、树干的生长走势，以及树龄等信息（图 6-16）。

城市部件要素模型构建与精细化　城市部件要素不仅包括道路上的交通设施部件，还包括场地内的设施部件，诸如雕塑、假山石、围墙、围栏、喷泉等景观设施，垃圾箱、座椅等生活设施，门禁、消防栓、警卫亭、摄像头等安全设施。采用的精细化构建方法主要有两种：① 对于出现频次较高的部件模型应建立公共模型库，通过关联的方式进行制作；② 对于出现频次较低的模型则单独进行制作。

普通且简单的小品模型，可采用符号化的表现方式，透明贴图和三维模型相结合（图 6-17）。

复杂且重要的城市部件应采用精细建模（图 6-18）。如果依据点云建模，能够保证模型的布线和数据量最大限度的精简，但耗费人工时间较多；如果利用本书介绍的手持

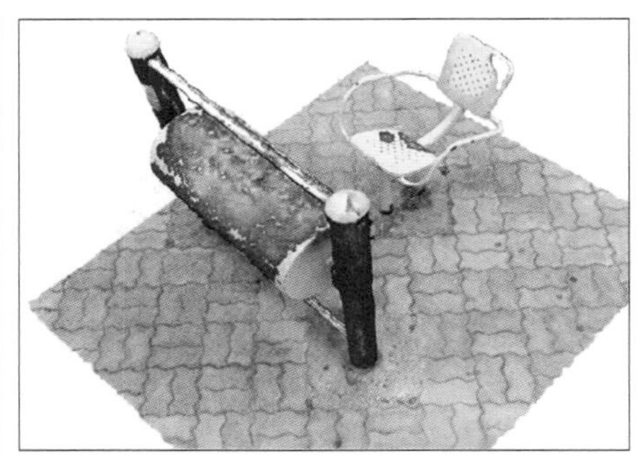

图6-18　精细雕塑建模成果示意图

点云扫描和自动建模技术，形成模型成果三角面数量大，难以直接应用到数字城市中，需要对其进行简化处理。此外，还有相片建模和结构光建模等方法，详见 6.3 节“其他辅助建模技术”。

6.1.2　纹理数据

三维数字城市模型成果能够准确表达城市场景中的各种色彩与材质，其中纹理数据功不可没。纹理数据可以分为基础纹理数据和透明纹理数据两类。

基础纹理数据。基础纹理数据体现物体对象的色彩、风格、材质细节，主要通过现状相片、影像航片及其他图片素材经处理后获得，其获取途径有很多种，诸如人工数码相机采集、无人机航飞采集、卫星采集等。通过 Photoshop 等图片处理软件对现场采集的相片通过裁切、变形、调整等处理，获得各要素结构模型对应的纹理数据。基础纹理数据应为正射视角，为增加和体现结构的立体感，允许细节结构存在透视（图 6-19）。

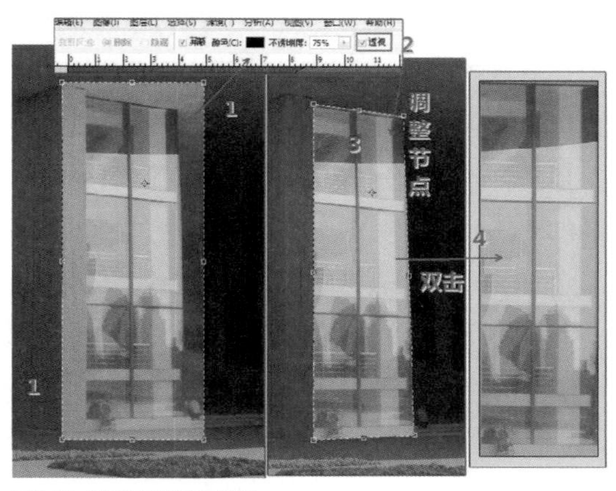

图6-19　基础纹理制作示意图

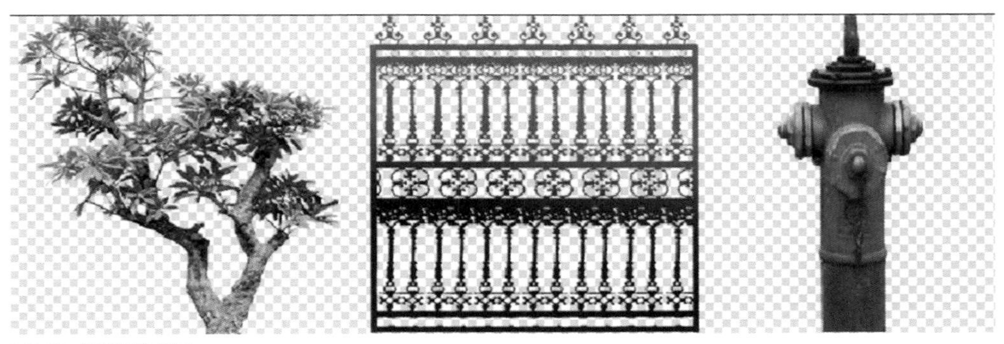

图6-20　透明纹理示意图

图6-21　纹理赋予后效果示意图

透明纹理数据。城市场景中的人、车、树木、植被、花草、栏杆、雕像、玻璃等结构复杂的模型对象可采用透明或半透明纹理表现，利用图像通道实现在计算机中的透明显示，其透明程度可以通过图像通道来控制。控制原则为黑色全透明，白色不透明，可以通过灰度值来控制透明程度，实现半透明效果（图 6-20）。

通过材质媒介来建立纹理与模型的联系，以完成纹理的赋予。以 3ds Max 建模软件为例，打开材质编辑器（Meterial Editor）将纹理数据赋予材质（standard Meterial）内的基础纹理通道（Diffuse color），在赋予模型对象后，可通过 UVW 工具实现模型纹理尺寸和重复单元的调整。材质的主要类型包括标准材质（standard Meterial）和多维子材质（Multi/Sub-object）等，应根据三维平台的材质标准来确定（图 6-21）。

6.1.3　灯光与烘焙

为提高城市三维模型场景的视觉效果真实性，通过烘焙的方法来实现模型的光影效果，表达其立体感。

烘焙需要具备灯光文件，可通过 3ds Max 软件调整参数和设置灯光类型来模拟现实的光照环境。灯光类型包括反弹光、主光、背光等。环境光模拟以手术灯的原理，采用灯阵布置方法，通过多个平行光或锥形光以半球形进行布置。将烘焙对象置于中央，实现烘焙对象的漫反射光影处理，依靠主光源投影实现光影效果。随着行业内技术的发展和软件的进步，有很多渲染器和平台具备环境光计算能力。主光源模拟太阳光，调整为暖黄色，需要设置较强的阴影对比参数，实现模型结构的明暗显示。背光源用来增加模型对象的背部阴影细节，对多个平行光设置不同参数，对背面阴影进行局部提亮，可增强阴影变化效果，提高仿真程度。

烘焙过程是根据灯光参数渲染出模型对象的光照纹理，并将其赋予模型。主流的三维建模软件均具有烘焙功能模块，例如 3ds Max 的 render to texture、MAYA 的 batch bake 等，均能够完成三维模型的烘焙处理。通过设置合适的参数，经过计算机渲染后获取阴影纹理，可以通过模型的纹理通道选择叠加显示模式，以实现模型的理想光影效果（图 6-22）。

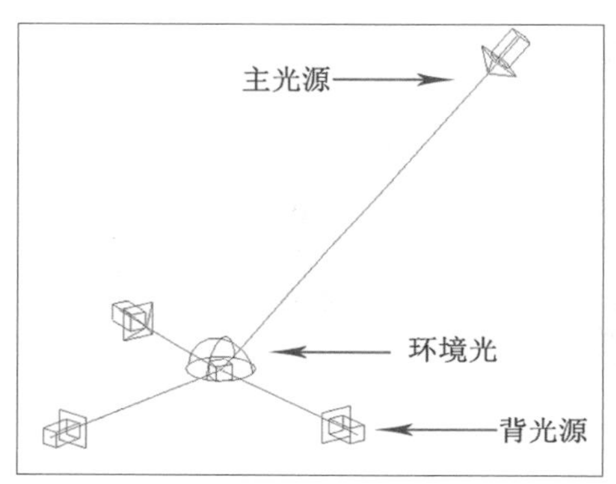

图6-22 灯光及烘焙效果示意图

6.1.4 输出及格式转换

三维模型在构建和精细化完毕后应经过输出和格式转换，导入三维平台。大部分三维平台支持 3ds、obj、fbx 等公开的三维模型格式。为了保证海量模型的显示效果和调度效率更为优化，有些平台具备自有专用格式，应通过插件进行转换获取。例如 skyline 平台首选导入 .x 的三维模型，StarGIS Earth 平台首选 .fdb 格式。此环节是建立三维模型数据库的必要步骤——根据不同平台的数据库标准建立可调度的三维模型数据库成果。图 6-23 是三维精细模型在三维系统平台中的截图示例。

图6-23 三维数字城市精细化模型成果图

6.2 地下空间建模技术

随着城市化进程加快，我国地下空间建设发展迅速，大大改善了城市交通环境，节约了土地资源。但由于地下空间工程多属隐蔽工程，我们需要采用地下空间建模技术更直观的辅助地下空间工程的规划、设计和施工等过程。下面将介绍三维地质建模技术和三维管网建模技术，能够通过地质钻孔、地下管网等勘测数据自动构建三维钻孔模型、地层模型以及管网模型。

6.2.1 三维地质建模

随着国内经济和交通的迅速发展，很多城市在大兴土建的同时，也在进行地铁等交通基础设施的建设，地质勘察对城市规划和地质灾害预警与防治的重要作用日益凸显。将工程勘察和地质调查得到的区域范围内的钻孔几何位置、各地层岩性和各类试验数据等，通过三维地质建模技术建立三维地质体，可以更直观地显示各地层的分布情况。三维地质建模的过程可以总结为 6 个步骤（图 6-24）。

数据处理 数据处理通常包括地层标准化处理、透镜体处理和地层编号调整。需要注意的是，进行数据处理时，使用的处理方法不得改变数据实质性内容。

（1）地层标准化处理：应制定统一的地层层号划分标准，所有钻孔的地层的层号应该按照唯一且有序的原则进行编号，还应根据勘察报告中对各土层的最终命名，确保每层土层号与岩性一一对应（例如 8-2 土层既有粉土，也有砂性大的粉质黏土，处理时应根据 8-2 土层统计结果，统一命名为粉土）。

（2）透镜体处理：对工程影响较小、厚度较小的透镜体，可考虑采用数据处理工具统一合并到主层中。对于厚度较大且对工程有潜在影响的透镜体（二维剖面保留的透镜体）不得随意合并处理，应进行标准化处理并保留，并且按岩性统一命名（如原地层编号为 8-2t 的命名方式须统一调整命名为 8-2-1）。

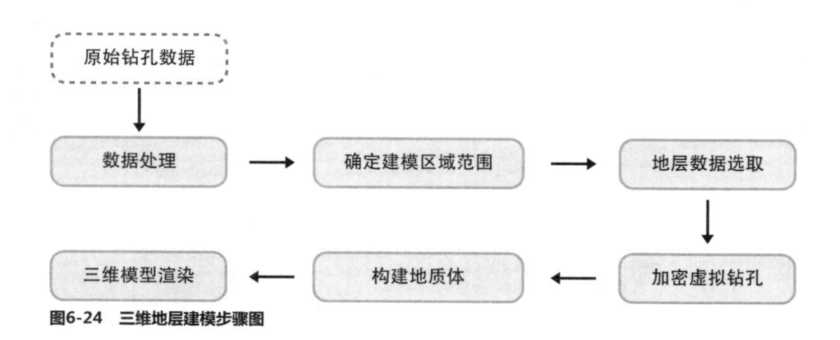

图6-24 三维地层建模步骤图

（3）地层编号调整：数据处理时，应确保各主层、亚层、次亚层编号唯一。如果某一个土层内从上至下有多层透镜体时，应分别命名（例如 11-1 土层中从上至下有 3 层 11-1t 透镜体，数据处理时应进行编号调整，从上至下调整为 11-1-1，11-1-2，11-1-3）。

确定建模区域范围　主要是为了确定三维地层模型的外边界，为后续的加密虚拟钻孔和数据结构的构建指定确定的范围。

地层数据选取　利用空间叠加分析选择待建模区域内所有的钻孔和地层数据，将地层信息按照地层编号逐层提取，确定地下数据的轮廓范围和各个地层的三维模型组织结构。当出现有缺失地层时，其周围最近距离的钻孔关联的地层结构会在二者之间尖灭，同时调整该缺失地层紧邻的上层和下层地层的结构；当出现有透镜体地层时，其关联的地层结构会在其周围最近距离的钻孔之间尖灭，同时调整该透镜体地层紧邻的上层和下层地层的结构。

加密虚拟钻孔　通常情况下，建模区域内的原始钻孔数据都是稀疏且分布不均的。针对这种空间分布特点，需要加密建立虚拟钻孔，即对钻孔数据密集的区域不添加虚拟钻孔，而对钻孔数据稀疏的区域进行加密添加虚拟钻孔。虚拟钻孔的地层信息可采用合适的插值算法（如地统计学方法中的克里金插值算法）进行插值运算。

构建地质体　在原始钻孔数据、加密虚拟钻孔和选取地层数据的基础上，选取一种网格结构（如 Delaunay 三角网）构建适宜的 TIN 数据结构，形成模拟地层空间对象的三维地质结构体。在该步骤过程中，还可通过带有高程信息的地表 DEM 数据进行约束，使三维地质体与地上三维模型贴合。

三维模型渲染　对构建好的三维地质结构体进行可视化渲染。通过地层颜色、纹理配置，统一地层标识图例等操作，形成美观、符合实际的三维地质模型（图 6-25、图 6-26）。

通过三维地质建模技术可以实现基于地理信息的地质钻孔数据的二维、三维一体化管理，能更直观地分析地质地层分层状况，为数字城市管理提供三维地质数据服务。

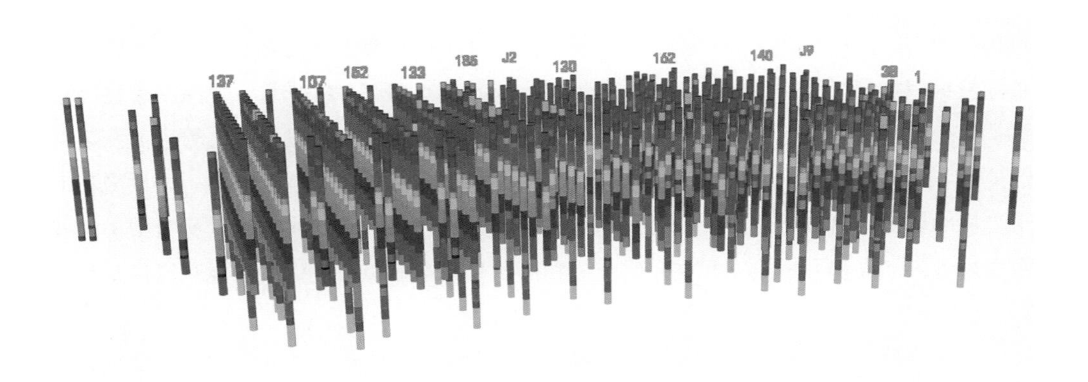

图6-25　三维钻孔模型效果

图6-26 三维地层模型效果

6.2.2 管网建模

由于城市综合管线种类繁多，广泛分布于路下、水下，为了直观地描述纵横交错、上下起伏的地下空间管网关系，更真实、立体地反映城市管网的分布状况，我们需要将管网量测数据进行三维化显示。采用先将管网量测数据建立三维模型再进行显示的方式，工作量大且不利于管网数据更新，并不是一种理想的管理方式。因此，需要采用管网参数化存储和实时自动建模技术，从管网量测数据中提取、渲染显示、应用相关的数据，进行参数化处理后入库，再构建管网分页索引进行存储。在渲染时，实时构建三维管点模型、三维管线模型和三维井室模型。

管网量测数据参数化处理入库 管网量测数据包含管点量测数据、管线量测数据和井室量测数据。将管点量测数据中的管点编码、管点几何位置信息、地面高程、特征、附属物类型、高程、埋深等数据按照一定格式和规范进行参数化处理后，入库。将管线量测数据中的起始管点编码、终止管点编码、起始管点埋深、终止管点埋深、管径等数据按照一定格式和规范进行参数化处理后入库。井室量测数据可以看作是管点量测数据的扩展，除了包含管点几何位置信息以及高程和埋深信息外，还包含对地下井设施和地上设施的详测，可以将井室设施编码与唯一管点编码保持一致。将井室量测数据中的井室设施编码、高程、形状、井盖几何位置和形状等数据按照一定格式和规范进行参数化处理后入库。

构建管网分页索引 管网分页索引包含管点索引、管线索引和井室索引三部分。构建管点索引是指在对参数化存储的管点数据构建多级网格分页索引的基础上，根据唯一管点编码找出其关联的管线信息，在多级管点分页索引中，不仅存储当前管点的几何位置信息、渲染相关的属性信息，以及和应用相关的属性信息，还存储关联管线的管径信息以及关联管点的几何位置信息、高程和埋深信息等。构建管线分页索引是指对参数化存储的管线数据构建多级网格的分页索引。由于井室类型包含圆形井室、多边形井室、组合井室，以及多内室井等多种方式，构建井室分页索引需要先根据井室设施编码合并井室设施数据，再针对参数化存储的井室数据构建多级网格分页索引。

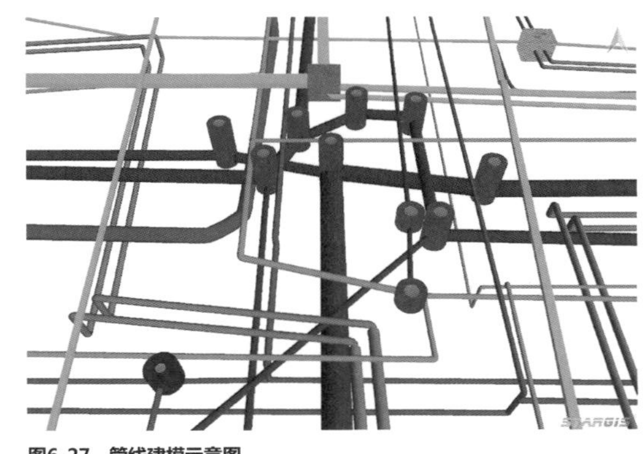

图6-27　管线建模示意图

管点、管线和井室自动建模　管点模型自动建模是读取管点分页索引，判断管点附属物类型，对含有附属物的管点，如检查井、通信手孔、通信人孔、电信排管等，自动从数据库中读取附属物模型进行渲染，若该管点含有融合管线，则需要单独创建一条管线与附属物连接渲染；对不含有附属物的管点，如双通接头、多通连接点等，获取其相邻管点信息，判断当前管点的类型，处理管点贴地高程，创建多个管段构建三维管点模型。管线模型自动建模是读取管线分页索引，根据管线起止点坐标和管径，构建三维管线模型。井室模型自动建模是指根据井室组合方式、内外壁几何位置、形状和纹理、井盖几何位置、形状和纹理，构建三维井室模型（图 6-27）。

因为管网参数化存储和实时自动建模技术没有存储实际的三维管网模型，所以入库后数据量小、维护方便、能实时联动更新，提高了对三维场景中的管网信息的访问效率，提升了地下多个不同类别的管网体系统一展示、管理和分析水平。

6.3　其他辅助建模技术

现代测绘技术的进步促进三维建模技术从人工建模逐渐向自动化和半自动化方向发展，形成诸如三维扫描建模、相片建模等多种解决方案。通过原始数据自动化构建复杂的三维模型数据逐步应用于城市雕塑、部件、室内陈设等的三维模型构建中。

6.3.1　相片建模技术

相片建模技术是指基于设备采集的物体对象照片，经过计算机的图形图像处理和三维计算，全自动生成被拍摄物体三维模型的技术。目前，在行业中已经有多款相关应用软件，例如 PhotoScan、Autodesk 123D Catch、Context Capture 等，其原理和方法大同小异。下面以 PhotoScan 为例，介绍相片建模技术的流程与方法（图 6-28）。

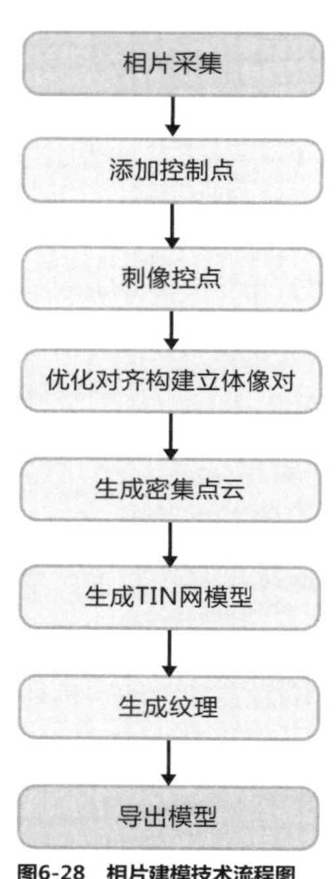

图6-28 相片建模技术流程图

相片采集 依靠计算机自动运算获得的相片建模，对于拍照有一定技术要求。首先要保证光线柔和明亮，建模对象轮廓清晰。室外拍摄优选阴天环境，避免强烈光照和反射，保证建模结果的完整性，但光线不足而导致相片不清晰，也会影响建模效果。其次，对于物体的周围环境有一定要求。如拍摄小物体时，应在物体旁边放置报纸或字条，类似于测量靶标将模型对象与周边环境进行区分，以便在构建模型时计算机可准确读取图片信息，最大程度完成特征点匹配。另外，开始拍摄后，所有拍摄范围内的物体均应保持绝对静止。

相片采集应遵循特定方法，主要以“环拍”和“高重叠”为主。相片采集前需要规划拍摄路线。按照既定的顺时针或逆时针方向围绕物体进行拍摄，可采用螺旋上升或多圈围绕的形式，将对象物体覆盖完整。采集时需要保证一定的重叠度，一般在60%～80%，上下圈围绕的重叠度在30%～60%，避免出现跳动和位移。如某些位置拍摄不完整，可补充细节相片，但避免因相片量较大而耗费模型生成的计算时间。采集过程中相机焦距光圈等参数一致，不可更换拍摄设备。相片的尺寸在2K以上，以保证相片的清晰度。

添加控制点与构建立体像对 将相片素材导入自动建模软件中，点击“工作流程”—“对齐相片”。完成相关参数设置后，软件会根据相片内特征信息自动排列相片。对齐相片时，选择精度，即根据需要选择质量级别（一般选择高即可，选择最高会导致计算过程变慢）。点击确认，软件会自动对齐照片。如需高精度的模型成果，则需完成像控

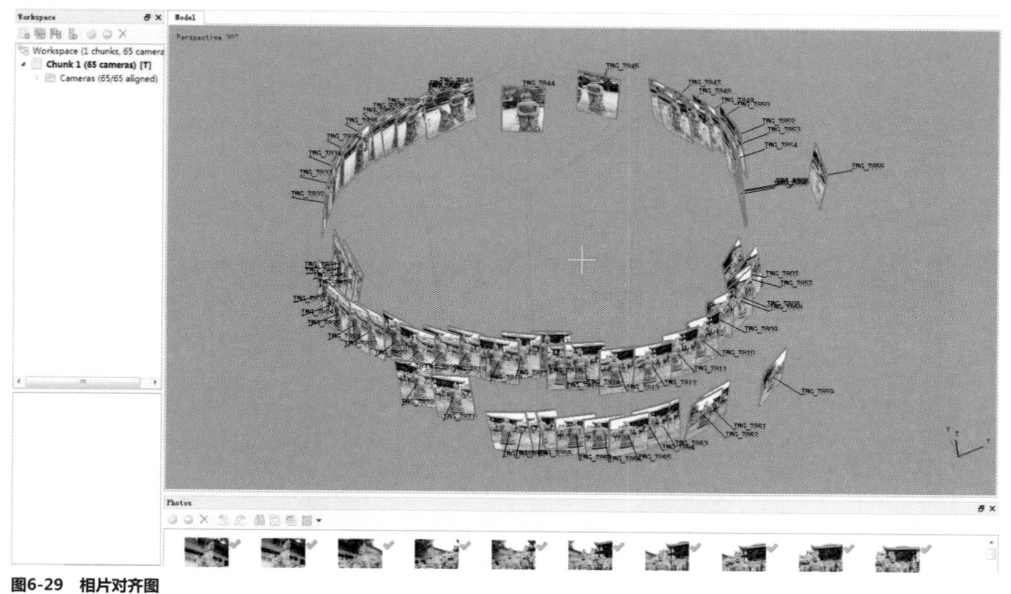

图6-29 相片对齐图

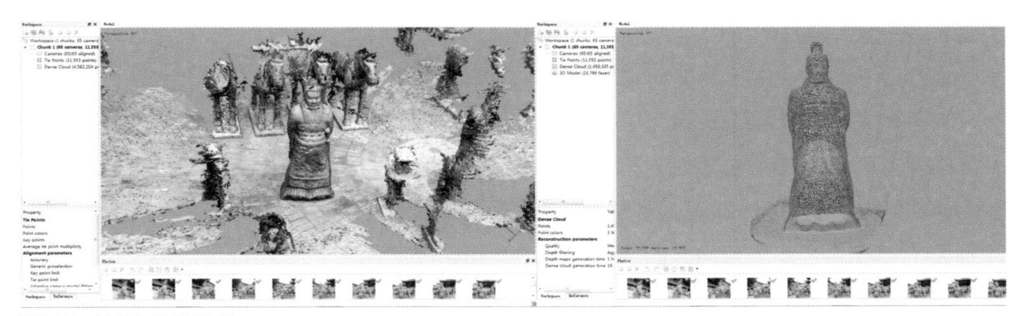

图6-30　点云与网格模型构建

图6-31　点云与网格模型构建

点设置。通过激光或其他精密仪器进行标记测量，获取相片像控点位置，然后利用软件完成设置，进一步增加立体像对的匹配精准度（图 6-29）。

生成密集点云与生成网格模型　通过软件“生成密集点云”的功能，完成相片对齐后的自动构建，并通过设置，调整点云密度。生成密集点云的计算过程时间较长，在点云构建完毕后，可选择建模的对象范围，去掉无用的点云区域。点云范围直接影响建模结果和时间。点云完成之后，应选择区域使用“生成网格模型”功能建立模型，可通过对模型网格面数的设置，来控制模型细节的表现程度，平衡好模型网格面数与模型精细度之间的关系（图 6-30）。

生成纹理　使用“生成纹理”功能获得模型的基础纹理数据。根据模型的实际情况，选择纹理的大小，建议优先选择 4096 像素边长，以保证构建模型时较好的清晰度，后期在三维平台应用时，可以通过拆分、烘焙等处理方法控制基础纹理的像素边长。模型生成纹理后会形成一张 4096 像素 ×4096 像素的纹理数据，自动实现与网格模型的 UV 对接。

导出模型　将建立好的三维模型成果处理优化后，通过导出功能输出所需要的三维模型格式。一般情况下，相片建模的模型可输出为 obj 模型和 jpg 纹理数据，导入三维建模软件（例如 3ds Max）内，经过拓扑或删减等优化处理环节后，形成适用于三维数字城市的模型成果（图 6-31）。

6.3.2 基于结构光的建模技术

一组由投影仪和摄像头组成的结构系统——用投影仪投射特定的光信息到被测物体表面及背景，由摄像头采集数据，计算机根据其采集的光信号的变化，分析、计算出被测物体的位置、深度及其三维面形数据等信息，从而实现自动化建模，复原整个三维空间，这种技术被称为“基于结构光的建模技术”。所谓“结构光”就是将光结构化，具体包括点结构光、线结构光和简单面结构光等。

技术原理 下面仅以一种应用广泛的光栅投影技术（条纹投影技术）为例来阐述其技术原理。条纹投影技术实际上属于广义上的面结构光，即通过计算机编程产生正弦条纹，将该正弦条纹通过投影设备投影至被测物，利用 CCD 相机拍摄条纹受物体调制的弯曲程度，解调该弯曲条纹得到相位，再将相位转化为全场的高度。因为系统外部参数不标定则不可能由相位计算出正确的高度信息，所以至关重要的一点就是系统的标定，包括系统几何参数的标定、CCD 相机和投影设备的内部参数标定，否则很可能产生误差或者误差耦合。

实现方法 目前，市场上基于结构光实现三维建模的相关设备和处理软件已经出现。结构光三维建模具有高效率、近距离、精细化、真实性强等特性，尤其适用于室内陈设部件的三维建模，多以手持扫描设备的形式呈现。例如现在市面上常见的 FARO Cobalt Design、MAGIC WAND 等设备，均能够在物体拍摄和扫描后，自动构建三维模型，并同时采集和获取物体对象的 RGB 信息，生成三维模型纹理，最终合成真实、精细的三维模型成果。

结构光三维建模技术能够实现扫描实时三维建模，大幅度提升小部件的三维建模效率，性价比具有优势；但是，该建模技术依然存在一些问题和弊端：结构光扫描受环境光照的影响较大，在强光环境下，一旦设备无法识别结构光返回的信号，就会出现建模问题。另外，结构光扫描对距离也有要求，设备所发出的结构光的强度有限，无法胜任采集和构建大场景三维模型的工作。

结构光在扫描期间，任何的物体运动都会使数据模糊不清，从而降低测量精度。为了实现所需的 3D 精度等级，物体运动得越快，就必须越快速地执行一个完整扫描。更快的扫描需要更快速的空间光调制器和帧捕捉速率更高的摄像头，而亮度更高的图形照明也会对快速扫描有所帮助。

由于结构光 3D 扫描仪本身的光学原理问题，结构光在扫描过程中遇到以下几种情况，会难以完成扫描任务：① 类似玻璃的透明材质的物体。因为 3D 扫描仪光栅发射的光线投影到物体表面时会直接穿透过去，使传感器接收不到光学信号。② 类似镜面或金属样的会发光或反光的物体。因为 3D 扫描仪光栅发射的光线投影到物体表面时产生镜面反射，传感器接收到的光学信号差，导致扫描数据很噪，精度低，甚至扫描不到数据。③ 类似煤炭一样亮黑色或亮深色的物体。因为 3D 扫描仪光栅发射的光线投影到物体表面时基本被黑色表面吸收了，导致传感器接收不到光学信号，扫描结果是一片空白，没有数据可以提取。④ 毛发类材质的物体。

可借助三维扫描仪专用显影剂来解决上述问题。这是一种喷雾剂，在物体表面均匀地喷上薄薄的一层，使物体表面成白色亚光面，可以有效解决黑色吸光、透明材质透光、镜面反光等问题。显影剂的颗粒非常小，对扫描数据精度和扫描物体实际尺寸的影响可忽略不计。

基于结构光构建完毕后的三维模型，应通过导出功能输出所需要的三维模型格式，一般情况下可以输出为 obj 模型和 jpg 纹理数据；然后导入三维建模软件内，经过拓扑或删减等优化处理环节，形成适用于三维数字城市的模型成果。

第7章 三维数字城市数据处理与组织

城市级海量的三维数字模型在构建和精细化处理完成后，为了实现在软件平台中的高效漫游浏览和应用，需要制订一套完整、高效的模型数据分级分块的组织管理原则，以及对城市三维数字模型 LOD（Levels of Detail）的简化处理方法。

7.1 三维数字城市模型的建模总体要求

三维模型成果在构建和制作过程中，需要对模型的几何结构、纹理材质、空间坐标系、数据格式等进行严格的把控，以保证三维模型在系统平台中的流畅运行和真实显示。本节将分为“几何结构要求”“纹理材质要求”“其他要求”三部分进行详细阐述。

7.1.1 几何结构要求

三维模型几何结构指构成三维模型的点、线、面。对于点、线的分布和运用直接影响三维模型的面数，进而影响计算机在绘图显示过程中的运算量，影响三维模型的绘制和加载速度。同理，在城市级的三维模型运行时，计算机实时绘制大量的三维模型，模型三角面数的多少直接影响着模型的加载、调度速度和效率 ，因此，需要有效控制建模过程中的几何面数和点、线的分布。

（1）模型的点、线、面不得出现冗余。三维模型的几何结构应保证精简，每一个点、线、面都应以表现物体对象结构为目标。三维数字城市模型应以多边形存在，构成四边面所组成的点只能存在顶点，多边形布线应为顶点的外轮廓连线，每条线必须为支撑模型结构轮廓而存在。在三维模型中，那些能够去掉且模型结构不会发生因之发生改变的点或线，被称为“冗余点”或“冗余线”。通常，冗余点大多是存在一条直线上的游离点，不能承担顶点的作用，而冗余线则是指在一个平面内不能支撑结构轮廓的模型线（图 7-1）。以冗余点和线构成的面被称为“冗余面”。因三者在建模中的无效性和对效率的拖累，应避免产生。

（2）删除无用模型面。无用的模型面是指模型不可见面，例如在建筑轮廓底下与地面贴合的不可见面，或者是模型角檐与建筑本体贴合的不可见面等，此类模型面需要删除以节省模型的数据量（图 7-2）。

（3）单一对象中同一坐标位置的顶点应唯一，即保证模型统一对象中的相同坐标的点，只能存在一个，目的是避免模型中出现点未焊接的情况，而导致模型面与面之间出现缝隙。在建模软件内，此问题不易被发现，一旦模型经过转换和偏移后，在三维平台中，缝隙就极易显示出来了（图 7-3）。

（4）模型面不出现破、漏、褶皱等显示不正常情况。在模型制作过程中，容易出现丢漏、褶皱、破损的情况，导致模型显示不正常，例如直接导致缺少建筑立面，缺少地形道路元素等情况，严重的还会出现黑面、闪面等情况。

（5）同法线面间距不得小于 0.05m。法线决定三维模型的面接受光照和进行显示的方向，每个面具有唯一的法线，模型一般是呈单片显示。当模型的两个面距离过小（小

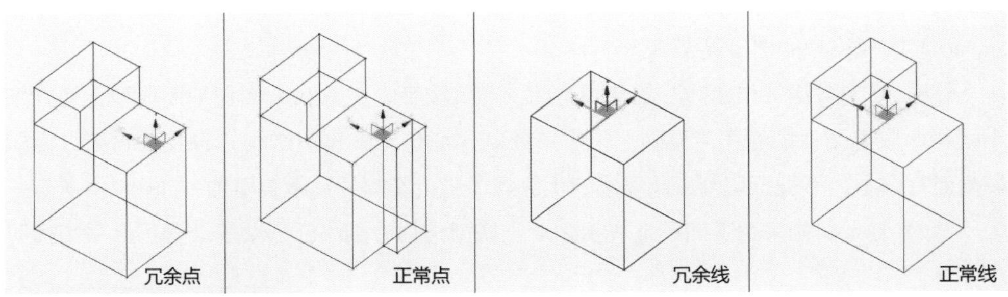

图7-1 模型中冗余点和冗余线示意图

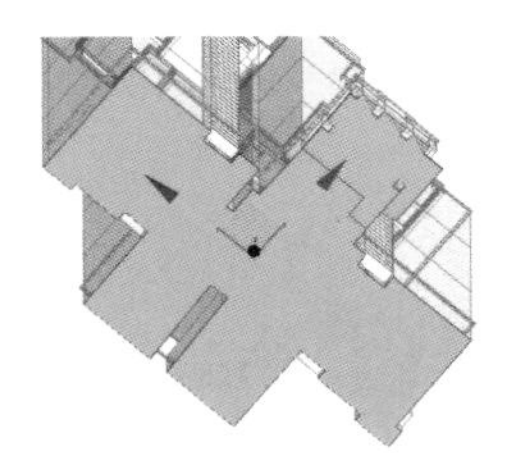

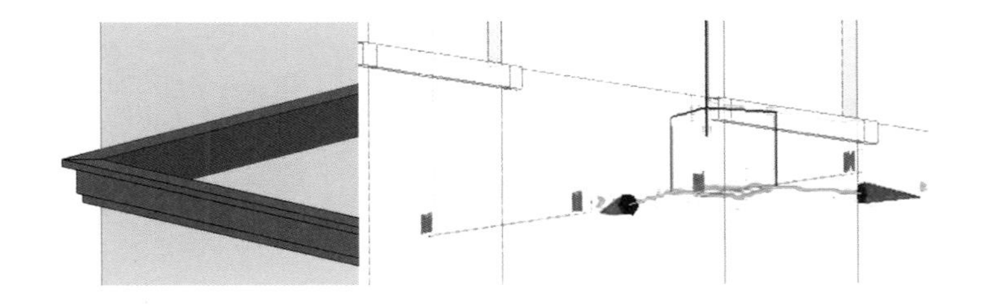

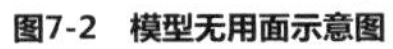

图7-2 模型无用面示意图

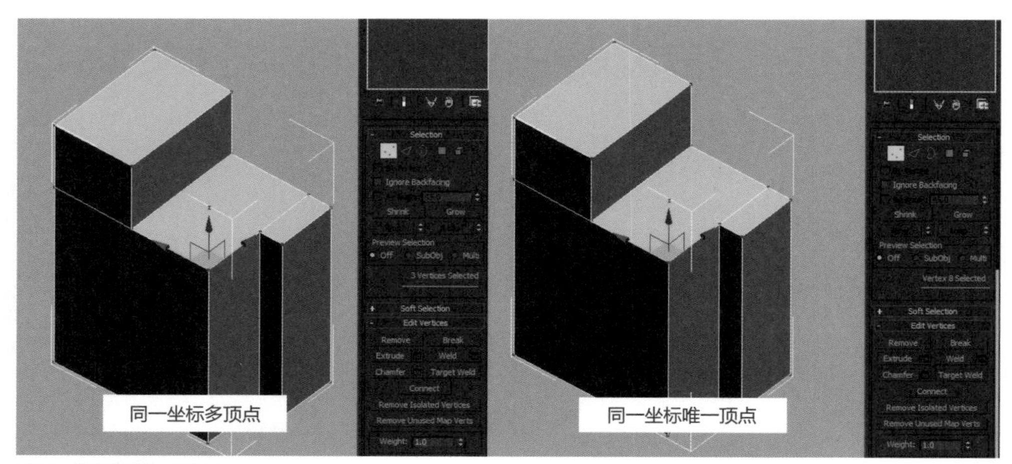

图7-3　模型顶点唯一示意图

于 0.05m），且法线方向相同时，在三维平台中会出现两面交替显示的现象，就是俗称的“闪面”现象，造成显示问题。如是法线相反的重合面，则不会出现此类情况。

（6）模型结构不得出现穿插。三维模型的结构穿插问题分为两类：一类是指模型本身结构的穿插造成的显示问题，如模型结构面有穿插，模型在经过格式转换和偏移之后，则会出现交接处的闪烁，虽然一般可以通过修改矩阵来解决此类问题，但应尽可能避免。另一类是模型的要素穿插，例如树木的模型结构穿插到房屋内或建筑的模型结构穿插到地面以下等，导致出现不合理的显示。

（7）模型弧度结构避免布线过密。为保证三维模型的结构最简，尤其应注意模型弧度结构的布线。制作过程中，容易因追求模型的过度圆滑而造成布线过密，直接导致数据量过大。以柱子模型为例，不可见 *y* 顶面的圆柱形结构采用 6 段，可见顶面的采用 8 段来表现，最大柱形结构不可超过 12 段来表现，之后，使用光滑组命令（Auto Smooth）实现模型的圆滑显示（图 7-4）。

（8）模型采用“搭建式”的建模方法。三维模型，尤其在大面积平面模型上建立细小结构，应遵循“搭建式”原则。采用单独制作细小对象模型结构，将其放置在大面积模型面片以上，不进行切割。此要求的优势在于避免切割导致面数增加，如图 7-5 所示。

（9）复杂结构采用透明纹理表示。对于模型结构中细小、复杂的结构可以采用透明

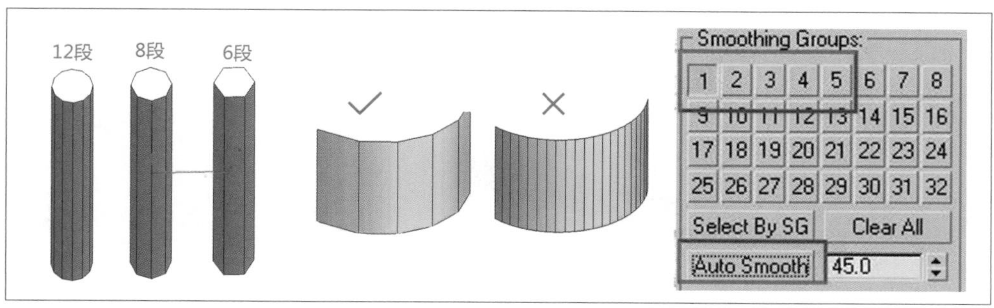

图7-4　模型圆弧标准示意图

图7-5　模型搭建示意图

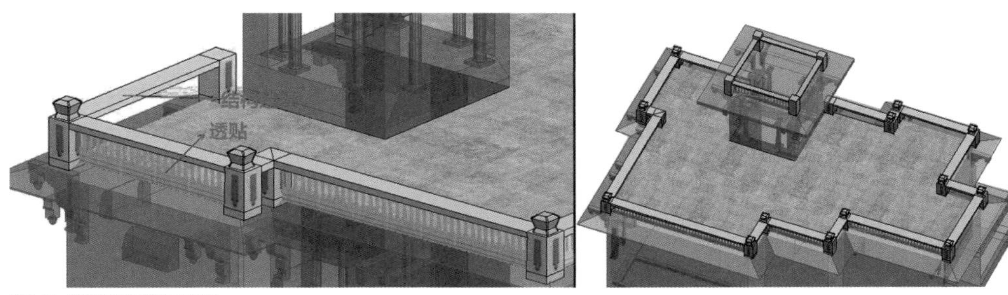

图7-6　模型透贴建模示意图

纹理与模型结合的表达方式，在有效降低模型数据量的同时，对于显示效果并无较大影响。例如建筑物阳台上的栏杆、古建筑的脚兽、围栏等，都可采用此方法节省模型面数，以加速模型的显示（图 7-6）。

（10）场景中不得出现“空物体”。所谓“空物体”指的是只有模型坐标信息，但无实质性的面或体的模型结构，一般以点或空节点的方式存在。由于空物体会导致模型数据在处理过程中出现报错、卡死等问题，在三维模型场景中应及时清除。

7.1.2　纹理材质要求

纹理尺寸要求　三维模型的纹理长宽尺寸以像素为单位，须满足 2 的 N 次幂要求，主要是为了保证与显卡的最简计算方式一致，加快纹理的加载速度。常使用的尺寸有 64 像素、128 像素、256 像素、512 像素等。图 7-7 的制作纹理尺寸为 512 像素 ×512 像素。

图7-7　纹理尺寸示意图

为保证三维平台在加载模型纹理时对数据量的控制，建议纹理边长的最小尺寸不低于 32 像素，最大尺寸不超过 1024 像素，并且为避免显示的纹理出现拉伸情况，纹理的长度比差异不宜过大。

纹理格式要求 纹理的格式需要满足三维平台的固定要求，一般分为基础纹理、透明纹理和烘焙纹理三类。基础纹理格式以 jpg 为常见，个别对于显示压缩有要求的可采用 tiff 或 bmp 格式；透明纹理以 png 格式最为常见，一般情况下通道采用 8 位即可；烘焙纹理在 3ds Max 软件内是指光影纹理，格式通常采用 tga，通道采用 32 位。

纹理处理要求 ① 不得出现角度扭曲变形情况。三维模型的纹理数据主要来源于现状相片数据，在采集和拍摄过程中，容易会出现角度问题，导致在制作纹理时，极易出现纹理内容扭曲、比例失调、视觉角度偏差等现象，应通过图片处理工具及时进行矫正。② 不得出现杂物遮挡情况。如果纹理对象中出现遮挡物，例如车、人、树、投影、电线，以及其他杂物等对纹理的表达对象造成遮挡时，需要对其进行修饰或去掉遮挡物，保证纹理数据的干净、整洁。具体的修饰方法包括遮挡区周边拟合、同元素替换、多相片合成等方式。③ 不得出现曝光、偏色等情况。对于局部曝光过度的情况，应处理掉曝光点，避免三维模型出现不合理的光照效果。如果纹理数据存在偏色等情况，需要对进行校色和调整，还原纹理对象真实的质感和色泽（图 7-8）。

三维模型的纹理来源以现状采集的相片为主，因此，对纹理数据的各式调整与处理，通常使用 Photoshop 软件。

纹理共享要求 在同一三维场景中，内容完全相同且不同模型的纹理需要共享一张纹理，不得出现多张重复纹理的情况。对于细微差别的纹理，需要针对差别位置进行单元化建模，保证在最大程度上使用相同纹理。对于细小琐碎且不重复 UV 的纹理，需要进行拼合处理，例如广告牌纹理、屋顶纹理等，拼合效果如图 7-9 所示。

材质使用要求 三维模型的基础纹理应贴附到漫反射通道（diffuse color），且 UV 通道为 1。三维模型材质类型只能为标准材质、多维子材质、壳材质（烘焙后模型），不得出现重复材质球和空材质球的情况。禁止调整材质球的高光颜色，保持灰色。材质纹理在使用时禁止使用材质球内 view image 工具进行裁切改变贴图的显示区域。

图7-8 纹理曝光处理示意图

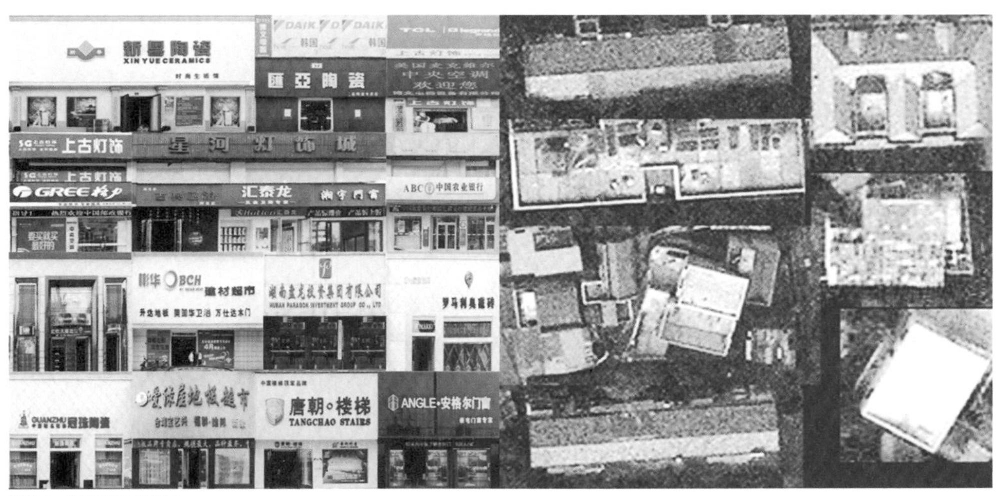

图7-9　纹理共享示意图

7.1.3　其他要求

除上述要求外，三维模型数据还应注意其他方面的要求，包括设定坐标系、设置单位和成果格式等。三维建模应采用平面直角坐标系，例如国家 2000 坐标系、西安 80 坐标系，或当地的独立直角坐标系等，保证场景内坐标系的统一。三维模型在制作过程中应以“m”为基础制作单位。三维模型成果格式应根据三维平台的要求进行转换，公开格式为 osg、fbx、3ds、obj 等。

7.2　三维数字城市模型的组织结构要求

所谓“组织结构”即指对海量单体化三维模型进行规范化管理，便于模型的查找、调取、更新与维护。三维模型组织结构的实现方法包括分级、分区、分类，以及按照一定原则赋予每个模型唯一身份编码。三维数字城市模型的组织结构要求在本节将分为“命名方法与要求”“地理模型要素分类与编码”“建模区域的级别划分与建模要求”三部分进行详述。

本书中所述三维模型分区、分级、分类与编码规则是在充分借鉴了国家及地理信息行业三维模型规范标准基础上，并与多年项目实践经验结合后的自定义组织结构。读者可根据本节所述方法快速建立起三维模型的组织结构框架，可针对项目实际应用需求进行增减与改进，实现三维模型数据的规范管理。

7.2.1 命名方法与要求

三维模型命名的目的在于赋予每个模型唯一的身份标识（ID），这对于三维模型数据的查找、更新、管理和应用具有重要的意义。

命名原则 三维模型的命名应遵循以下基本原则：模型命名应具有可扩展性，以满足增量模型的命名需求；所有模型及纹理命名应保证唯一，因为一旦发生重复现象，会导致三维模型应用时纹理显示异常或模型属性显示异常；保证模型文件与纹理名称对应和关联，以有利于三维模型的成果管理；保证命名准确、合理、简明，过长和过于复杂的模型命名会导致显示字段过长（个别三维平台对于对象和纹理的命名长度会有具体要求）；名称可用字母、数字和下划线等组合表示，一般情况下，禁止使用中文字符。

此外，模型和纹理允许使用公共库，对于公用模型的纹理命名不能随意更改，以保证纹理的共享，节省数据量。

命名方法 三维模型的命名结构可分为模型文件、模型图层、模型对象、模型纹理四个部分。模型名称的组成成分包括：建模地区代码、建模分区编号、建模分块编号、模型分类代码缩写、分类编码、顺序号。

（1）模型文件命名。城市级的三维模型文件数据量可达百 GB 以上，图面表达的城市覆盖面积范围超过百平方千米，无法通过 3ds Max 软件直接打开，因此应对其进行分割存储和按照分区分块的方式进行管理，以方便文件的日常使用、调取和维护。

为了模型文件管理的扩展，模型文件名包括建模地区代码、建模分区编号、建模分块编号三部分（图 7-10）。建模地区代码以《中华人民共和国行政区划代码》为准，不超过 6 位，如模型成果仅为单一地区所有，则地区代码可省略或以最上层管理文件夹命名；建模分区编号以地区的标准图幅编号为准，也可以自行进行编号，以字母、数字、下划线组成，不超过 8 位；建模分块编号是以模型文件的面积进行划分的，一般每块不超过 $0.2km^2$，划分原则是尽量以实际地块范围为基本组成单位，以序号排列。例如天津市的三维建模成果可命名为 14000-200-100-15-01，其中 14000 为天津市的地区代码，200-100-15 为建模地区标准 1 ： 2000 图幅编号，01 为建模分块编号；或命名为 14000-ab-01，其中 ab 为建模分区编号，01 为建模分块编号。该命名方法能够支撑大多数城市级三维数字模型的成果管理；但是，如果要实现地球级管理，还需要增加建模地区的代码层级。

（2）模型图层命名。在模型文件名的基础上，加上模型分类代码缩写就是模型图层名（图 7-11，三维数字城市模型分类详见 7.2.2）。例如建筑要素三维模型命名为 200-

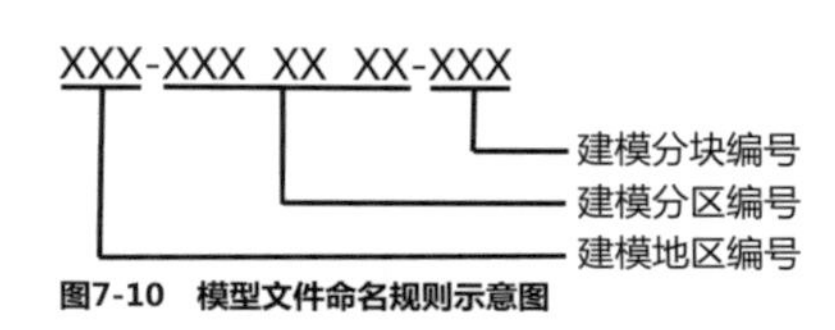

图7-10 模型文件命名规则示意图

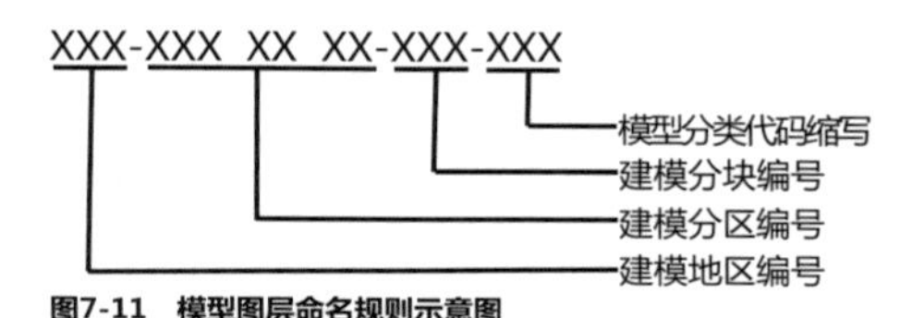

图7-11 模型图层命名规则示意图

100-15-01-bui（省略了建模地区代码），交通要素三维模型命名为 200-100-15-01-tra（示例省略建模地区代码）。

（3）模型对象命名。对模型文件内的三维模型对象进行分割时，需要保证模型结构的完整性，例如在建筑模型中，要保证每一栋建筑或每一个建筑单元为单一且完整的模型对象。对于模型对象的命名是保证每个要素模型具备唯一身份的重要环节，不能重复。模型对象命名是在模型图层名的基础上，加上分类代码（模型分类代码详见 7.2.2）和顺序号，即建模地区代码 - 建模分区编号 - 建模分块 - 模型类别代码缩写 - 分类代码 - 顺序号。顺序号不设位数限制。例如建筑三维模型对象可命名为 200-100-15-03-bui-01-001，200-100-15-03-bui-01-002，…（示例省略建模地区代码）。

（4）模型纹理命名。在模型文件命名的基础上，加上贴图顺序号，就可进行模型纹理的命名。根据纹理的数量确定模型分块内的顺序号位数，一般情况下 4 位即可满足要求，不足以 0 补充，并要保证同一模型纹理命名的唯一性。为节省和共享纹理数据，同一纹理可应用于多个模型对象，但不同格式的纹理命名不能相同。例如模型纹理的命名为 200-100-15-01-0001（示例省略建模地区代码）。

7.2.2　地理模型要素的分类与编码

要素模型主类编码　三维数字城市模型可按照地理要素进行划分和定义，包括主类、次类和细类。地理模型要素可分 7 个主类：建筑要素模型、场地要素模型、交通要素模型、水系要素模型、植被要素模型、城市部件要素模型、地下空间要素模型。每个主类要素模型以模型名的英文缩写作为其分类代码，不超过 3 个字符。主类编码 2 位，不足以 0 补充，详见表 7-1。

表7-1　模型分类代码

序号	要素模型类别	分类代码	缩写	编码
1	建筑要素模型	building	bui	01
2	场地模型	ground	gro	02
3	交通要素模型	traffic	tra	03
4	水系要素模型	water	wat	04
5	植被要素模型	tree	tre	05
6	城市部件要素模型	cityfacility	cit	06
7	地下空间要素模型	underground	und	07

要素模型次类编码　三维地理要素模型在主类的基础上进行细分后，形成次类，主要是以模型分类使用需求为主。一般情况下，按照要素模型的类别、用途或空间结构进

行划分，需要满足对应的属性关联需求。次类编码形式为主类编码 + 次类编码，次类编码为 3 位，详见表 7-2—表 7-8。

表7-2 建筑要素三维模型分类编码

要素分类	细类	编码
建筑要素模型	普通住宅	01001
	公寓	01002
	别墅	01003
	宿舍	01004
	棚房	01005
	行政办公楼	01006
	文教卫生建筑	01007
	商业建筑	01008
	交通建筑	01009
	风景园林建筑	01010
	生产厂房	01011
	仓储建筑	01012
	生产辅助厂房	01013
	活力用厂房	01014
	运输用建筑	01015
	农业建筑	01016

表7-3 场地要素模型分类编码

要素分类	细类	编码
场地要素模型	路基	02001
	绿篱	02002
	草地	02003
	路面交通标线	02004
	人行道	02005
	盲道	02006
	公交站台	02007
	列车站台	02008
	高于地面的露台	02009
	下沉式广场	02010
	露天体育场	02011
	露天游泳池	02012
	人工水池	02013
	施工地	02014
	空地	02015
	内部道路	02016
	地下通道出入口	02017
	地下车库出入口	02018

表7-4　交通要素模型分类编码

要素分类	细类	编码
交通要素模型	交通信号灯	03001
	大型景观灯	03002
	装饰照明灯	03003
	道路照明灯	03004
	交通标志牌	03005
	路名牌	03006
	导览指示牌	03007
	道路信息显示屏	03008
	公交站牌	03009
	地面道路	03010
	路肩	03011
	道路隔离带	03012
	道路声屏障	03013
	环岛	03014
	公路、铁路隧道	03015
	铁轨	03016
	高架路	03017
	立交桥	03018
	车行桥	03019
	人行桥	03020
	过街天桥	03021

表7-5　水系要素模型分类编码

要素分类	细类	编码
水系要素模型	水面	04001
	河床	04002
	码头	04003
	停泊场	04004
	防洪墙(堤)	04005
	河堤	04006
	护栏	04007
	滩涂	04008
	明礁	04009
	水闸	04010
	滚水坝	04011
	拦水坝	04012
	防波堤	04013
	亲水平台	04014
	亲水台阶	04015

表7-6　植被要素模型分类编码

要素分类	细类	编码
植被要素模型	古树名木	05001
	行道树	05002
	带状绿化树	05003
	树林	05004
	苗圃	05005
	灌木	05006
	护树设施	05007
	花架花钵	05008
	绿地护栏	05009
	花圃(坛)	05010

表7-7　城市部件要素模型分类编码

要素分类	细类	编码
城市部件要素模型	围墙	06001
	城墙	06002
	栅栏栏杆	06003
	地上停车场	06004
	收费站	06005
	加油站	06006
	自行车棚	06007
	消防栓	06008
	变电室（箱）	06009
	广告牌匾	06010
	宣传栏	06011
	告示板	06012
	大型计时装置	06013
	电子信息查询器	06014
	电话亭	06015
	邮箱	06016
	休闲座椅	06017
	路亭	06018
	步廊	06019
	遮阳伞	06020
	售货亭	06021
	治安岗亭	06022
	报刊亭	06023
	信息亭	06024
	自动售货机	06025
	快餐点	06026
	问询处	06027
	大型健身设施	06028
	大型游乐设施	06029
	公共厕所	06030
	垃圾桶	06031
	饮水及清洗台	06032
	大型雕塑	06033
	普通雕塑	06034
	壁饰	06035
	假山石	06036
	人工瀑布	06037
	喷泉	06038

表7-8　地下空间要素模型分类编码

要素分类	细类	编码
地下空间要素模型	地下建筑空间	07001
	地下建筑物的地表出入口	07002
	地下建筑物的天窗	07003
	地下交通设施	07004
	过街地道	07005
	地铁轨道	07006
	地铁站台	07007

要素模型细类编码　地理要素模型的细类需要在次类的基础上进行细化和分类，以满足次类要素模型的精细化管理需求。例如普通住宅建筑可以按照其组成构件进行再细化分类，包括屋顶、墙体、窗、门、装饰结构、附属结构等；也可以按照建筑工程涉及的相关专业进行细化分类，包括建筑、结构、排水、暖通、电气等。由于细类划分需要依据实际情况而定，在此不做详细介绍。模型细类编码形式为主类编码 + 次类编码 + 细类编码，其中细类编码不得超过 4 位，空位以 0 补齐。

7.2.3　建模区域的级别划分与建模要求

模型区域分级　三维数字城市模型可通过对城市区域级别的划分，控制其制作的精细程度，以实现三维模型数据量的合理使用。城市地理要素所在的区域按照城市管理的重要性可划分为 Ⅰ、Ⅱ、Ⅲ、Ⅳ四个等级。

Ⅰ级区包括：政治、经济、文体、交通、旅游等方面的地标（标志）性中心区域、中心商务区（CBD）和特定区域。Ⅱ级区包括：除Ⅰ级以外的政治、经济、文体、交通、旅游等中心区域，高档住宅、公寓区和特定区域。Ⅲ级区包括：除Ⅰ级和Ⅱ级以外的政治、经济、文体、交通、旅游等中心区域，普通住宅区和特定区域。Ⅳ级区包括：城中村、棚户区、工厂厂房区、远郊、农村地区，以及特定区域。

三维模型精细度要求　针对不同级别的区域，三维模型的制作精细度也不一样，按照其表现方法可分为：细节建模、主体建模、符号表现三类。

细节建模，即对地理要素的主体结构、细部结构进行精细几何建模表现。外立面纹理采用精确反映物体色调、饱和度、明暗度等特征的图像。主体建模，即仅对地理要素的基本轮廓和外结构进行几何建模表现，植被、栏杆等模型仅用单面片、十字面片或多面片的方式表示。外立面采用能基本反映地物色调、细节特征的影像。符号表现，即用三维模型符号库中预先制作的符号模型来表现地理要素，该模型符号仅有位置、姿态、尺度等信息，比例可以随要求而改变。各类模型的精细度要求详见表 7-9—表 7-16。

表7-9 建筑要素模型精细度要求

内容	Ⅰ级	Ⅱ级	Ⅲ级	Ⅳ级
屋顶	细节建模表现	细节建模表现	主体建模表现	主体建模表现
楼体	细节建模表现	细节建模表现	主体建模表现	主体建模表现
底商	细节建模表现	细节建模表现	主体建模表现	主体建模表现
女儿墙	细节建模表现	主体建模表现	主体建模表现	主体建模表现
开放阳台	细节建模表现	细节建模表现	主体建模表现	不表现
屋顶重要装饰	细节建模表现	细节建模表现	主体建模表现	不表现
下穿结构	细节建模表现	细节建模表现	主体建模表现	主体建模表现
门廊	细节建模表现	主体建模表现	主体建模表现	主体建模表现
屋檐	大于0.2m的结构细节建模表现	大于0.3m的结构细节建模表现	大于0.5m的结构细节建模表现	主体建模表现
吻兽	主体建模表现	主体建模表现	符号表现	不表现
雀替	主体建模表现	主体建模表现	符号表现	不表现
檐廊	细节建模表现	主体建模表现	主体建模表现	不表现
大型台阶	细节建模表现	主体建模表现	主体建模表现	主体建模表现
普通台阶	细节建模表现	主体建模表现	主体建模表现	不表现
室外楼梯	细节建模表现	细节建模表现	主体建模表现	主体建模表现
支柱(墩)	细节建模表现	细节建模表现	主体建模表现	主体建模表现
立面突出物或重要装饰	大于0.2m的结构细节建模表现	大于0.3m的结构细节建模表现	大于0.5m的结构细节建模表现	主体建模表现
悬空通廊	细节建模表现	主体建模表现	主体建模表现	主体建模表现
天窗(老虎窗)	细节建模表现	细节建模表现	主体建模表现	不表现
水箱	细节建模表现	主体建模表现	符号表现	符号表现或不表现
发射塔	主体建模表现	符号表现	符号表现	不表现
单位碑铭	细节建模表现	主体建模表现	符号表现	不表现
门口装饰物	细节建模表现	细节建模表现	符号表现	不表现
烟囱	主体建模表现	主体建模表现	符号表现	不表现
旗杆	主体建模表现	主体建模表现	符号表现	不表现
一般出入口	细节建模表现	主体建模表现	主体建模表现	主体建模表现

表7-10 场地要素模型精细度要求

内容	Ⅰ级	Ⅱ级	Ⅲ级	Ⅳ级
路基	主体建模表现	主体建模表现	主体建模表现	不表现
绿篱	主体建模表现	主体建模表现	符号表现	不表现
草地	主体建模表现	主体建模表现	主体建模表现	主体建模表现
路面交通标线	细节建模表现	主体建模表现	不表现	不表现
人行道	细节建模表现	主体建模表现	主体建模表现	符号表现
盲道	符号表现	符号表现	不表现	不表现
公交站台	细节建模表现	符号表现	主体建模表现	不表现
列车站台	细节建模表现	主体建模表现	主体建模表现	主体建模表现
高于地面的露台	细节建模表现	主体建模表现	主体建模表现	不表现
下沉式广场	细节建模表现	主体建模表现	主体建模表现	主体建模表现
露天体育场	细节建模表现	主体建模表现	主体建模表现	不表现
露天游泳池	细节建模表现	主体建模表现	不表现	不表现
人工水池	主体建模表现	主体建模表现	主体建模表现	不表现
施工地	主体建模表现	主体建模表现	主体建模表现	不表现
空地	主体建模表现	主体建模表现	主体建模表现	主体建模表现
内部道路	细节建模表现	主体建模表现	符号表现	符号表现
地下通道出入口	细节建模表现	主体建模表现	主体建模表现	不表现
地下车库出入口	细节建模表现	主体建模表现	符号表现	符号表现

表7-11　交通要素模型精细度要求

内容	I级	II级	III级	IV级
交通信号灯	主体建模表现	主体建模表现	符号表现	符号表现
大型景观灯	细节建模表现	主体建模表现	符号表现	不表现
装饰照明灯	细节建模表现	符号表现	不表现	不表现
道路照明灯	细节建模表现	主体建模表现	符号表现	符号表现
交通标志牌	细节建模表现	主体建模表现	符号表现	不表现
路名牌	主体建模表现	主体建模表现	主体建模表现	主体建模表现
导览指示牌	细节建模表现	主体建模表现	不表现	不表现
道路信息显示屏	主体建模表现	主体建模表现	不表现	不表现
公交站牌	细节建模表现	主体建模表现	不表现	不表现
地面道路	细节建模表现	主体建模表现	主体建模表现	主体建模表现
路肩	主体建模表现	主体建模表现	不表现	不表现
道路隔离带	细节建模表现	主体建模表现	主体建模表现	不表现
道路声屏障	主体建模表现	主体建模表现	不表现	不表现
环岛	细节建模表现	主体建模表现	主体建模表现	主体建模表现
公路、铁路隧道	细节建模表现	主体建模表现	主体建模表现	主体建模表现
铁轨	主体建模表现	主体建模表现	主体建模表现	主体建模表现
高架路	细节建模表现	细节建模表现	主体建模表现	符号表现
立交桥	细节建模表现	细节建模表现	主体建模表现	符号表现
车行桥	细节建模表现	细节建模表现	主体建模表现	符号表现
人行桥	细节建模表现	主体建模表现	符号表现	符号表现
过街天桥	细节建模表现	主体建模表现	符号表现	符号表现

表7-12　水系要素模型精细度要求

内容	I级	II级	III级	IV级
水面	主体建模表现	主体建模表现	主体建模表现	主体建模表现
河床	主体建模表现	主体建模表现	主体建模表现	主体建模表现
码头	细节建模表现	主体建模表现	主体建模表现	主体建模表现
停泊场	主体建模表现	主体建模表现	主体建模表现	不表现
防洪墙(堤)	细节建模表现	主体建模表现	主体建模表现	不表现
河堤	主体建模表现	主体建模表现	主体建模表现	主体建模表现
护栏	细节建模表现	主体建模表现	符号表现	不表现
滩涂	主体建模表现	主体建模表现	不表现	不表现
明礁	主体建模表现	符号表现	不表现	不表现
水闸	细节建模表现	主体建模表现	符号表现	符号表现
滚水坝	细节建模表现	主体建模表现	主体建模表现	符号表现
拦水坝	细节建模表现	主体建模表现	主体建模表现	符号表现
防波堤	主体建模表现	主体建模表现	主体建模表现	不表现
亲水平台	主体建模表现	主体建模表现	不表现	不表现
亲水台阶	细节建模表现	主体建模表现	不表现	不表现

表7-13　植被要素模型精细度要求

内容	Ⅰ级	Ⅱ级	Ⅲ级	Ⅳ级
古树名木	细节建模表现	主体建模表现	符号表现	符号表现
行道树	主体建模表现	符号表现	符号表现	符号表现
带状绿化树	主体建模表现	符号表现	符号表现	符号表现
树林	符号表现	符号表现	符号表现	符号表现
苗圃	主体建模表现	符号表现	符号表现	不表现
灌木	主体建模表现	主体建模表现	符号表现	不表现
护树设施	主体建模表现	不表现	不表现	不表现
花架花钵	主体建模表现	符号表现	不表现	不表现
绿地护栏	主体建模表现	符号表现	不表现	不表现
花圃(坛)	细节建模表现	主体建模表现	主体建模表现	不表现

表7-14　城市部件要素模型精细度要求

内容	Ⅰ级	Ⅱ级	Ⅲ级	Ⅳ级
围墙	细节建模表现	主体建模表现	符号建模	不表现
城墙	细节建模表现	主体建模表现	主体建模表现	符号建模
栅栏栏杆	主体建模表现	主体建模表现	符号建模	符号建模
地上停车场	主体建模表现	主体建模表现	不表现	不表现
收费站	细节建模表现	符号表现	符号表现	不表现
加油站	细节建模表现	主体建模表现	符号表现	不表现
自行车棚	符号表现	符号表现	不表现	不表现
消防栓	符号表现	不表现	不表现	不表现
变电室（箱）	主体建模表现	符号表现	不表现	不表现
广告牌匾	主体建模表现	符号表现	不表现	不表现
宣传栏	主体建模表现	符号表现	不表现	不表现
告示板	主体建模表现	不表现	不表现	不表现
大型计时装置	主体建模表现	符号表现	不表现	不表现
电子信息查询器	符号表现	不表现	不表现	不表现
电话亭	主体建模表现	符号表现	不表现	不表现
邮箱	主体建模表现	符号表现	不表现	不表现
休闲座椅	主体建模表现	符号表现	不表现	不表现
路亭	主体建模表现	符号表现	符号表现	不表现
步廊	细节建模表现	主体建模表现	主体建模表现	符号表现
遮阳伞	符号表现	符号表现	不表现	不表现
售货亭	细节建模表现	主体建模表现	符号表现	符号表现
治安岗亭	细节建模表现	主体建模表现	符号表现	符号表现
报刊亭	细节建模表现	主体建模表现	符号表现	符号表现
信息亭	细节建模表现	主体建模表现	符号表现	符号表现
自动售货机	符号表现	符号表现	不表现	不表现
快餐点	主体建模表现	符号表现	符号表现	不表现
问询处	细节建模表现	主体建模表现	符号表现	符号表现
大型健身设施	细节建模表现	符号表现	不表现	不表现
大型游乐设施	细节建模表现	符号表现	不表现	不表现
公共厕所	主体建模表现	符号表现	符号表现	不表现
垃圾桶	主体建模表现	符号表现	不表现	不表现
烟灰器	符号表现	不表现	不表现	不表现
饮水及清洗台	符号表现	不表现	不表现	不表现
大型雕塑	细节建模表现	符号表现	符号表现	不表现
普通雕塑	细节建模表现	符号表现	不表现	不表现
壁饰	主体建模表现	主体建模表现	不表现	不表现
假山石	细节建模表现	符号表现	不表现	不表现
人工瀑布	细节建模表现	主体建模表现	不表现	不表现
喷泉	细节建模表现	主体建模表现	不表现	不表现

表7-15　地下空间要素模型精细度要求

内容	Ⅰ级	Ⅱ级	Ⅲ级	Ⅳ级
地下建筑空间	细节建模表现	主体建模表现	主体建模表现	不表现
地下建筑物的地表出入口	细节建模表现	主体建模表现	主体建模表现	不表现
地下建筑物的天窗	主体建模表现	符号表现	不表现	不表现
地下交通设施	细节建模表现	主体建模表现	主体建模表现	不表现
过街地道	细节建模表现	主体建模表现	主体建模表现	不表现
地铁轨道	细节建模表现	主体建模表现	主体建模表现	不表现
地铁站台	细节建模表现	主体建模表现	主体建模表现	不表现

表7-16　三维模型纹理精细度要求

类型		Ⅰ级	Ⅱ级	Ⅲ级	Ⅳ级
纹理描述		精细修饰真实纹理	修饰真实纹理	不修饰真实纹理	示意纹理
纹理内容	纹理来源	现状照片	现状照片	现状照片	现状照片
	遮挡物	处理遮挡	处理遮挡	处理遮挡	处理遮挡
	透视变形	需要处理	需要处理	适当处理	适当处理
	纹理接缝	需要处理	需要处理	适当处理	不处理
	纹理眩光	需要处理	需要处理	适当处理	不处理
	纹理材质	准确表达	仿真表达	不表达	不表达
保持地理要素原有外观的完整性、美观性、统一性（建筑类不考虑因个人原因改装、随意搭建、封闭阳台而对建筑物造成的不统一），模型观感与原物保持一致。					

三维模型分级建模要求　建筑要素模型分级建模要求Ⅰ级建筑要素模型应根据精密仪器的测量结果或建筑设计资料制作。模型应反映建模物体长、宽、高等任意维度变化大于 0.5m 的细节（个别标志性古建筑应反映维度变化大于 0.2m 的细节，保护性建筑应反映维度变化大于 0.1m 的细节），真实反映诸如建筑的外观转角变化，阳台、门窗的框架样式，屋檐的造型，屋顶结构形式，以及附属设备，甚至建筑上的广告牌等细节；纹理材料应与建筑外观保持一致，反映出与实际相符的材质、颜色、透明度等，纹理中不应含有建模物体以外的物体；模型的高度精度应优于 1m。对于主体包含球面、弧面、折面或多种几何形状的复杂建筑物，应表现出建筑物的主体几何特征；对于包含多种建筑类型的复杂建筑物，可按类型拆分后再建模。模型的基底应与所处地形位置处于同一水平面上，与地形起伏相吻合。

Ⅱ级建筑要素模型的基底轮廓线应基于 1 ∶ 500、1 ∶ 1000、1 ∶ 2000 等比例尺地形图中建筑物的基地轮廓线直接生成，并与地形图保持一致。模型的立面轮廓线应反映外立面上阳台、窗、广告牌，以及各类附属设施的变化，应正确反映屋顶结构形式与附属设施等细节。直径大于 0.5m 的立面突出物或重点装饰、屋檐、开放阳台、下穿结构、门廊、女儿墙等可通过建模表现；地下出入口可用主体建模表现；烟囱、城墙、围墙、栅栏、房屋墩、柱、避雷针和水箱等可用符号表现。模型的高度精度应优于 0.8m。模型的基底要求同Ⅰ级。

Ⅲ级建筑要素模型的基底轮廓线应基于 1 ∶ 500、1 ∶ 1000、1 ∶ 2000 等比例尺地形图中建筑物的基底轮廓线直接生成，并与地形图保持一致。模型的侧面可依据建筑物的立面几何形状和建筑高度，通过挤出构建方法制作；模型的屋顶应正确反映建筑屋顶的结构形式。直径大于 1m 的立面突出物或重点装饰应建模表现，门廊、屋檐、檐廊等可贴图表现，普通台阶、烟囱、城墙、栅栏等附属设施不表现。纹理应基本反映建筑物的颜色、质地、图案和局部细节特征。模型的基底制作要求同Ⅰ级。

Ⅳ级建筑要素模型的基底轮廓线应基于 1 ∶ 500、1 ∶ 1000、1 ∶ 2000 等比例尺地形图中建筑物的基底轮廓线直接生成，并与地形图保持一致。模型可依据建筑物基底的几何形状和建筑高度，通过拉伸构建方法制作。建筑物屋顶结构宜简化表现；大型台阶主体可建模表现；下穿结构和一般出入口可贴图表现；普通台阶、烟囱、屋檐、城墙、栅栏等附属设施可不表现。模型的基底制作要求同Ⅰ级。

交通要素模型分级要求 Ⅰ级区交通要素模型应准确反映交通设施及附属设施的结构特征，任一维度变化超过 1m 的结构特征应进行三维几何建模。此外，基底轮廓线应与地形图或设计图一致；弧线路段可作圆滑处理；模型高度可进行现场测量或通过现场照片判读；纹理应细节清晰，并准确反映真实材质特征，不同材质或铺装形式之间的差别与分隔也应清晰可见；模型的基底应与所处地形位置处于同一水平面上，与地形起伏相吻合。

Ⅱ级区交通要素模型应依据地形图中的道路边线进行三维几何面建模；弧线路段可作圆滑处理；纹理应清晰呈现路面材质及交通标线；模型位置和几何尺寸宜与现状一致。Ⅲ级区应依据地形图中道路边线进行三维几何面建模；弧线路段可作圆滑处理；纹理可采用通用纹理；附属设施可不表现或用符号表现。Ⅱ级、Ⅲ级区交通要素模型的基底制作要求同Ⅰ级。Ⅳ级区交通要素模型建模可直接采用示意纹理表现。

植被要素模型分级要求 Ⅰ级区植被的地理位置应根据 1 ∶ 500、1 ∶ 1000、1 ∶ 2000 等比例尺的地形图或 DOM 确定，应对植被要素模型的树干、树枝、树叶等进行全要素建模，可采用模型树方式，也可采用分形技术建立。纹理应真实准确地反映植被各要素的颜色、质感和图案等，且清晰可辨；针对场景较小和特定造型的景观植物、文物保护树种等进行细节建模表现；景观植物的放置和搭配应与实际相符；树种选择和色彩搭配应协调美观，树木的大小、高低、形态应与所在环境的尺度和空间层次相宜。

Ⅱ级区植被的地理位置应根据 1 ∶ 500、1 ∶ 1000、1 ∶ 2000 等比例尺的地形图或 DOM 确定，应建立简单的树干模型，反映树干的基本特征。树冠宜采用多面片形式表现，真实反映树冠色彩、形状、树叶纹理等特征。行道树树干模型以实际测量数据为依据建立；景观植物中的保护树种、造型树等特殊树种的高度应以测量数据为准；纹理应与实际基本一致，主要特征清晰可辨。

Ⅲ级区植被的地理位置应根据 1 ∶ 500、1 ∶ 1000、1 ∶ 2000 等比例尺的地形图或 DOM 确定，树干底部中心点的平面坐标值应与地形图上保持一致，可综合考虑建设情况、表现效果等，建立单面片、十字面片或多面片的几何模型。行道树的高度可根据测量数据，设置树木模型一定的高度变化区间，随机生成；景观植物可用纹理库中的一种或多种纹理，设置一定的高度变化区间，随机生成。模型与实际树种类似，基本反映树干种类及分布情况。

Ⅳ级区植被的地理位置应根据 1 ∶ 500、1 ∶ 1000、1 ∶ 2000 等比例尺的地形图或 DOM 确定，树干底部中心点的平面坐标值应与地形图上保持一致，反映植被的分布。行道树的高度可根据测量数据，设置树木符号一定的高度变化区间，随机生成；景观植物可用纹理库中的一种或多种纹理符号，设置一定的高度变化区域，随机生成。

水系要素模型分级要求　Ⅰ级区水系及其附属设施的地理位置应以 1 ∶ 2000 及以上比例尺地形图或 DOM 为基准确定；水深应根据航摄获取的影像、DEM 或现场勘察进行判读提取；水系及其附属设施都应建模表现。对河堤、护栏、防洪墙等附属设施建模时，为配合三维场景展示效果，应更改 DEM 与三维模型匹配；水面可根据需要通过建模或地形表现，水面纹理可根据特定需求表现为静止、动态动画效果，或半透明效果。

Ⅱ级区水系及其附属设施的地理位置应以 1 ∶ 2000 及以上比例尺地形图或 DOM 为基准确定；水深应根据航摄获取的影像、DEM 或现场勘察进行判读提取；河床可依托地形模型表现；水面可根据需要通过建模或地形表现；码头、沿河景观建筑、防洪墙（堤）、河堤、护栏、绿化树、大型台阶等设施通过建模表现；花坛、绿化带等附属设施通过贴图表现；沿河景观雕塑、普通台阶等不表现。

Ⅲ级区水系及其附属设施的地理位置应以 1 ∶ 2000 及以上比例尺地形图或 DOM 为基准确定；河床可依托地形模型表现。码头、沿河景观建筑等设施通过建模表现；河堤、花坛、绿化带等附属设施通过贴图表现；其他附属设施不表现。水面直接通过影像或示意纹理表现。

城市部件要素模型分级要求　城市部件要素模型主要包括除地形、建筑、交通、水系、植被、场地、管线，以及地下空间设施以外的要素。

Ⅰ级区城市部件要素模型的地理位置应以 1 ∶ 2000 及以上比例尺地形图或 DOM 为基准确定；模型应根据实测物体尺寸和外业采集纹理进行建模，真实准确地反映模型物体对应的几何结构和细节特征；模型细部可根据实际情况适当取舍，取舍掉的细节可采用纹理辅助表现；纹理贴图应细节清晰，真实准确反映模型物体的材质特征。模型高度精度应不低于模型自身高度的 5%。

Ⅱ级区城市部件要素模型的地理位置应以 1 ∶ 2000 及以上比例尺地形图或 DOM 为基准确定；模型宜采用单面片、十字面片或多面片的形式表现，位置及几何尺寸宜与现状吻合；纹理采用通用纹理，真实、清晰地反映真实形态、结构和质地等细节信息。模型高度精度不低于模型自身高度的 10%。

Ⅲ级区城市部件要素模型的地理位置应以 1 ∶ 2000 及以上比例尺地形图或 DOM 为基准确定；模型可采用通用三维符号库或示意纹理表现，要能形象反映出物体的形态与特征。

地下空间要素分级建模要求　Ⅰ级区地下空间要素模型应根据精密仪器测量结果或建筑设计资料制作。模型应真实反映建模物体的主体结构和细节，模型纹理材料的色彩、质感、透明度等应与原物体保持一致。纹理中不应含有建模物体以外的物体。模型应反映建模物体长、宽、高等任意维度变化大于 0.2m 的细节，模型的高度与实际物体误差不应超过 0.2 m。

Ⅱ级区地下空间要素模型的基底轮廓线和高度应采用实地测量方式获取，高度与实际物体误差不应超过 0.5m。模型应反映建筑物内部主体结构与附属设施等细节，直径大于 0.5m 的立面突出物或重点装饰等建模表现；地下出入口、立柱、围墙可主体建模表现；栅栏、指示牌等可采用纹理贴图表现。纹理应基本反映建筑物的颜色、质地和局部细节特征，可采用不修饰真实纹理。

Ⅲ级区地下空间要素模型的基底轮廓线和高度应采用实地测量方式获取，高度与实际物体误差不应超过 1m。可采用通用纹理，基本反映建筑物的颜色、质地等特征。Ⅳ级地下空间要素模型可通过自动提取影像纹理贴图制作，也可采用示意纹理表现。

7.3　三维数字城市模型LOD的简化处理方法

由点云数据建模得到的三维模型虽然具有很高的分辨率，但是数据量十分庞大，不仅在数据存储时需要很大的空间，在数据渲染显示时需要高性能软硬件的支持，而且在数据传输时也十分耗时。为解决上述问题，可以采用 LOD 技术生产出多级三维模型进行分层次渲染显示。对于较远处的模型或一些不重要的场景仅渲染简模，而距离较近或重要的场景则渲染精模。简模是对原始模型的一个简单近似，与原始模型相比，简模具有更少的细节，在视点变化时可以在一定程度上加速对场景的绘制。对模型的简化包括两个方面：一是对模型的几何结构进行简化，二是对模型的纹理进行简化。在实际应用中，通常将二者结合使用，从而大大降低模型的复杂程度，减少模型数据量。

7.3.1　模型的几何结构简化

三维模型表面由多边形拼接而成，由于所有的多边形最终都会被拆解成三角形，所以大多数三维模型的几何结构都是由三角面构成；因此，这里主要介绍由三角面构成的模型的几何结构简化：① 对三角面顶点进行操作，② 对三角面中的边进行操作，③ 对三角面整体进行操作。无论哪种类型简化，主要目的都是使用简单的几何结构替换复杂的几何结构，同时最大限度地保证模型的原有特征，其中的难点是怎样保证模型的拓扑结构，使模型在简化后不会出现变形、失真、纹理错乱等情况。举一个简单的例子说明模型几何结构的简化（图 7-12）：圆形是由多个三角形近似组成的，在近距离观察时，需要较多的三角面近似，而在远距离观察时，只需要很少的三角面就可以描述出圆的特征。目前，常见的几何结构简化方法有以下几种：删面方法，边塌陷方法，点聚类方法。

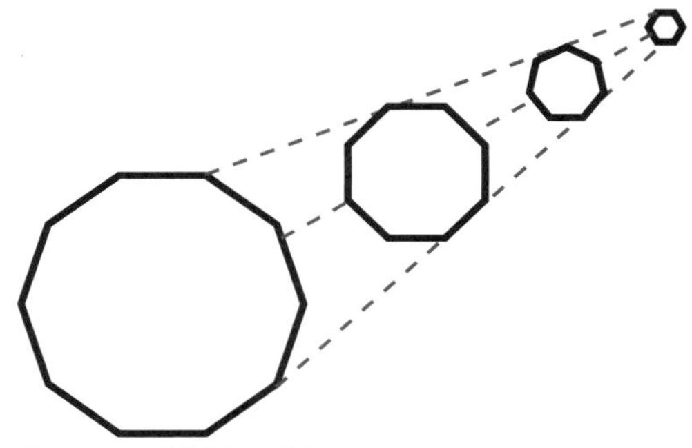
图7-12　几何结构简化示意图

（1）删面方法，其主要思路是删减三维模型中较小的或不重要的三角面。三维模型通过投影变换显示在二维屏幕上，最终渲染在屏幕上是使用像素进行表示的。同样一个三角面，当模型距离观察者较近时，投影到屏幕上占用较多像素；随着距离不断增加，三角面投影到屏幕上所占的像素越来越少；当距离达到一定范围时，该三角面在屏幕上的投影可能只有 1 个像素；随着距离的继续增加，当该三角面在屏幕上的投影不足 1 个像素时，便无法在屏幕上显示，而这时三角面已经没有存在的意义，可以将其删除。

在生产数据时，通过视距范围确定 LOD 等级数量，可以使用三角面边长或面积作为参数，计算三角面剔除阈值，在各个等级下删除小于其对应阈值的全部三角面，由此可以获得简化程度不等的多级三维简化模型。

删面方法的优点是算法简单，速度快，可以在短时间内完成大范围数据的处理，不容易破坏三维模型本身的拓扑结构。缺点是当视点由远到近变化时，由于精模结构比较复杂，数据量比较大，加载解析花费的时间比较长；在从简模到精模过渡时，会存在来不及切换到精模的情况，此时显示在屏幕上的仍然是简模，观察者可能会看到简模上的空洞，对模型视觉效果造成不好的影响。

在某些特殊情况下，使用删面方法可能无法达到想要的效果。如当所有三角面的形状大小相差不多时，单独使用删面方法可能会将所有面都删除，此时需要结合实际情况设置更多的限制条件或结合其他方法对三维模型结构进行简化。

边塌陷方法，也称为“边折叠方法”或“边收缩方法”，是以边作为剔除单位对三角网格进行的简化。每次简化时，选择所有边中代价最小的边作为收缩边，将该边收缩为一个点，该边所在的两个三角面随之消失，这两个三角面的内容被扩充到相邻三角面，由此可以达到减面的效果，并且不会产生孔洞。每次计算时都是选择代价最小的边作为收缩边，可以达到最大程度的近似，在经过多次收缩计算后，可以得到符合设置条件的简化模型。如图 7-13 所示：将 A、B 两个三角面中相邻的边收缩为一个点，A、B 三角形随之消失。A、B 三角面的范围被与 A、B 邻接的三角面所取代。如此，在简化的过程中保留了一定的特征，并且没有发生明显的变形。

（2）边塌陷方法的难点是如何确定收缩边，确定各个边折叠的次序，以及在边收缩为顶点后，顶点位置的确定。如果次序和顶点位置确定不当，就会破坏三维模型本身的结构特征，会出现模型纹理错乱等情况。与删面方法相比，边塌陷方法的算法虽然相对复杂，但不会在模型表面产生空洞，在简模向精模过渡时，即使没有马上过渡到精模也不会对视觉效果造成很大的影响。

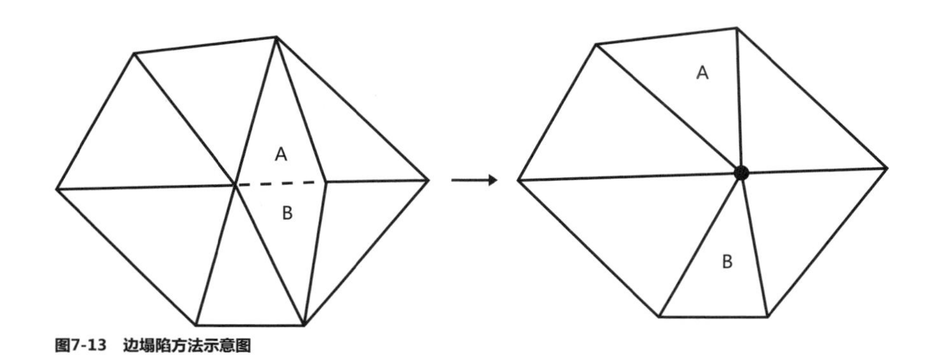

图7-13　边塌陷方法示意图

目前有许多比较成熟的边塌陷算法，如QEM算法。QEM全称为“quadric error metrics”（二次误差测度算法），是米夏埃尔·加兰达（Michael Garland）在1997年提出的，其主要思想是使用顶点对中每个顶点到其相邻三角面的距离平方和作为误差，利用最优解确定顶点对收缩到新顶点的位置，将所有顶点对按最小二次误差的值进行排序，放入堆栈中。每次计算时，选择误差最小的顶点对进行收缩，同时对有关该顶点的二次误差进行更新，经过多次迭代计算得到最终简化结果。有很多算法是在QEM算法的基础上改进的。

点聚类方法，其本质是将小于一定阈值的n个顶点合并为1个顶点，三角面的个数会因此急剧减少，以快速对三维模型几何结构进行简化。相关算法通常是将整个模型的包围盒作为边界框，使用适当的长度作为方格边长，将其分割成一个个方格单元，将每个方格内的顶点聚类为1个点，并更新相关的三角面。

（3）点聚类方法的优点是算法通常比较简单，运算效率比较高，可以对三维模型几何结构进行大幅度的简化；缺点是聚类的程度取决于聚类时阈值的选取。如果阈值选取过小则顶点难以满足聚类条件，简化结果不明显，甚至没有变化；如果阈值选取过大则大多数顶点都会参加聚类运算，容易使模型简化程度过大，破坏其拓扑结构和特征，使模型发生变形和失真。因此，在使用点聚类方法时，要严格把握聚类时阈值的选取，在实际应用时，要考虑三维模型的特征来动态选取聚类阈值。

以上是较常见的三维模型几何结构简化方法，单独使用其中的某类方法都有一定的局限和不足。在复杂的场景中，可以综合不同需求和三维模型种类、特征，将上述三种方法组合使用，确定各类简化方法相关参数，取其优点，可以达到更优的效果。

7.3.2　模型的纹理简化

在三维模型中，纹理数据表现为图片，几何数据表现为顶点数据、法线数据、三角形面索引、纹理坐标等，表现为文本；所以，通常情况下，纹理的数据量远大于几何的数据量。对纹理进行简化可以大幅度降低模型数据量，并且可以减轻显卡的压力，提高渲染效率。

模型纹理的简化方法一般包括两种：① 对纹理进行压缩，② 对纹理进行合并。其中，纹理压缩不会涉及纹理坐标的修改，一般是对纹理格式和分辨率进行更改，而纹理合并会同时伴随模型几何结构节点的合并，并且需要对纹理坐标进行重新映射。

纹理压缩。我们在日常生活中使用的图片格式通常为 JPG 或 PNG，这类图片虽然占用空间小，但不能被 GPU 直接读取使用，而是要先转换成能够被 GPU 直接使用的纹理格式，如 R5G6B5，A4R4G4B4，A1R5G5B5，R8G8B8 等格式。然而，JPG 或 PNG 图片被转换格式后不仅会占用很大空间，而且会引发内存问题。三维场景往往包含大量纹理数据，会对 GPU 造成过大压力，使场景渲染缓慢，甚至崩溃。为了达到占用显存小且 GPU 能够直接使用的目的，需要采用各类压缩算法将像素值放入有限的字节块中，去除冗余信息，这就是纹理压缩。

针对不同的设备，应该根据各自硬件和 GPU 类型选择不同的压缩格式，如在 PC 端通常使用的是 DXT 压缩格式，在 Android 端中通常使用的是 ETC 压缩格式，在 IOS 端通常使用的是 PVR 压缩格式。

除了使用压缩纹理格式降低纹理的数据量外，还可以使用降低纹理图片分辨率的方式减少纹理数据量。在观察者距离模型较远时，并不会关注模型的细节，此时使用低分辨率纹理图片就可以满足需求。在 LOD 几何结构简化的同时，可以逐级降低纹理分辨率，以达到简化的目的。

（1）纹理合并。三维模型通常结构复杂，多数都包含多张尺寸各不相同的纹理图片，这样会使场景绘制时数据较散、场景节点过多。绘制批次过多，会增加 GPU 压力，影响渲染效率，如果能结合模型几何结构的特点对纹理图片进行合并处理，就可以在一定程度上降低对 GPU 的压力，起到提升性能的作用。图 7-14 是一个纹理合并的简单示意图，即将 A、B、C、D 四张 512 × 512（像素）的图片合并为 1 张 1024 × 1024（像素）的图片。

纹理合并有两种情况：① 不涉及重复纹理的合并，② 涉及重复纹理的合并。不涉及重复纹理的合并只需通过原纹理在合并后的纹理图片中的位置，便可以重新对纹理进行映射。涉及重复纹理的合并比较复杂，重复纹理坐标的值通常用大于 1 的值进行表示，在合并时，需要考虑纹理在 u、v 两个方向重复的次数，而且要先将纹理坐标变换到 [0，1] 之间后，再进行纹理的重新映射计算。

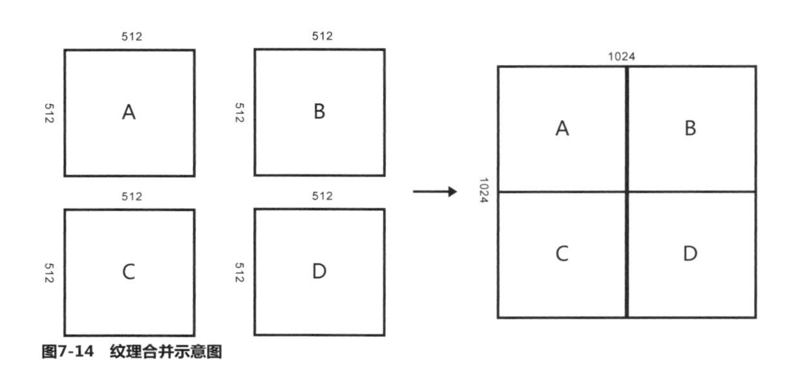

图7-14　纹理合并示意图

7.4　城市综合信息一体化管理模型

城市空间要素，诸如各种地形、地貌，包括河流、水面、道路绿化，各种建筑物、构筑物，以及地下空间等，充分体现出城市的空间特征。所有的空间特征都具有随时间变化而变化的特性。人类活动中的绝大多数信息与地理空间位置相关，同样具有鲜明的时空特征。因此要建立城市综合信息管理的数据系统，完善城市载体功能，必须得注重时空变化的一致性。

城市信息综合体　“城市信息综合体”这个概念源于“城市综合体”——城市中多种单一功能的建筑优化组合，并共同存在于一个有机系统之中。同理，“城市信息综合体”指一定空间范围内各领域时空特征信息依据其内在联系形成的有机集合，它以空间地理数据为载体，使用地理空间维度的城市实体全要素编码方法、时态化数据综合管理等技术整合城市各领域的非空间数据（如人口、经济等数据）。城市信息综合体具有可扩展、空间属性一体化、多元数据逻辑一体化和时态化等特点（图 7-15）。

城市综合信息一体化管理模型　城市综合信息数据体系涉及海量来源不一、种类繁多的信息资源，如何将这些异源异构数据纳入统一的数据库平台中，实施逻辑一体化管理，并充分共享与交换，是能否准确有效反映城市全貌的关键。这里，我们综合应用基于时态的地上、地下一体化海量城市数据，综合运用异源异构数据的整合与集成、地理空间数据库（Geodatabase）、地理位置匹配技术、层级地理编码四项关键技术，以二维地理信息为纽带，实现城市综合信息的一体化管理。将多层次数据结合形成一个有机整体，可作为城市信息综合体的一种模型实现（图 7-16）。

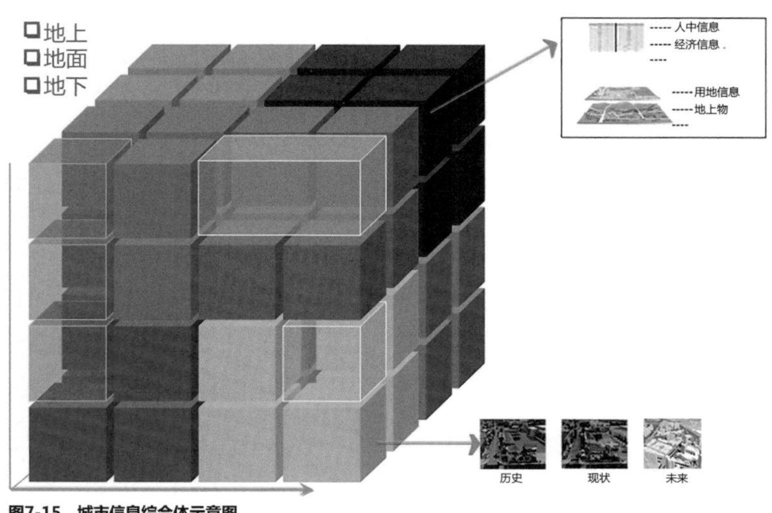

图7-15　城市信息综合体示意图

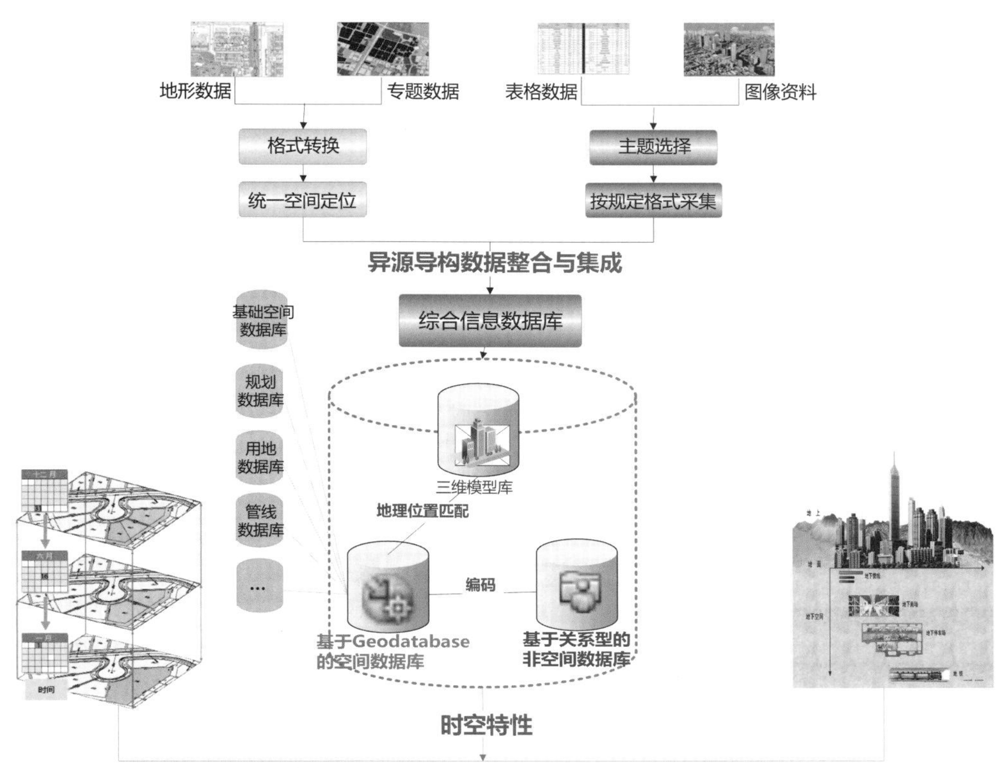

图7-16 城市信息综合体模型示意图

7.4.1 数据管理

数据管理基本要求 ① 空间数据具有统一的空间参考坐标系，可以进行空间位置匹配与叠加。② 空间数据与其综合属性数据连接方式应灵活、多样，空间数据综合应用要求空间对象根据不同的应用主题，连接不同的综合属性数据。③ 既要保证空间区域的连续性，又要适于数据维护更新，为给用户提供一个连续的空间区域，要求空间数据管理具有无缝连接、动态调动能力。④ 为满足多种组合应用的需要，应方便提取全库、任意区域、图层、实体等多个层次的基本数据。

数据管理模式 为便于对空间数据和属性数据的统一管理，主要采用图形属性一体化的数据模型；对于空间数据和非空间数据主要采用协调式的数据模型。空间数据和非空间通过地理编码建立关联，形成松散耦合的逻辑一体化的城市综合信息数据库，其管理模式如图 7-17 所示。

数据存储模式 采用关系型数据库存储城市综合信息，以关系型数据库为基础，建立数据管理框架，统一存储空间与非空间数据的图形数据、索引数据、属性数据。

数据组织方法 按照空间地理数据库模型组织空间数据，将空间数据定义为点、线、面实体。同一类基本空间信息单元具有类似的质量和数量特征，构成一个要素层，多个图形要素层构成一个数据集。

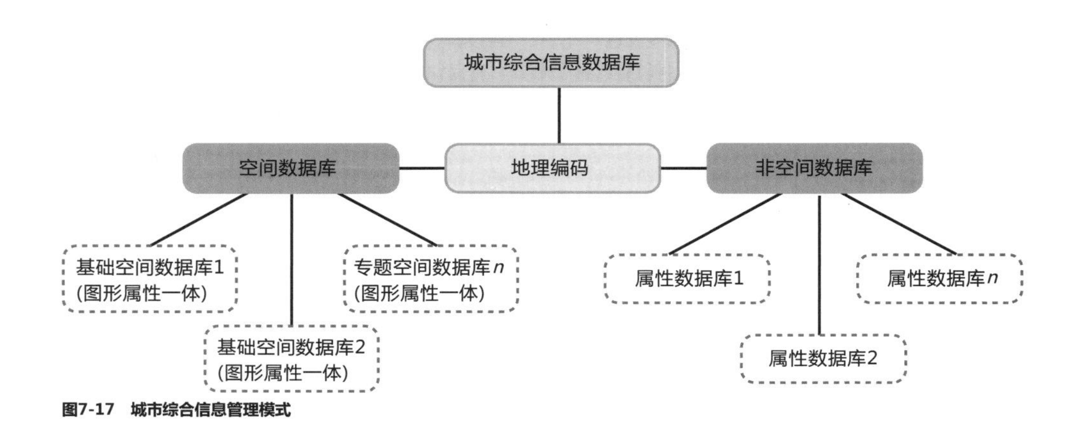

图7-17 城市综合信息管理模式

7.4.2 关键技术

以异源异构数据整合技术为手段，实现多元空间数据和非空间数据的规范化管理 在选定数据库和地理信息平台软件的基础上，首先，针对项目设计中每种类型的数据制定统一的数据格式和统一的数据标准。其次，对浩如烟海的数据进行主题性的选择后，再进行数据格式标准转换，并在质量控制后，进入数据库。

（1）所有的空间数据必须具有统一的平面坐标基准、高程基准、投影类型和分带系统。来自不同系统的数据（纸质图形数据要进行数字化）必须进行坐标系统转换，基于ArcGIS类似的地理信息处理软件，在此基础上进行统一的规范化整合。经过质量控制的入库数据，必须在数学精度、属性精度、完整性、逻辑一致性等方面符合国家空间数据标准及工程设计标准，其技术路线见图7-18（其中，模型数据包括DEM数据和DOM等影像数据）。

对于大量的各种属性数据，包括各类统计数据和专题属性数据（主要是文本、表格、图片及多媒体数据等），首先要进行“主题性”的选择——必须反映某一主题或服务于某项功能；其次，根据系统数据库的详细设计进行规范化整理，按照统一格式进行数据采集；再次，经过质量检查，入库（图7-19）。

以空间数据库技术为手段，实现多层次地理空间数据有序管理 数字地图空间数据库统一采用Geodatabase的数据模型进行数据的组织。在每一个Geodatabase中，可以包含FeatureDataset（Raster Dataset）和Feature Class（Raster）两种数据结构，Feature Dataset是分享同一空间参考的Feature Class的要素结合。Feature Class是独立的要素集合，用来

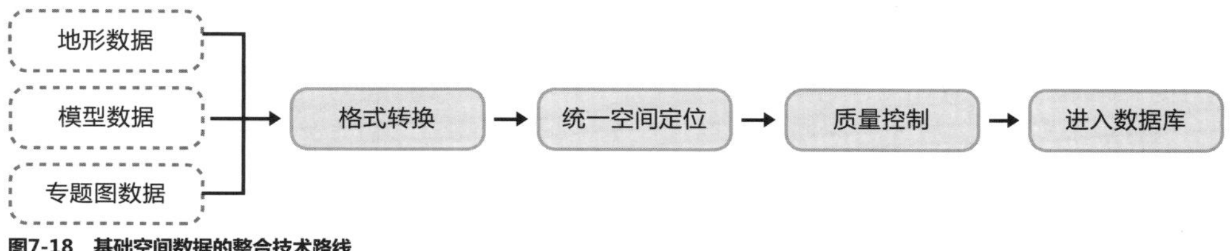

图7-18 基础空间数据的整合技术路线

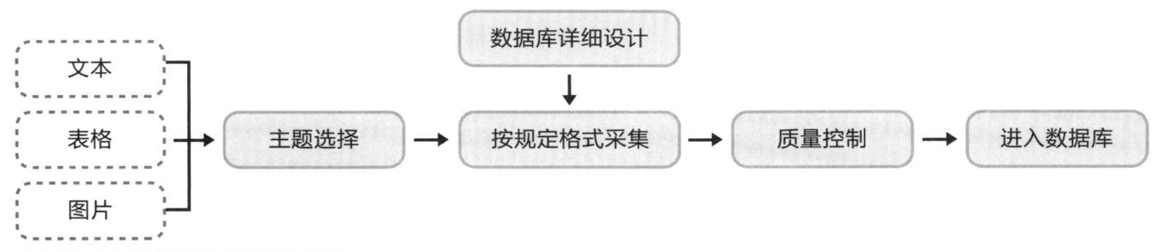

图7-19　各种属性数据的整合技术路线

存放同一种空间实体。Featureless 可以是 FeatureDataset 的子集，也可以作为一个独立的要素。Geodatabase 提供了四种空间数据的表达形式：① 描述要素的矢量数据。Geodatabase 中，矢量数据根据几何形状可以分为点、线、面三种类型的数据，同时还可以包括注记；② 描述影像、格网数据的栅格数据；③ 描述表面的不规则三角网络；④ 用于地址定位的地址和定位器。根据地理空间数据的逻辑结构和 GeodataBase 的数据模型，空间数据库的逻辑层次结构划为五个层级：总库—分库—子库—逻辑层—物理层。

采用地理空间数据库模型，将城市综合信息中的基础空间数据、规划数据、用地数据、管线数据等分别作为一个要素数据集存储管理，将不同时相的遥感影像数据分别作为一个栅格数据集存储管理，借此实现城市综合信息数据库的统一存储和管理。

以地理位置匹配技术为手段，实现二维空间地理信息数据库与三维模型数据库的无缝集成管理　在建立城市三维模型时，采用所在城市任意直角坐标系作为 3ds Max 的世界坐标系，采用与二维空间地理信息相同的基准和刻度，保证三维场景与二维地理空间具有相同的坐标系，在逻辑上，通过地理位置匹配实现三维数字模型和二维地理信息的匹配。

在实际应用时，二维地理信息与三维模型无缝集成管理相得益彰，可以有机地结合二维 GIS 的宏观性、整体性和三维虚拟场景局部性、现实性、直观性的优点。实现二者的无缝集成后，既可以从三维虚拟场景中获得详细、直观的实地要素信息，又不失二维地理信息的整体性特征，这样就可以克服二维地理信息的抽象多义性和三维虚拟场景漫游的迷失感。建立基于空间信息二维和三维一体化的三维数字城市管理平台，运用仿真与 VR 技术，借鉴 GIS 思想，实现数字城市三维可视化环境下的空间分析与查询，使最新的智能化辅助决策技术更好地满足各个行业的应用需求。

以层级地理编码技术为手段，实现空间地理信息与社会经济、人口、公共卫生等信息一体化管理　依据覆盖空间范围，对不同类型数据进行分等、定级后，数据被赋予一定长度的编码，这就是层级地理编码（图 7-20）。

按照城市行政区划的划分，建立起区（县）—街道（乡镇）—街坊（村、大型企事业单位）的三级基础信息网格。根据用地管理需要，可在此网格基础上，扩展一级“地块”编码；根据人口管理需要，可在“地块”编码上扩充“建筑”编码，进而在“建筑”基础上扩展“户”“人口”编码；根据法人管理需要，可在“建筑”基础上扩展一级“法人”编码；根据社会经济管理的需要，可在法人基础上扩展一级“税收”编码……这样，基于三级基础信息网格，结合不同需要灵活扩展，并将不同专题信息通过地理空间信息

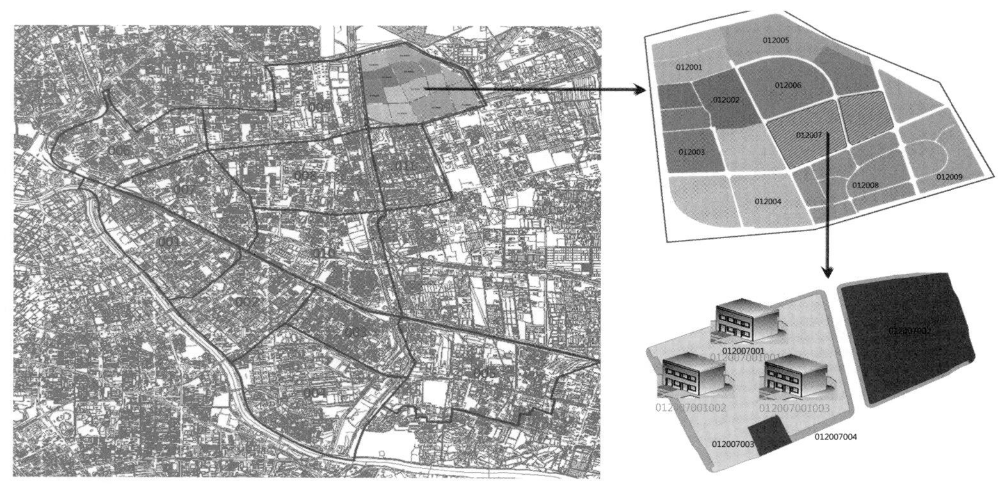

图7-20 地理层级编码示意图

框架的整合，形成一张有机的、逻辑紧密的信息网，从而有效提供一体化的信息资源服务。每个编码相当于数据实体的身份证号，不同级别之间通过编码相关联。例如通过编码可以知道一块地上有多少栋建筑，每栋建筑中有多少家企业，每家企业上缴利税情况……从而建立起空间数据和非空间数据的关联（表 7-4）。

表7-4 层级地理编码示例

级别	名称	编码示例	挂接非空间数据
第一级	区县	河东区：120102	
第二级	街道（乡镇）	鲁山道街道：120102012	宏观经济
第三级	街坊（社区、村）	荔枝园社区：120102012007	统计人口
第四级	地块	绿萱园地块：120102012007001	建设项目、规划方案
第五级	建筑（城市部件）	3号楼：120102012007001003	法人单位、楼宇经济、卫生监督点

7.5　时空立体海量城市数据管理模型

时空立体数据库是在空间数据库的基础上增加时间要素而构成的四维数据库，它一方面增加了数据库管理的复杂性，另一方面，海量的数据为空间和时间分析提供了新的辽阔天地。时空立体数据库的重要性在于使数据库成为真正意义上的“资源”：它不仅为动态监测和分析提供了丰富数据，还可以提供横向的现势数据和纵向的历史数据，对历史、当前和将来进行对比、分析、监测和预测预报。时空立体数据库的特点是：动态性——过时的数据不再从数据库中删除，对历史数据也可以进行更新，使系统和现实世界一直保持着全方位的动态交换；全面性——可以提供不同时刻和时间段的数据。

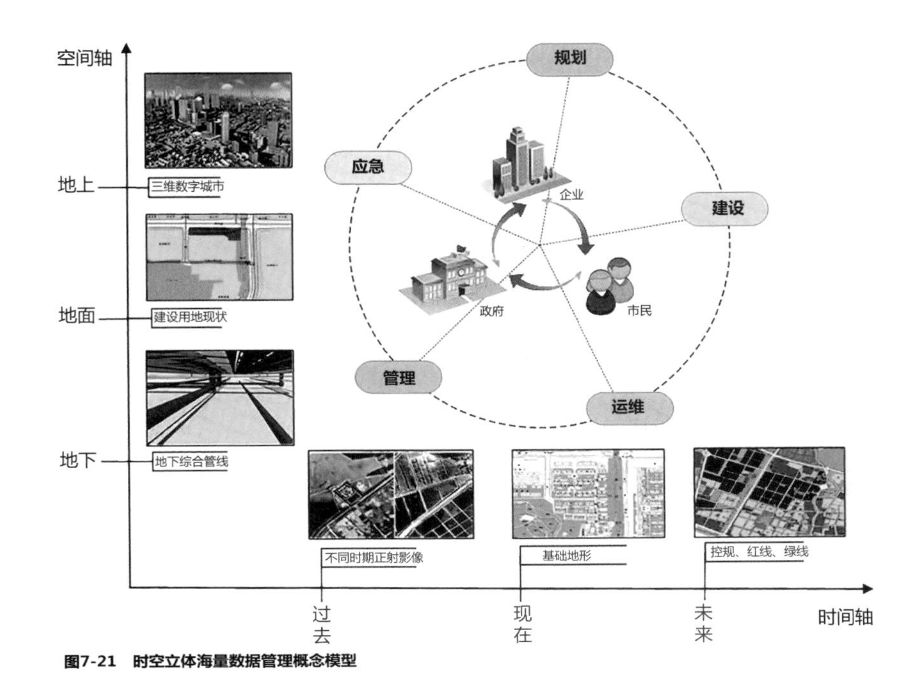

图7-21　时空立体海量数据管理概念模型

以时空数据库技术为基础，建立集“地上、地面、地下，过去、现状、未来”六位一体的时空立体海量数据管理模型（图 7-21），其建设内容为：地上——主要是对建筑、景观的管理，地表——主要是对用地的管理，地下——主要是地下管网管理，过去——主要是不同时期遥感影像，特别是时态数据的管理，现在——主要是不同比例尺地形图的管理，未来——主要是对规划成果的管理。“地上、地面、地下”是空间维度，“过去、现在、未来”是时间维度，空间维度和时间维度统一成时空立体数据框架。

六位一体时空海量数据管理模型有效整合了城市规划、建设、运维、管理和应急所需数据资源，可对多种信息资源的进行集成和分析处理，实现各种与地理空间相关信息的集成，建立起既能包罗现有空间地理数据和信息资源，又能方便将来更新维护的特大城市时空海量数据管理框架。

时空数据管理的核心是基于地理空间数据库的“时间戳”技术，记录对象演变的每一个状态，在对象演变过程中，每个状态都有自己的起始时间和终止时间。现存状态的起始时间是有效的，终止时间为无穷大；历史状态的起始时间和终止时间都是有效的；规划状态的起始时间和终止时间都是无穷大。根据各个状态的起始时间和终止时间可以生成“时间戳”用于标识对象的每个状态。对象类有现存库、历史库和规划库，分别存储现存状态、历史状态和规划状态（图 7-22）。当对象的空间数据或者属性数据发生变化时，就为对象新增一个状态，根据新增状态的起始时间和终止时间进行判断：若新增状态为现存状态（将其存储到现存库中），则更改原现存状态的终止时间和时间戳，并将其迁移至历史库中；若新增状态为历史状态，则将其存储到历史库中；若新增状态为规划状态，则将其存储到规划库中。当对时空数据进行可视化和查询分析时，可以通过

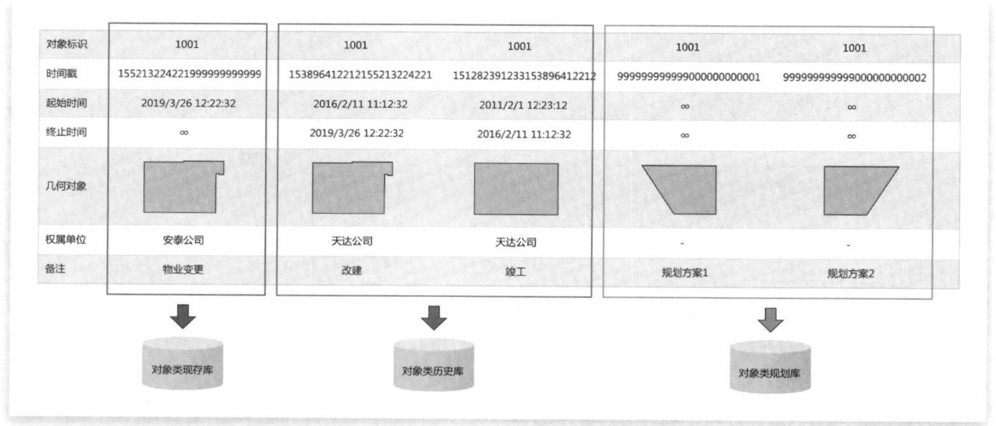

图7-22　时空数据存储示意

显示时间条件查询时间戳。显示时间条件可以是时间点，也可以是时间区间，获取所有对象满足该显示时间条件的状态的空间数据和属性数据进行渲染和显示结果。

通过时空数据管理方法可以实现对二维、三维空间位置数据和有时态信息的属性数据的一体化管理，动态反映空间特征或随时间变化的趋势规律，更好地为三维数字城市建设中的深度分析和预测提供参考依据。

7.6　数据动态更新维护机制

随着政府各部门及社会各界对三维数字城市时效性的要求越来越高，三维数字城市建设迫切需要建立一个良性的数据动态更新维护机制。我们团队依托规划管理部门建立了基于项目的数据更新模式，依托专业技术队伍实现了数据的定期更新维护，确保了数据现势性。具体做法如下：

（1）与建设项目三维审批相结合。以建设项目审批模型和最新的周边现状模型作为三维数字模型库的更新数据源，如实反映建设项目设计方案及周边范围内的现状。

（2）与城市重点区域、重要路段整治相结合。重点工程或专项工程建设都会改变中心城区重点区域的城市面貌，因此应及时对重点区域、重点路段进行数据更新，确保对应区域三维数字模型库现势性。

（3）与竣工验收相结合。建设工程竣工验收需要验收用地范围、建筑间距、测量建筑立面、高度、层高等，并附相关的平面图、立面图，为三维数字模型库更新提供了翔实的数据资料，可以作为三维数字城市的更新来源。

下面以某三维数字城市建设为例，简要展示基于城市规划管理实现的两个工程项目从方案设计到竣工的数据动态更新（图 7-23）。

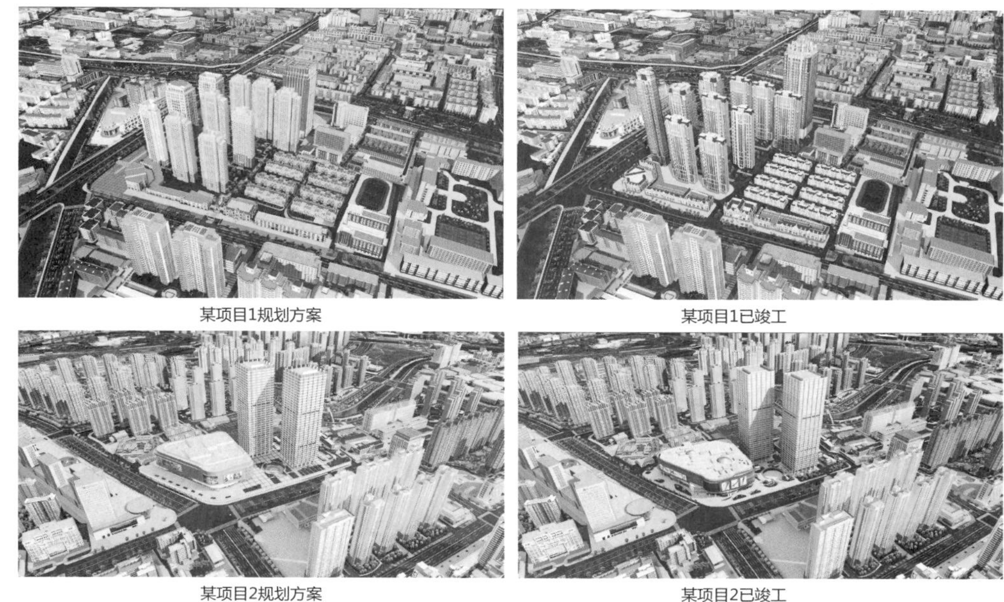

某项目1规划方案　某项目1已竣工

某项目2规划方案　某项目2已竣工

图7-23　工程项目数据动态更新示意图

第8章 三维数字城市基础平台

三维数字城市基础平台用以整合并管理各种异构数据，为三维数字城市建设提供数字化的基础底座，为各领域的数字化空间分析应用贡献强大的支撑能力和扩展能力，是三维数字城市建设的重要内容。

三维数字城市基础平台的建设有多种方式：① 购买成熟的商业平台，目前比较流行的商业平台有国外的 SkylineGlobe、ArcGIS，国内的 SuperMap、CityMaker、StarGIS Earth 等。购买商业平台虽然会产生一定的费用，但是能提供比较全面的技术支撑和成熟的解决方案。② 基于开源平台进行二次开发或者改造，常用的开源平台有 OpenSceneGraph（OSG）、OsgEarth、Open Source 3D Graphics Engine（OGRE）、Cesium 等。然而这样做，对技术门槛的要求相对较高，平台维护和版本的同步更新也存在一定难度。③ 自主研发，打造一套可复用、可扩展、可推广的软件产品。自主研发虽然可控性极强，但技术门槛是最高的，并且需要专业的技术团队、多年的技术积累，以及长期的资源投入。综上所述，目前对于一般的企事业单位应用，建议采购成熟的商业平台。国内外主流商业平台特点如表 8-1 所示。

表8-1 国内外主流商业平台特点

主流商业平台	特点
SkylineGlobe	提供了集应用程序、生产工具和服务于一体的三维地理信息云服务平台，能够创建和发布逼真的交互式三维场景。倾斜摄影测量数据全自动三维建模是其重要特色之一

续表

主流商业平台	特点
ArcGIS	实现了BIM+GIS一体化、二维、三维一体化、地上地下一体化、室内室外一体化、浏览器端移动端一体化、交互分析一体化。提出了I3S三维数据标准，原生支持Autodesk Revit模型是其重要特色之一
SuperMap GIS	基于完全自主研发的二维、三维一体化GIS技术体系，将三维GIS技术贯穿到从组件、桌面到客户端再到移动端的全系列产品中，为用户提供强大、实用的GIS功能与逼真的三维可视化效果，突破了单纯三维可视化软件无法深度应用的瓶颈，使用户不论桌面应用、网络应用，还是单机应用，都能够根据自己的需求快速定制三维地理信息应用系统。产品丰富，功能齐全，并发布了S3M三维数据标准
CityMaker	采用全新的地理特征数据库技术，具备全面的地理特征几何模型，可轻松管理多类型、大规模地理特征数据，并提供精确的空间分析计算能力。数字沙盘展示是其重要特色之一
StarGIS Earth	该平台是星际空间三维数字城市建设应用实践过程中，不断迭代、自主研发的一套软件产品，拥有自主知识产权，并且经历了多个重大项目的实践。平台建立了独具特色的地理实体对象模型。基于该模型，为数字孪生城市的建设从数据采集、处理、集成，到发布地理信息数据和空间分析的共享服务，再到跨平台、跨浏览器的应用以及二次开发扩展，提供了全流程的完整解决方案。对市政、地质行业的应用进行了原生的定制和优化，提出的自适应参数化实时自动构建体对象模型技术可大大减少三维模型更新维护的工作量，降低了项目成本。对地下综合管网和地质钻孔的实时动态建模是其重要特色之一

8.1 软件体系架构

设计三维数字城市基础平台体系架构，首先，要针对三维数字城市建设和管理过程中的需求，确立软件体系中包含的子产品。其次，要从架构上考虑将子产品有机地组织成为一个整体，以保证整个架构的科学、合理、安全、可复用、可扩展、可维护。

8.1.1 平台体系

平台体系的设计目标 “三维数字城市”源自美国副总统戈尔在 1998 年提出的“数字地球”，与数字地球大而宏观的目标相比，三维数字城市的建设更加易于实施和落地。然而，城市是一个非常复杂的系统，从地下、地表到地上，从过去、现在到未来……承载的海量信息为三维数字城市的建设和管理提出众多要求。平台体系的设计目标就是要充分满足三维数字城市建设的全流程需要，并与地理信息技术深度结合，以有效发挥其管理作用。

平台体系的建设内容 应三维数字城市建设、管理与应用的各方面需求，基础平台体系的建设应涵盖：数据采集与处理、多源数据集成与管理、网络服务发布、跨终端应用，以及二次开发扩展。

（1）数据采集与处理。需要有相关的自动化工具提高数据采集与处理的效率，并能够将外部数据处理成由基础平台进行高效组织管理的内部地理信息数据格式。

点云数据作为最原始的数据，需要进行分类、单体提取和三角化建模等处理。点云的分类可以借助传统机器学习的方法，例如随机森林算法，可以有效地对建筑、树、地面、路灯等进行类别划分。点云的单体提取可以利用无监督学习的聚类算法，对建筑单体、树单体、路灯单体等对象进行提取，利用特征匹配等技术实现树、路灯、垃圾箱等部分点云模型与模型库中的模型自动匹配。对于没有匹配到的单体点云数据，可以在三角化后利用 3ds Max 等建模软件进行精细化处理和纹理整饰。最终，由点云进一步加工成的三维模型需要由相应的工具软件转换为基础平台管理的数据格式，并对模型进行 LOD 处理和共享处理，同时， 更为关键的是需要将三维模型进行地理信息化处理。

DTM 作为一种常用的基础数据类型，由 DEM 与 DOM 结合而成，需要有相应的工具进行自动化处理。高密度的 DEM 与高分辨率的 DOM 生成的高精度 DTM 的数据量是巨大的，需要将数据进行分块分级瓦片化处理。

倾斜摄影数据也是一种常用的三维模型数据，由于其建设速度快、成本低，被越来越多地用于数字化建设，因而基础平台必须有相应的自动化工具导入常用 osgb 格式的倾斜摄影数据。

随着技术的发展，三维数字城市的概念也在不断丰富和扩展。与 BIM 技术结合，实现三维数字城市从宏观到微观的精细化管理已成为一种发展趋势。考虑到基础平台长远的生命力，需要将 BIM 数据进行无损转换为平台数据格式。常用的 BIM 建模软件有 Autodesk 公司的 Revit、Bentley 公司的 MicroStatioin、达索公司的 CATIA 等，以上都能支持常用数格式的转换，并且支持符合 IFC 国际通用标准数据的转换。

（2）多源数据集成与管理。对三维数字城市来说，每一类地理信息数据的数据量和单体要素数量都是巨大的，为提升用户的使用体验，不论是公开数据格式的第三方数据还是转换成平台内部格式的数据，都应该能够正确高效地读取。因此，实现多源数据的集成与融合，使地理信息数据的空间参考能够显示在正确的地理位置上，并采用地理信息的技术手段，实现对每个地理实体的对象化管理。

（3）网络服务发布。以数据共享为目标，有通用标准的数据服务应该按照标准进行发布，例如 OGC 国际标准定义的 WMTS、WMS、WFS、WCS 等二维地图服务，以及开源三维引擎 Cesium 发布的 3D Tiles 三维切片数据格式等（由于使用广泛，目前逐渐成为一种通用的数据格式）。

发布的网络数据服务要充分考虑标准的兼容性和访问接口的开放性。兼容性是指常用的 GIS 软件以及不同版本的 GIS 软件都能够正常访问发布的数据服务。开放性是指在互联网多样化的前端应用环境中，需要提供统一的、规范的、易于理解的开发访问接口，便于客户端的应用集成，推荐采用 RESTful 接口原则。

（4）跨终端应用。主要考虑在 C/S 和 B/S 两种架构下的应用。在 C/S 架构下应用时，不仅要能运行在 Windows 操作系统上，还要考虑 Linux 和 Mac，尤其要兼顾在国产化安可环境中的运行。在 B/S 架构下，有插件形式和无插件形式两种运行方式。有插件形式的运行效率高，但维护工作量大；无插件形式采用 WebGL 技术，运行使用更方便，对采用不同内核技术的浏览器的兼容性好，是将来的发展趋势。另外，由于三维数字城市的管理是随时随地、多种多样的，所以也要考虑在 Android、IOS 等移动设备上的应用。

（5）二次开发扩展。三维数字城市基础平台一定要有很高的灵活性和很强的扩展性，要有丰富的开发接口才能更好地满足各个领域的需求，并且还要具有将各个领域的共性需求进行抽象提炼、不断完善扩充的能力。

平台产品体系设计成果 根据三维数据城市建设、管理与应用的需求，以及人力资源情况，可将产品体系划分为 4 部分 22 个子产品，目前，在城市规划、市政管线等行业都有实际应用（图 8-1）。

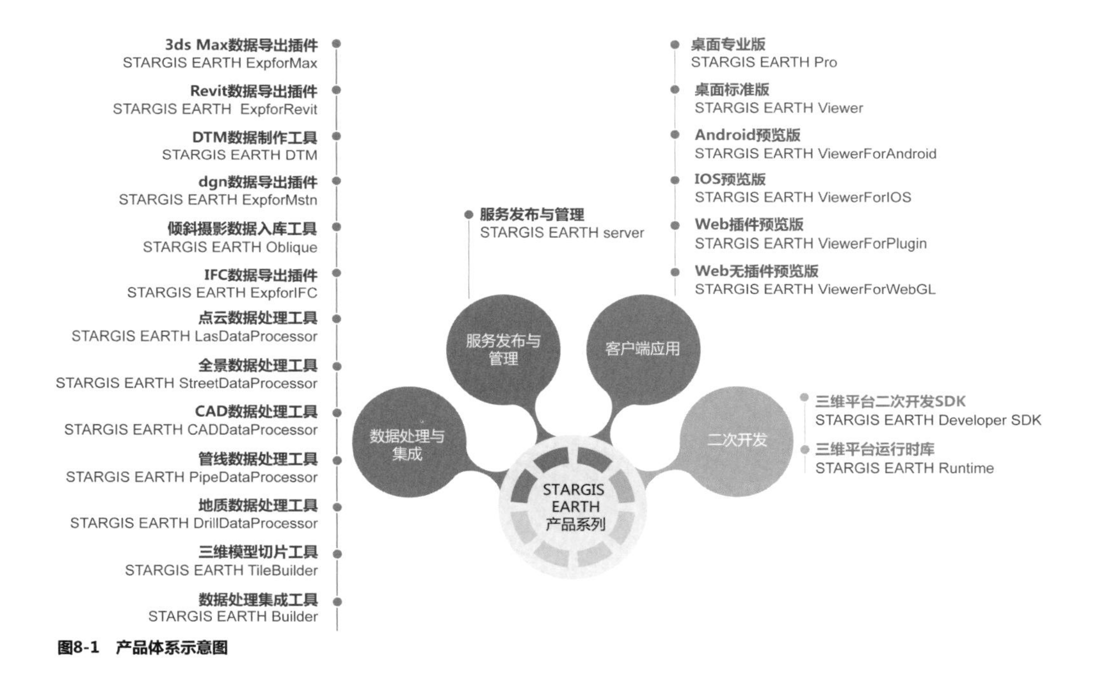

图8-1 产品体系示意图

8.1.2 平台架构

平台架构设计目标 要对三维数字城市管理的数据进行统一有效的存储管理、快速准确的查询分析，以及流畅高效的展示应用，就需要有一个统一的、高效的、开放的平台架构设计。

所谓“统一”，首先是指内核和开发接口的统一，即所有的产品基于同一个内核的开发接口进行开发，充分发挥内核对外的辐射能力，不仅便于统一维护基础的通用功能，还能使内核的能力不断地扩展壮大。其次是指对所有数据管理的统一。内核引擎划分为数据引擎和渲染引擎两部分，其中数据引擎负责对所有数据进行统一的管理：对地理信息数据采用地理实体对象模型进行管理，对二维数据和三维数据采用统一的地理实体对象模型进行管理；对结构化和非结构化的数据提供统一的管理接口。再次是指应用环境的统一。同一个内核可以通过不同环境的编译和封装，并利用渲染引擎将不同平台的图形渲染接口进行统一，以便进行跨平台、跨浏览器的应用。

所谓“高效”，首先是指数据的导入、导出、迁移、查询、分析等功能执行的高效；其次，数据在展示的时候，通过高效的索引、对硬件资源的有效利用，以及多种场景裁剪方法，实现数据的高效调度和渲染；再次，设计地理信息开发的公知接口，并配套详细、全面的开发示例，使用户的开发扩展更高效。

所谓“开放”是指设计灵活的扩展接口，采用插件的方式实现对各种异构数据源和图形渲染接口的扩展兼容；提供丰富的开发接口，支持主流的开发语言进行二次开发。

平台总体架构 平台的总体架构分为三层：最底层为基础层，为上层应用提供基础、稳定、高效的通用功能。中间层为核心层，分为数据引擎和渲染引擎两个部分。数据引擎负责对海量多源异构数据的组织与管理，渲染引擎负责对海量三维数字城市数据的可视化渲染。最上层为开发接口层，是平台开发、扩展、应用的重要途径。各组成部分的功用简析见图 8-2。

基础模块：为上层应用提供基础、稳定、高效的通用功能。

对象池管理：采用泛化技术提供对各类对象的创建和释放的管理，减少对象频繁的创建和释放，实现对象的共享使用，提高程序的性能。

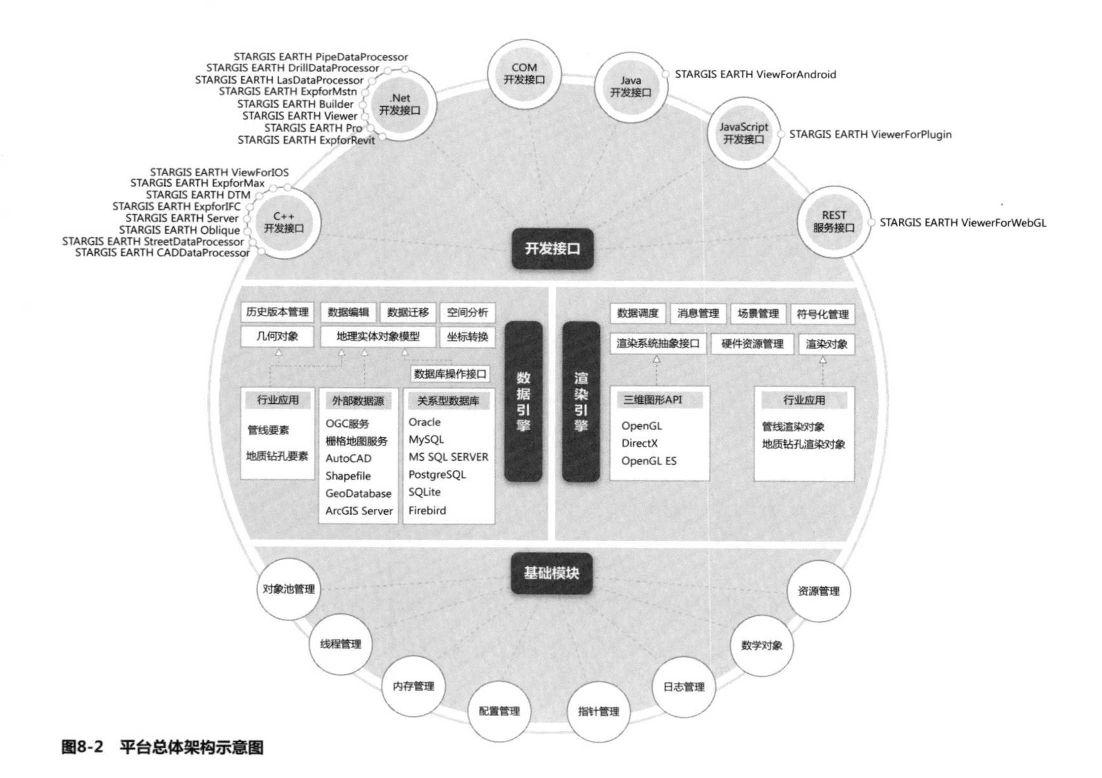

图8-2 平台总体架构示意图

线程管理：管理线程对象、互斥对象、条件变量等。

内存管理：采用内存池管理内存的申请和释放，减少内存碎片，提高内存申请的效率和程序长时间运行的性能。

配置管理：管理平台运行的参数，便于平台性能调优和功能扩展。

指针管理：管理智能指针，便于多线程程序的开发，防止内存泄漏。

日志管理：根据日志级别记录系统运行的状态，便于发现系统出现的问题。

数学对象：提供基础的数学算法以及对向量、矩阵、四元数等数学对象的变换操作。

资源管理：管理模型结构、各种类型的纹理等资源，并提供对资源的简化处理。

数据引擎：提供对多源异构数据的统一管理。

地理实体对象模型：提供对地理信息数据进行实体对象化组织的方法和抽象接口，以插件的形式实现对 OGC 服务、shapefile 等各种外部数据源的管理，以插件的形式利用各种数据库实现对内部数据的管理。

几何对象：管理矢量地理信息数据抽象的几何对象。

坐标转换：提供各种地理、投影坐标系统相互转换的方法。

历史版本管理：管理地理信息数据的历史数据，并可以为地理信息数据建立版本。

数据编辑：对地理信息数据的图形信息和属性信息进行修改，修改的数据可以与历史数据或版本数据关联。

数据迁移：高效地将数据在不同的数据源之间进行迁移，通过抽象接口屏蔽数据的异构存储差异，实现快速部署。

空间分析：利用空间索引和几何信息，实现快速地空间拓扑关系分析。

行业应用：通过对几何类型的扩展和地理实体对象模型的扩展，实现更多行业利用地理信息技术在三维数字城市中的有效管理。

渲染引擎：高效地将海量的三维数字城市数据进行可视化渲染。

渲染系统抽象接口：提供图形渲染所需的各种抽象接口，并以插件的形式实现对 OpenGL、OpenGL ES、DirectX 等图形渲染接口的支持，以更灵活的方式提升平台的兼容性。

渲染对象：将地理实体对象以及各类可渲染显示的对象抽象为渲染对象，实现对各类渲染对象的统一管理，并可通过抽象接口进行扩展。

硬件资源管理：合理利用显卡的显存资源，减少频繁的显存申请和释放，尽量重用已申请的显存对象。

数据调度：采用多线程技术实现高效地动态加载、解析地理信息数据。

消息管理：处理外部用户输入的消息，并对外触发平台的内部消息。

场景管理：将所有加载的地理信息实体对象进行有机的组织，便于快速地筛选出真正需要渲染显示的绘制单元进行绘制。

符号化管理：管理地理信息实体对象的绘制样式，直观清晰地对理信息实体对象进行计算机屏幕表达。

行业应用：通过对渲染对象的扩展，可实现更多行业实体要素的三维可视化表达。

开发接口：只有开放的平台才有持久的生命力，三维数字城市基础平台需要设计丰富的开发接口，以满足各种数据的管理和应用功能的开发需求。为了便于用户的开发，还应提供系统、完善的开发文档和示例程序供参考。通过对内核功能的封装，支持C++、.Net、Java、JavaScript 等主流开发语言的二次开发，提供 RESTful 网络服务接口，便于支持各种行业应用的业务需求。

8.1.3　主要产品介绍

STARGIS EARTH ExpforMax　三维数字城市基础平台数据处理产品中 STARGIS EARTH ExpforMax 实现了将 3ds Max 中的场景模型导出为基础平台自定义格式数据，并根据实际成果数据要求，进行相关的坐标系和导出设置。例如“图层命名检查”（对图层命名的规范性自动检查）、“开启模型简化”（模型简化处理）、“开启模型共享”（模型共享处理），以及“批量处理”等指令，可实现 3ds Max 场景内容“一键式”最优化导入数据库或导出为文件，供三维数字城市基础平台直接加载使用。在实际生产运用中，极大地提高了数据生产效率（图 8-3）。

STARGIS EARTH DTM　三维地形的生成通常采用的方法是将 DOM 与 DEM 进行融合处理，以生成地形的三维信息。三维数字城市基础平台研发的 STARGIS EARTH DTM 工具就是这样的一个可视化的三维地形数据制作软件，它将航拍数据和高程数据叠加制作为用于基础平台中三维地形显示及应用的 DTM 数据。用户可以加载多套 DEM、DOM 数据，进行可视化显示、影像裁剪、局部更新等。通过本软件，可以将 DEM、DOM 发

图8-3　STARGIS EARTH ExpforMax软件界面

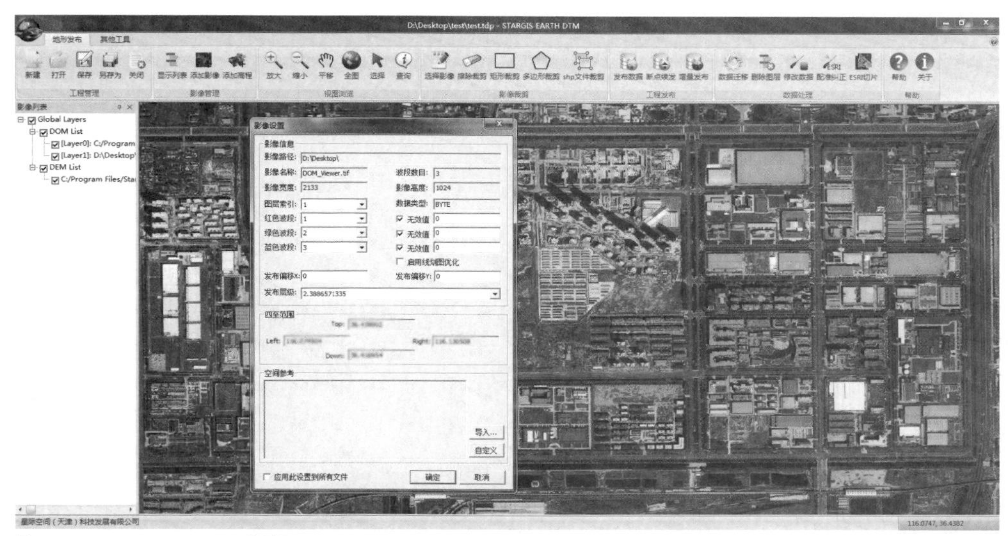

图8-4　STARGIS EARTH DTM软件界面

布到数据库中，供三维数字城市基础平台进行三维地形显示和应用（图 8-4）。

STARGIS EARTH Builder　数据处理产品中的 STARGIS EARTH Builder 是专业的三维数字城市基础平台 GIS 数据生产与维护软件。它支持多源数据集成和城市级三维场景数据制作，并生成具有高效空间索引机制的空间数据集，为单机、网络应用提供优质的数据支持。

该产品提供了全面的三维模型创建、编辑功能，用户通过模型导入、模型编辑、二维 GIS 数据导入等功能，可快速整合多源、海量的空间数据，生成三维场景。它支持直连编辑和离线编辑，可以有效地提升团队协作作业的效率，减少后期数据更新维护的成本。将场景数据集的物理组成结构与逻辑图层结构分开表示，更利于业务系统的开发使用。面向对象的数据存储与管理模式使数据各信息之间的关联性更强，查询、计算更快捷。STARGIS EARTH Builder 使用全新的多空间形态技术，可以基于对象进行数据存储和管理，即可以将对象相关的所有时间、空间、属性等信息都存储在同一个表的不同字段中，为数据便捷的更新维护与高效的查询分析奠定了良好的基础（图 8-5）。

STARGIS EARTH Server　STARGIS EARTH Server 是三维数字城市基础平台的服务聚合与发布产品。它基于面向服务体系构架（SOA）创建、组织和管理各种空间数据服务，具有优异的快速分发地理信息数据的网络服务发布性能，可有效应对数字城市建设快速发展、系统规模不断扩大的发展需求，为用户提供高灵活性与高延展性的系统建设解决方案，支持大规模用户并发访问，满足了海量地理特征信息的网络共享与终端应用（图 8-6）。

STARGIS EARTH Pro　STARGIS EARTH Pro 是三维数字城市基础平台专业版的三维客户端全功能产品。通过该产品不仅可以访问 STARGIS EARTH Builder 创建的三维 GIS 数据集，还可访问 STARGIS EARTH Server 提供的三维 GIS 服务，并且可导入矢量、栅格等

图8-5　STARGIS EARTH Builder软件界面

STARGIS Server

目录管理　资源管理　服务管理　缓存管理　日志管理

位置：服务管理　添加服务　删除服务

	服务ID	服务名称	服务名称	服务目录	服务时间	服务描述
1	14	test	进入服务	d:/stargisserver\services\test	2020-09-08 15:33:06	
2	15	dzdt2020	进入服务	d:/stargisserver\services\dzdt2020	2020-09-23 14:40:32	
3	16	test2	进入服务	d:/stargisserver\services\ttest2	2020-11-10 14:29:41	
4	5	AH_XJ	进入服务	d:/stargisserver\services\tAH_XJ	2020-09-03 15:16:43	
5	6	BJ_QJ	进入服务	d:/stargisserver\services\tBJ_QJ	2020-09-03 15:17:23	
6	7	CQ_QJ	进入服务	d:/stargisserver\services\tCQ_QJ	2020-09-03 15:17:47	
7	8	HN_XJ	进入服务	d:/stargisserver\services\tHN_XJ	2020-09-03 15:18:16	
8	9	HB_XJ	进入服务	d:/stargisserver\services\tHB_XJ	2020-09-03 15:18:38	
9	10	kg84	进入服务	d:/stargisserver\services\tkg84	2020-09-03 15:19:04	
10	11	SD_XJ	进入服务	d:/stargisserver\services\tSD_XJ	2020-09-03 15:19:29	
11	12	SH_QJ	进入服务	d:/stargisserver\services\tSH_QJ	2020-09-03 15:19:56	
12	13	TJ_QJ	进入服务	d:/stargisserver\services\tTJ_QJ	2020-09-03 15:20:22	
13	17	DOM2019	进入服务	d:/stargisserver\services\tDOM2019	2020-11-10 16:34:02	
14	18	TJQJ_HQ	进入服务	d:/stargisserver\services\tTJQJ_HQ	2020-11-13 15:20:02	
15	19	TJQJ	进入服务	d:/stargisserver\services\tTJQJ	2020-11-25 10:16:52	
16	20	gzkj_test	进入服务	d:/stargisserver\services\tgzkj_test	2020-12-14 16:21:21	
17	21	测试	进入服务	d:/stargisserver\services\t测试	2020-12-21 08:45:43	
18	22	ws	进入服务	d:/stargisserver\services\tws	2020-12-28 09:50:21	
19	23	ws_kb_hx	进入服务	d:/stargisserver\services\tws_kb_hx	2021-01-11 15:56:50	
20	24	wmstest	进入服务	d:/stargisserver\services\twmstest	2020-01-12 19:42:24	

20　page 1 of 1　Displaying 1 to 20 of 20 items

图8-6　STARGIS EARTH Server软件界面

多种格式的GIS数据。丰富、灵活的三维符号化功能，可以让用户结合自身业务需要，将地理空间数据配制成不同的显示效果。动态水、粒子火、粒子烟、粒子水等丰富的三维场景特效支持，使显示效果更加生动逼真。该产品提供了多种三维GIS通用功能，包括各种矢量、栅格、模型数据以及数据服务的加载、场景漫游、二维、三维数据编辑、空间分析、三维标绘、输出视频及图片等功能，具有良好的可扩展性。用户可通过二次开发SDK产品提供的功能模块扩展该产品的功能，以满足更多行业应用需求（图8-7）。

图8-7　STARGIS EARTH Pro软件界面

8.2　地理实体对象模型设计

将三维数字城市中地理信息及其关联信息抽象为地理实体对象模型进行管理，根据地理实体对象的几何特征和属性信息构成要素对象，通过要素类、数据集和数据源管理进行入库和更新，通过模型和纹理共享以及索引技术提高地理实体对象查询和渲染效率。

8.2.1　几何对象

在 GIS 领域，通常用几何对象来表达地理实体的几何位置和形状。用户在新建、删除、编辑和进行地理分析的时候，都是在处理几何对象。三维数字城市基础平台对几何对象有自定义的抽象方式和二进制化标准，可支持几何对象间的各类拓扑操作（图 8-8）。

几何对象的分类　几何对象可分为基础几何对象和扩展几何对象两类。基础几何对象包括点、线段、弧段、曲线、折线、面、三角网格面、多点、多线、多面、多三角网格面等二维几何对象和三角网格体、多三角网格体等三维体对象，其中二维几何对象的各个顶点属性可以是包含 z 值的，三角网格体较三角网格面增加了各个三角网格面之间的连接关系，从而构建成为三维体对象。

扩展几何对象包括模型实体、点云、管线连接、地质钻孔、管线井室等，其中，模型实体是三维模型数据的几何抽象，点云是点云数据的几何抽象，管线连接是综合管网数据在管线接头处的几何抽象，地质钻孔是工程勘察或地质调查的钻孔数据的几何抽象，管线井室是综合管网数据在地上设施或地下井处的几何抽象。通过几何图形，工厂设置几何对象类型和顶点属性来创建几何对象。新建几何对象后，可以设置几何对象的详细

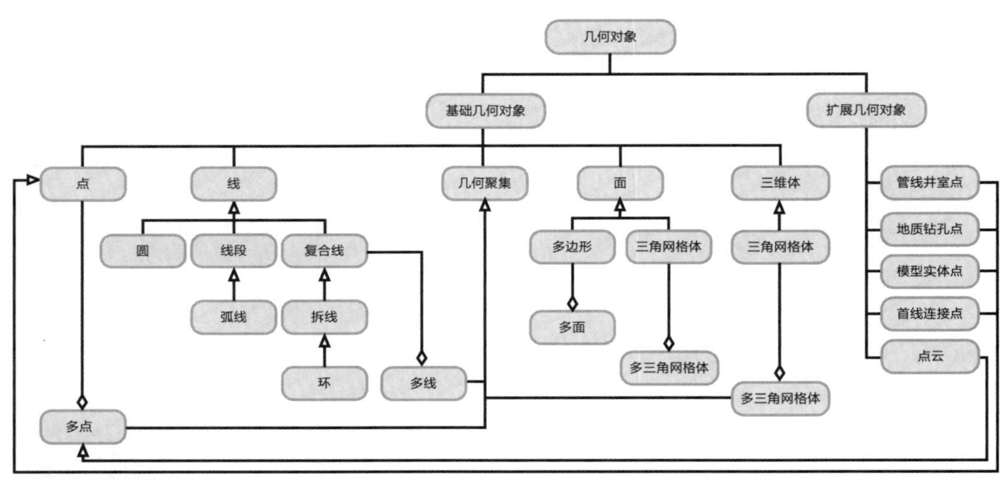

图8-8 几何对象结构

信息，例如点对象的位置，组成线对象的点的个数和位置等。由于几何对象兼容 OGC 标准，因此可以将几何对象导出成 WKT 和 WKB，也可以通过 WKT 和 WKB 创建几何对象。可以将几何对象与二进制数据进行相互转换，便于数据库存储。

几何对象的拓扑操作 几何对象的拓扑操作可分为：邻近分析、空间关系分析、拓扑分析、几何变换和几何体变换等。邻近分析是指求取两个几何对象之间的最短距离和临近点；空间关系分析包括包含、被包含、相交、相离、不相离、相等、部分覆盖、相邻等分析操作；拓扑分析包括生成缓冲区、求最小凸包、求差、求交、求并，以及获取两个几何对象相交部分之外的部分和对拓扑不正确的几何对象进行修正等操作；几何变换是指平移、旋转和缩放变换；几何体变换包括模型和模型实体与三角网格面的相互转换，二维多边形三角化，将二维多边形拉成体块、将二维多边形拉成建筑，用二维多边形切割或分割建筑，用任意平面切割或分割建筑，沿平面或折线计算模型剖面，计算两个模型的布尔交、布尔差和布尔并结果等操作。

8.2.2 要素对象和要素类

在 GIS 数据模型中，要素对象是对地理实体的抽象，在用几何对象存储地理实体的几何位置和形状的基础上，加上地理实体的属性信息就构成了要素对象。要素类是具有相同的地理实体类别的同类要素的集合。将所有的地理实体分类，根据不同的分类，创建要素类。分类的要求为几何对象类型必须一致，例如都是点类型或线类型等。三维数字城市基础平台可以支持多种几何类型和多种属性类型，即支持对同一要素对象采用多种几何对象抽象形式和多种属性信息描述方式。例如对一个地方的建筑进行描述时，首先可以创建一个要素类用于存储所有的建筑地理实体：该要素类可以包含多个几何对象列，例如包含一个面几何对象列存储建筑地理实体的平面图，包含一个模型实体几何对象列存储建筑地理实体的三维模型信息等；该要素类可以包含多种属性信息列，例如建筑的交付日期、权属单位、层数、面积等。采用这种支持多几何对象列和多属性信息列的要素类可以高度整合时间、空间和专题属性信息，用户可以根据实际需要，给业务对象添加任意多个、任意类型的几何空间数据，对几何对象的管理将变得与普通专题属性一样便利。通常各个几何对象列不会直接存储几何对象的二进制信息，而是存储几何对象的唯一标识符，其二进制信息会根据几何对象的类型存储在不同的要素类几何信息表中，用于避免单张表数据量过大降低数据库读写效率。

要素类除了管理地理实体的几何对象信息和属性信息外，还可以管理附件数据、编码域数据、范围域数据，以及字段域数据。可以用单独的附件信息表、编码域信息表和范围域信息表存储附件数据、编码域数据和范围域数据，将字段域数据直接存储在要素类的描述信息中。使用要素对象的唯一标识符可将地理实体的各类数据进行关联。

每个地理实体应转换为要素对象存储到要素类中，三维数字城市基础平台可以支持要素类的查询和统计。构建属性查询条件可以查询出满足条件的要素对象，例如查询面积大于 $100m^2$ 的建筑实体。构建空间查询条件可以查询出满足条件的要素对象，例如绘制一个多边形范围，可以查询出该范围内所有的建筑实体。输入统计条件，可以得到满足条件的要素对象相关属性的统计结果，例如绘制一个多边形范围，将该范围内所有的建筑实体按层数范围分组，可统计每组实际的建筑实体个数。

要素类可以管理版本信息，实施同步迁入、迁出操作，为多人进行数据作业提供方便。此外，还可以对历史数据进行备份归档和恢复还原，方便历史数据的管理和回溯。在增加起始时间和终止时间标识的基础上，要素类可以管理地理实体的时态数据，实现不同时间段的地理实体的快速定位和变化检测。

8.2.3　数据集和数据源

简而言之，数据集就是数据的集合。在 GIS 数据模型中，要素数据集是共用一个通用坐标系的相关要素类的集合。创建要素数据集后，必须定义其空间参考，包括坐标系以及 x、y、z、m 值的坐标单位及容差，其中，坐标系可以是地理坐标系、投影坐标系或自定义坐标系。要素数据集中的所有要素类不仅必须共用一个通用坐标系，而且各要素对象的 x、y 坐标也应在一个空间范围内。在现有要素数据集中创建要素类时，坐标系也应该继承于该要素数据集。此外，每个要素数据集都有且只有一个模型库和一个纹理库用于存储要素数据集中所有要素类的模型数据和纹理数据。模型库一般包含模型名称、更新时间、精模二进制数据和简模二进制数据；纹理库一般包含纹理名称、更新时间和纹理二进制数据。通过要素数据集可以对模型数据和纹理数据进行增加、删除、编辑和查询操作。

从数据组织方式上来讲，数据集不仅包含要素数据集，还包含影像数据集、倾斜摄影数据集等。影像数据集一般包含影像描述信息和影像数据两部分：影像描述信息包括唯一标识、名称、范围、空间参考、创建时间、密码，以及自定义信息等；影像数据包括影像分块后每块影像的实际二进制数据及其关联的影像描述信息唯一标识。倾斜摄影数据集一般包含倾斜摄影描述信息和倾斜摄影数据两部分：倾斜摄影描述信息包括唯一标识、名称、范围、空间参考、创建时间、密码，以及自定义信息等；倾斜摄影数据包括倾斜摄影分块后每块倾斜摄影的瓦片名称、实际二进制数据及其关联的倾斜摄影描述信息唯一标识。

数据源可以看作是数据集的集合，例如文件型数据库可以把一个文件看作一个数据源，关系型数据库可以把一个 Schema 看作一个数据源。每个数据源由多个数据集构成，可以对数据集进行创建、删除和更新。从数据的表现形式可以将数据源分为：内部数据源、外部数据源、地图服务数据源。内部数据源指的是平台自管理的数据源，通常是以表或键值对的形式进行描述，可以支持通用的关系型数据库，例如 Firebird、Oracle、MySQL、SQL Server、SQLite、PostgreSQL 等，可以支持空间数据库，例如 Spatialite、Oracle Spatial、PostGIS 等，还可以支持 NoSQL 数据库，例如 Unqlite、Memcached、Redis 等。外部数据源指的是第三方数据格式，例如 SHP、DWG、GDB 等，通过对应的 API 接口可以直接读取对象信息。地图服务数据源指的是通过访问地图服务，解析 JSON 键值对从而得到对象信息的数据源，可以支持标准的 OGC 服务，例如 WFS、WMS、WMTS 等，也可以支持平台发布的数据服务，通过统一的数据服务序列化接口进行解析。

下面以制作树模型为例，简要阐述对要素数据集中模型库和纹理库的共享。树要素类的所有的树模型数据和纹理数据都存储在其所属的要素数据集中，在渲染时，会获取当前视口范围内所有的树要素的模型数据和纹理数据。如果当前视口距离较远，即请求的树要素较多，没有模型和纹理共享的话，会多次向数据库请求树模型数据和纹理数据，数据库交互次数过多无疑会对渲染效率产生较大影响，因此，有必要使用树的模型共享和纹理共享，具体做法是：对每个树模型进行中心点归零后，判断每个树模型的顶点个数和顶点位置，对顶点个数和顶点位置都相同的模型就认为是同一模型，可以仅在数据库中存储一次；计算树模型使用的所有纹理，判断每个树纹理的大小和每个像素值，对大小和每个像素值都相同的纹理就认为是同一纹理，可以仅在数据库中存储一次。在渲染时，请求当前视口范围内所有树要素后，如果该树要素的模型和纹理不在内存中，就向数据库请求一次模型和纹理，如果内存中已经存在了该模型和纹理，就不再重复请求，直接从内存中取出进行渲染，从而大大减少磁盘读写操作，加快加载速度，减少内存占用，提高渲染效率。

8.2.4 索引

利用数据库自身的索引机制在数据表的字段上建立索引，从而达到加速属性查询的目的，有效地提高数据的访问效率。例如在 MySQL 数据源的建筑要素类的所属街道字段上建立 BTREE 索引，在属性查询条件为获取所属街道前缀包含“双港”的所有建筑要素对象时，可以快速获得。索引可以分为数据库索引、空间索引和分页索引三类，下面仅对后二者进行简述。

空间索引是对几何对象列建立的索引。三维数字城市基础平台空间查询支持建立多级空间网格索引。根据要素类所有要素对象的几何范围计算最佳的空间网格索引级数和每级网格尺寸，以支持用户输入参数的方式。确定好网格级数后，从第一级即网格尺寸最大的一级开始，计算出每个几何对象实际覆盖的网格集合，记录下对应的几何对象唯一标识、多级网格行列号信息进行存储。如果该几何对象的网格集合记录数超过一定阈值，判断是否有下一级网格，重新计算该几何对象实际覆盖的网格集合，并记录对应的几何对象相关信息进行存储。在空间查询时，可以通过空间索引进行过滤，以更快得到最终的查询结果。例如给定一个多边形范围，查询该范围内所有的建筑要素，首先可以计算该多边形范围覆盖了哪些空间网格，根据这些网格的行列号查询要素类的空间索引信息，得到有可能在该范围内的所有建筑要素，再取出几何对象依次与多边形进行相交空间关系判断，其中通过网格号过滤一部分建筑要素的过程会大大地减少几何拓扑运算的次数，提高空间查询效率。

分页索引是对几何对象进行聚合存储，从而达到批量解析，提高渲染效率的目的。三维数字城市基础平台分页索引可以支持一级分页网格索引和基于抽稀算法的多级分页网格索引。

一级分页网格索引存储该网格范围内所有几何对象的二进制信息集合和渲染所需的属性字段的二进制信息集合。可以根据要素类所有要素对象的几何范围计算最佳的分页网格索引的网格尺寸，也可以支持用户输入参数的方式。确定好网格尺寸后，依次判断每个几何对象的中心点属于哪个网格，就将该要素的几何对象二进制和渲染所需的属性字段二进制都存储在该分页索引网格中。在渲染调度时，根据当前视口的位置获取该位置所在网格的分页索引信息，解析得到的二进制信息可以得到该范围内所有的几何对象和渲染所需的属性信息，从而减少 IO（Input/Output，输入 / 输出）次数，提高渲染效率。此外，考虑到分页索引存储了二进制信息，应该支持数据压缩从而进一步降低数据量。

基于抽稀算法的多级分页索引常用于点云几何对象的渲染。可以根据要素类所有点云要素的几何范围和分布密度计算最佳的分页索引网格级数和每级网格尺寸，也可以支持用户输入参数的方式。第一级即网格尺寸最小的一级，和一级分页索引一样，存储每个网格范围内的所有点云要素的几何对象二进制和渲染所需的属性字段二进制。从第二级开始，通过网格尺寸的增大比例，计算点云要素的抽稀比例，通过抽稀算法去除一定比例的点云要素，存储部分点云要素的几何对象二进制和渲染所需的属性字段二进制。在渲染调度时，若当前视口距离较远，可以仅获取当前视口所在的网格范围内高级别的分页索引信息并解析得到抽稀后的点云要素进行渲染，当显示拉近到一定距离时，再获取当前视口所在的网格范围内第一级的分页索引信息，并解析得到该网格范围的所有点云要素的几何对象二进制和渲染所需的属性字段二进制进行渲染，从而提高渲染效率。

8.3　多源数据

三维数字城市使用的数据种类众多，这些数据的来源是多方面的，格式也不一样。为了有效地使用这些数据，发挥数据的价值，需要将这些多源异构数据进行统一的组织和管理。

8.3.1　点云数据

对点云数据管理最重要的内容在于提高其存储效率——将一定范围内的点云数据构建为一个点云几何对象进行存储。点云几何对象不仅存储该范围内所有点云数据的几何位置和测量值，还要存储每个点云数据的渲染颜色、分类编码以及其他与渲染相关的信息。此外，还可以采用压缩工具将点云几何对象导出的二进制流进行压缩，降低数据传输不完整导致渲染不完全的风险。

以 100M 的 *xyz* 格式的点云实测数据为例，其量测点的个数通过在千万级以上，如果要采用数据库管理点云数据，首先要对点云数据进行分块，块的尺寸可以根据点云实测数据的范围和密度进行自适应变化，避免由于块尺寸过大导致某个点云几何对象包含点数过多而加载慢的问题，也避免由于块尺寸过小导致点云几何对象数过多而增加磁盘 IO 负荷的问题。之后是存储点云要素，根据分块范围获取点云实测数据构建点云几何对象，再加上相关联的属性信息构建点云要素存储到点云要素类中。最后，根据 8.2.5 节介绍的基于抽稀算法的分级分页索引为点云要素类创建分页索引，以提高点云数据渲染的效率。

8.3.2　二维矢量数据

二维矢量数据能够准确记录空间位置信息，反映地理信息特征，基于二维 GIS 平台建立强大的二维空间查询分析统计功能，具有灵活多样的应用形式，已有数据资源丰富。主要存在的二维矢量数据有 ESRI 公司的 .shp 和 .gdb 格式，Autodesk 公司的 .dxf 和 .dwg 格式等。三维数字城市基础平台应对现有二维矢量数据进行有效管理：

（1）实现数据结构的二维、三维一体化，即上述通过数据源、数据集、要素类三层组织结构进行管理，实现便捷的图形属性查询和编辑更新。对二维矢量数据集成分为两种方式：一种是直接连接空间数据库进行动态加载显示，另一种是导入数据库中进行加载显示。

（2）二维矢量数据符号化和标注。三维数字城市基础平台应能支持基本的符号化显示和文字标注，包括二维符号的颜色、线型、填充样式等，三维符号的立体矩形、共享模型等，以及利用数据的属性信息进行标注。符号化和标注方案分为单一模式、唯一值模式、分段模式三种。其中，单一模式是指所有要素按同一种符号进行渲染，唯一值模式是按某个字段的唯一值进行渲染，分段模式是指按某个数值型字段的字段值分段进行渲染（图 8-9）。

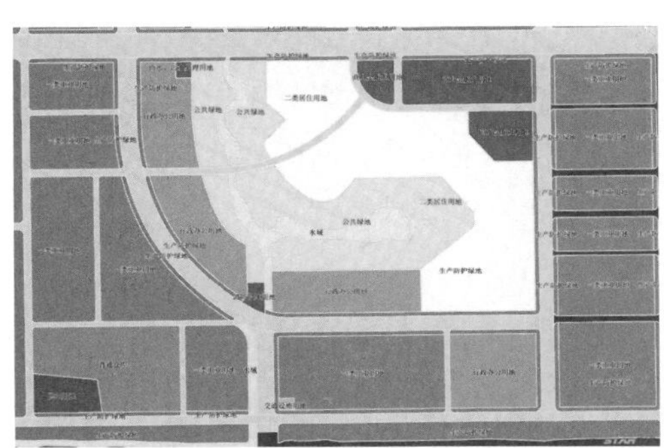

图8-9 符号化与标注渲染示例图

8.3.3 三维模型数据

三维城市建筑模型是构建数字城市三维场景的重要组成部分。比较常见的三维建筑模型是 3ds Max 模型，它是建筑物外表的真实展现。

对三维模型数据的集成与管理 三维数字城市基础平台对三维建筑模型的组织结构详细说明参见 8.2 节内容所述。3ds Max 中图层对应要素类，场景中的一个 Object 对应一个要素对象，以模型实体对象存储在空间列中，模型实体对象包含几何信息及关联模型名称，数据集中存储空间参考、空间范围等信息，同一个数据集使用一个模型库和纹理库用来存储真正的模型及用到的纹理。通过对要素类字段创建空间索引、数据库索引、渲染索引的方式来加快空间查询、属性查询及渲染效率。

三维模型编辑 为了能使三维模型达到实际的应用效果，三维数字城市基础平台不仅需要有对大量数据的支撑能力和渲染能力，还需要具备多种形式的模型编辑能力，以支持真三维分析。

模型平移、旋转、缩放是对模型的基本编辑操作，它们不仅可以直接改变原始模型，也可以改变模型实体对象。每个模型实体对象都存储了定位点和 3×3 矩阵，在三维数字城市基础平台中，通过改变定位点点位完成模型的平移，通过矩阵控制模型绕轴的旋转

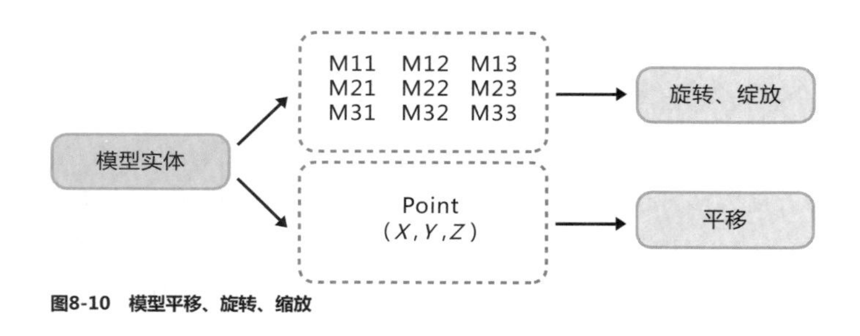

图8-10 模型平移、旋转、缩放

及缩放（图 8-10）。

材质编辑 对模型指定材质的编辑，包括是否开启融合，是否开启光照、漫反射颜色、镜面光颜色，以及贴图的替换等。

模型几何转换 首先是通过多边形、顶面贴图、立面贴图和层高参数将多边形拉伸成模型，用来支持城市规划中方案模型的快速生成；其次，将模型转换为三角面，用于涉及三维空间分析的运算，以完成可视域分析、体拓扑分析、建筑间距分析等。

8.3.4 DTM数据

三维地形是构成虚拟数字环境的重要组成元素，它将真实地面的起伏状态进行数字化表达，并要求地形模型是一种连续、光滑、真实和多分辨率的三维几何模型，这将需要海量的地形数据作为基础。目前的虚拟数字环境仿真应用正朝着地形规模大、地形表面精度高、地表文化特征丰富、地形纹理分辨率高的方向发展，这将造成三维地形模型数据库过于庞大，往往超出普通计算机的硬件计算处理能力，而地形模型的纹理数据量可能超出计算机硬件纹理内存容量，使仿真系统无法实时处理地形和纹理数据。研究如何快速、高效地生成具有高度真实感、实时性好的大规模三维地形是三维数字城市基础平台的关键技术之一。

三维地形的生成通常采用的方法是将 DOM 与 DEM 进行融合处理以生成地形的三维信息，通过 DOM 数据和 DEM 数据的叠加显示，能够逼真地展现地形原貌以及起伏情况。通过专业的 DTM 数据发布工具，能够将航拍数据和高程数据叠加制作为数字地面模型 DTM 数据发布到数据库中，供三维数字城市基础平台进行三维地形显示和应用。

三维 DTM 地形数据的海量、高真实感以及三维可视化系统的实时性和交互性等特点，使得 DTM 转换工具不仅需要具备大区域海量数据高效发布、无缝接边、局部更新、多数据格式支持、多坐标系支持等硬性要求，同时还要求能够在发布环境中实现多个终端并行协同处理以满足对海量地形数据的有效存储调度，以及能够结合场景本身特点对三维地形进行有效简化以减少系统实时处理量，最终实现海量三维地形可视化的实时性和交互性（图 8-11）。

图8-11　海量三维地形可视化

8.3.5　倾斜摄影数据

倾斜摄影测量建模是一种高效的构造城市级三维模型的方法。三维倾斜摄影模型本质上是一个三角网格面模型，是由超高密度的点云数据构建不规则三角网后，再经过纹理映射构建出的能反映真实世界现状的三维模型。为了能够高效地进行浏览和管理倾斜摄影测量建模数据，要对数据进行分块处理和分级简化。整个区域的三维倾斜摄影模型数据的制作需要经过对点云和影像数据的几何校正、平差、多视影像匹配、构建三角网、纹理映射等多个计算密集型的步骤，对硬件计算资源的需求很大。常用的数据处理软件有法国 Acute3D 公司的 Smart3Dcapture、法国 INFOTERRA 公司的 StreetFactory 等。常用的数据格式是 osgb，这也是 OpenSceneGraph 开源渲染引擎支持的格式，是一种公开的数据格式，保证了数据的通用性。

三维数字城市基础平台应能对 osgb 格式的三维倾斜摄影模型数据提供集成、管理和应用的基本功能。

对 osgb 格式的三维倾斜摄影模型的集成与管理　将 osgb 格式的三维倾斜摄影模型数据作为一种地理信息数据来管理，其组织结构与影像数据十分类似，不同的是三维倾斜摄影模型的分块分级金字塔数据已经创建好了；所以，可以把它作为一种数据集来管理，即 8.2.3 节所描述的倾斜摄影数据集。该数据集对象记录了名称、空间参考、空间范围，以及分页分级索引等信息。实际数据的存储管理分为外部和内部两种。

外部管理方式是直接对 osgb 文件进行管理，即保持原来的 osgb 文件组织结构不变，在数据库中只是存储了它所对应的地理信息抽象模型数据。这种管理方式的优点是数据集成速度更快，采用文件管理的方式也使数据的更新更为方便。缺点是数据的安全性不高，文件很零碎。

内部管理方式是把osgb文件采用更紧凑高效的数据格式和组织方式存储在数据库中。这种管理方式的优点是数据量更小、传输和解析更快、能进行分布式存储、安全性更高。缺点是数据入库耗时较长。

倾斜摄影数据的典型应用 ① 倾斜摄影模型单体化——在 GIS 中，对单个实体对象的管理是其基本思想之一，而三维倾斜摄影模型是由一片不规则三角网格面组成的，无法分离出单体结构。目前，对三维倾斜摄影模型进行单体化应用的方式主要有两种，都是依赖对应的二维矢量数据进行的：一种是根据二维矢量范围线，直接将范围内的单体模型从三维倾斜摄影模型中切割出来；另一种是利用三维渲染的手段实现单体的高亮和查询。② 倾斜摄影模型的实时消隐——倾斜摄影模型具有生产效率高、成本低等优点，但是也有明显的缺点——建模效果比较差，尤其是人在近距离看时，会发现有明显的凹凸和拉伸。与基于点云的三维精细模型进行无缝融合既能提高场景的美观度，也能合理地控制成本，是一种创新的应用。例如进行城市级的倾斜摄影建模后，对重点区域或重要街巷的两侧建筑进行精细建模，并将精细建模范围内的倾斜摄影模型采用渲染的手段进行实时消隐，不但不需要对倾斜摄影模型进行二次处理，保留了原始数据，降低了工作量，还提升了重点区域场景的渲染效果和美观程度（图 8-12）。

图8-12 倾斜摄影测量模型数据

8.3.6 720°全景数据

720° 全景数据由于其沉浸式体验已经成为三维数据城市建设的重要内容，如谷歌地图、百度地图、腾讯地图等都将街景地图作为增强体验的重要补充。三维数字城市基础平台应对 720° 全景数据提供集成、管理和应用。

全景数据的集成与管理　原始的全景数据由海量全景影像以及包含全景影像元数据信息的元数据表构成，其中元数据表包含了全景影像拍摄的地理位置、拍摄姿态、俯仰、偏航 (Yaw)、横滚角、拍摄时间、影像名称等信息，因此可以将全景数据作为一种地理数据集进行存储和管理。

全景影像数据集将拍摄的地理位置作为几何信息，拍摄姿态、拍摄时间、影像名称为属性信息，并综合拍摄时间、地理位置等信息构建拓扑关系。三维数字城市基础平台可根据几何信息、拍摄姿态、影像名称信息等内容实现街景地图效果，并根据拓扑关系实现路径漫游。

完整的全景影像分辨率较高，影像尺寸较大，不利于地图的快速浏览，因此全景影像数据集使用缩略图以及分块图实现全景影像的快速浏览及逼真体验。在快速浏览与定位过程中使用缩略图提供路径概览，并通过分块图提供高分辨率的情景再现。

全景数据的典型应用　① 街景地图——二维地图作为数字城市的基础信息，可以提供查询场所位置、规划出行路径等功能；影像地图以影像的方式直观地反映地理环境、空间关系等信息，但这些信息仍然属于二维信息。街景地图可以使用户随意挪动角度，720° 全方位查看周围情景，为客户提供身临其境、沉浸式的体验，使客户获得更加直观的信息，甚至足不出户就能体验异国风情。② 三维数据模型纹理更新——三维数据模型作为三维数字城市的重要内容，由于其动态更新维护管理问题没有得到有效解决，使三维数字城市的实际应用受到限制。建筑物外观更新、广告牌更新等同样是三维数字模型更新的重要内容，但不涉及模型结构更新，只是纹理内容的更新。由于城市级的三维数据模型体量巨大，为三维数据模型纹理变更检测和更新带来困难。全景数据集提供了场景的真实再现并且更新较为容易，因此可以通过三维数字城市基础平台将全景数据集与三维模型数据集的联动显示，快速对比纹理变化，并从全景数据集中提取变更后的纹理内容，实现三维数据模型的快速更新（图 8-13）。

8.3.7　BIM数据

BIM 的核心是通过建立虚拟的建筑工程三维模型，利用数字化技术，为这个模型提供完整的、与实际情况一致的建筑工程信息库。这些模型和信息在建筑的全生命周期中进行共享和传递，持续被各过程参与者利用，进而达到对建筑本身及建设过程的控制和管理。它以设计突破二维到三维、模型参数化、高度精确、全过程集合的技术特点成为建筑及公路等行业的发展方向。然而，它存在的数据格式不统一、注重单体却缺乏宏观、注重设计却缺乏运维等问题促使了 BIM 和 GIS 技术的融合。目前，BIM 工程软件主要有美国欧特克软件 (Autodesk)、美国奔特力工程软件 (Bentley) 和法国达索公司软件 (Catia) 等。

图8-13　720°全景数据示例

三维数字城市基础平台对于 BIM 数据的集成有三种方式：一是直接加载显示，二是通过标准格式文件IFC进行数据信息交换，三是通过各软件提供的程序接口进行信息访问，如 Revit、MicroStation 等提供自己的二次开发 API。

BIM 数据入库　根据项目的应用需求，BIM 数据不同的数据类型到三维数字城市基础平台的转换既要完整保留图元几何、属性、拓扑信息，也要保留图元的材质信息及贴图纹理信息。BIM 数据的组织结构与三维模型相似，一个 BIM 项目对应为一个数据库文件，要素类的划分按照图元类别或者图元原有的图层信息进行，图元与要素类中的要素一一对应，每个要素的属性在图元的属性中获得。

对于 BIM 实体要素信息，由于信息项较多，并且一个图元类别或者图层对应的要素类的所有要素属性项并不相同，所以对于属性信息不能简单地与字段一一对应，需要从属性中提出基本属性和附加属性信息。根据应用需求可抽出的属性信息有：图元唯一标识——与图元一一对应，用于快速查找和定位某个图元；类别——用于按类别查询与筛选；类别 ID——用于按类别 id 进行查询与筛选；名称——图元名称属性；实体类型——对应 Revit 中族名称或者 MicroStation 中的图元类型名称；基础楼层——可根据楼层进行要素选择。附加属性信息包含图元所有属性信息，在还原属性面板中显示内容（图 8-14）。

BIM 轻量化　在很多情况下，BIM 数据的详细程度已经达到一个很高的水平，它与 GIS 结合在一定程度上实现了 GIS 从宏观到微观的转变，但同时也带来了问题。复杂的 BIM 数据对计算机的显示分析、存储计算和数据传输等都会造成很大的负担；因此，需要将 BIM 数据轻量化，降低绘制的复杂性，从而加快绘制速度，主要有以下几种方式：

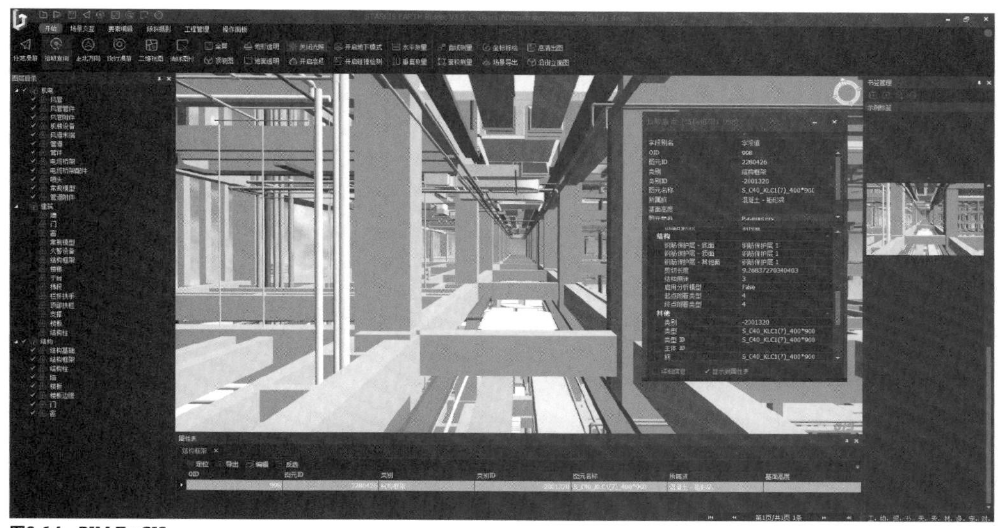

图8-14　BIM To GIS

① 顶点去重复，使用索引数组，字典或者 hash 优化速度。② 使用生成简模的方式进行 BIM 数据轻量化，依据相机视角选择加载精模或者简模。③ 实现模型共享，相同模型对象，仅保存一个模型文件，其他模型实例复用此模型文件，模型实例仅保存位置、旋转、缩放信息。④ 瓦片化技术也是为 BIM 瘦身的一种方式。⑤ 场景匹配。

BIM 数据往往是空间直角坐标系或者缺少必要的坐标系，造成加载到球面上位置有所偏差，此时，需要三维数字城市基础平台坐标转换及动态投影能力，应将 BIM 的空间直角坐标系转换为城市三维模型的大地坐标系，与场景进行精准匹配。

8.4　海量数据调度与渲染

三维数字城市基础平台承载的数据具有海量化、多样化等特点，给计算机的图形渲染带来巨大的负担，为了实现多源海量数据的三维可视化的实时交互操作，需要对它们进行高效的组织和管理。

8.4.1　分页调度与LOD技术

分页调度与 LOD 技术是组织管理海量数据进行三维渲染的常用技术策略。简单来讲，分页调度就是把数据分批载入计算机内存进行渲染。为了保证三维仿真效果，一般是根据三维场景视点位置，动态读取加载和渲染当前视口范围的分页数据，并且当场景视点移动离开该分页数据可视范围后，将已加载渲染过的该分页数据标记为待卸载数据，累计一定时间后，将其从内存中清除不再显示，保证内存中的数据量有限，从而提高场景渲染的帧率，保障三维场景可视化交互的流畅性。

“LOD”意思是多细节层次。LOD技术是指根据物体模型的节点在显示环境中所处的位置和重要度，决定物体渲染的资源分配，降低非重要物体的面数和细节度，从而获得高效率的渲染运算。在三维数字城市基础平台中，可以根据场景视点离渲染对象的远近距离或渲染物体的像素大小来选择相应的细节层次物体进行渲染。例如三维模型物体渲染比较耗资源，就可以将其简化为不同粗细层级的模型，进行三维场景浏览漫游时逐级加载三维模型，从而提高三维场景的渲染速度。

8.4.2 全球与区域分页调度

在三维数字城市基础平台中，三维地形通常是必备的基础背景数据。三维地形的生成一般采用DOM与DEM融合的方式。随着遥感影像技术的快速发展，影像空间分辨率越来越高，导致三维地形数据量非常庞大，一般一个省级的高分辨率地形数据量可达500～1000GB；因此，对海量地形数据进行高效的组织管理与渲染是当务之急。比较流行的方法是利用四叉树结构将地形影像数据进行逐级分块，建立地形影像金字塔LOD对象，方便地形数据的组织管理。在进行渲染绘制时，可采用多线程技术，利用单独的地形数据调度线程实现分页动态调度。

三维数字城市基础平台通常包括球面、平面两种显示模式。不同模式下的地形数据的组织与调度稍有不同。球面模式下，将区域影像与全球背景影像进行地理融合后生成三维数字地球，一般不会直接进行四叉树分块，而是先进行全球的物理分块后再对每块进行分级创建四叉树。例如可以将全球（经纬度范围 -180°～180°，-90°～90°）进行物理大分块（8×4，k=0，1，2，…，31），然后进行四叉树分级（*level*=0，1，2，…），每级地块均有4个子地块，每个子地块在其当前*level*中的坐标为（i，j），根据k，*level*，i，j四个参数进行编码索引，每个索引都会对应唯一地理位置的一块地形数据，每块地形数据包含了DOM、DEM等信息，通过数据库将地形数据组织管理起来。在三维数字城市基础平台中按照同样的规则创建地形管理对象，该对象初始化为k个大地形块节点组成，每个地形节点又包含4个子节点，同样包含k，l，i，j坐标等信息，从而构成四叉树结构的地形渲染场景树（图8-15）。

当用户在三维数字城市基础平台中进行三维地球的漫游操作时，系统渲染线程会先根据视点相机的地理位置进行可见距离裁剪、背面裁剪、过期裁剪、视锥体裁剪等一系列裁剪遍历，筛选出待渲染的LOD地形节点对象，标记其状态为初始化待申请状态，可以将视点相机到地形节点对象的空间距离作为优先级的标准进行优先级的比较，形成加载队列。确保上一级父节点已加载后，才将该地形节点传递给地形调度线程进行数据的申请，在地形调度线程中根据地形节点的索引信息完成地形数据的DEM及DOM数据载入，生成地形节点的几何顶点信息和纹理信息，并标记为已加载状态。在系统渲染线程

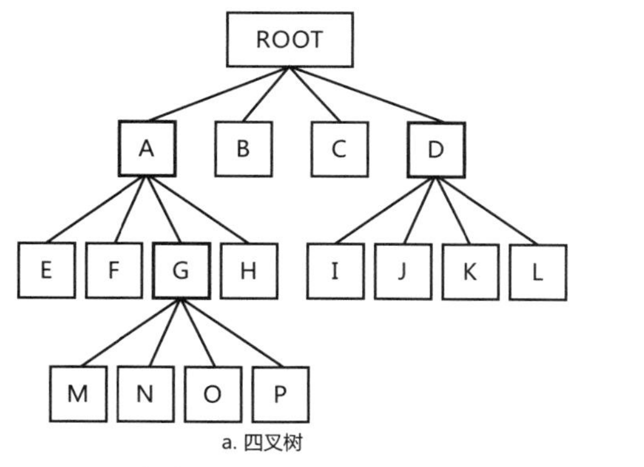

图8-15　四叉树结构示意图

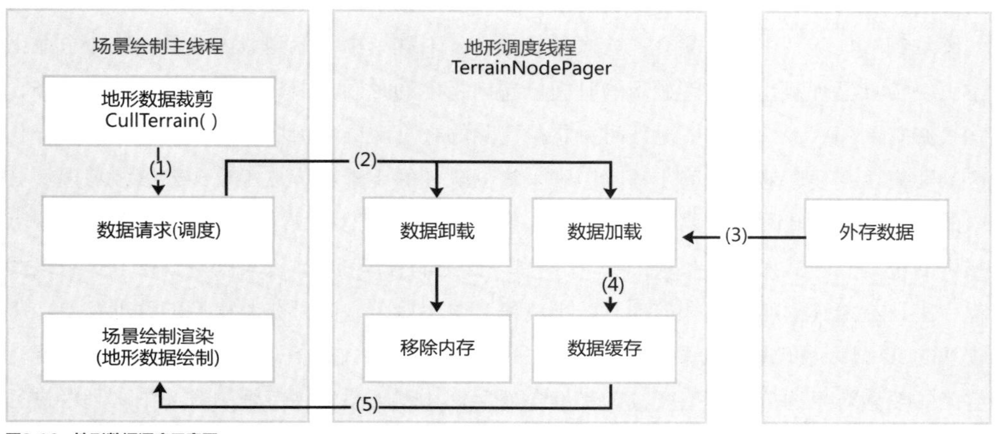

图8-16　地形数据调度示意图

后续帧中会根据地形节点的状态进行进一步的操作，若地形数据已加载，则添加到渲染队列中进行渲染，同时会创建下一级的四叉树子节点添加到场景中，逐一进行同样的裁剪遍历及数据调度过程。若未加载成功，则继续申请载入，直到载入成功才创建下一级四叉树节点。若地形节点（一般是父级地形节点）已加载但渲染显示的时间已超出指定的时间，则将其标记为待清除状态，加入卸载队列，下一帧渲染更新时，将待清除的地形节点从内存中移除（图 8-16）。

在平面模式下，当只有一个区域影像对象时，直接根据区域影像的地理范围四至进行四叉树分块；当有多个区域影像时，需要根据整体的地理范围先进行物理分块，再对每块进行分级，创建四叉树。渲染调度流程基本与球面模式一致。

8.4.3　三维模型的调度与渲染

在三维数字城市基础平台中，三维模型数据通常以要素图层的方式进行分页调度与渲染。一个图层可以划分为多个要素块并通过分块索引管理起来，用来提高分页调度与渲染的速度。一个要素块由多个要素对象组成，每个要素对象又包含模型几何信息和纹理信息；因此，可以为三维模型数据创建三个数据调度线程，即一个分块索引数据调度线程，一个模型数据分页调度线程，一个纹理数据分页调度线程。创建三维模型要素图层时，先根据数据连接信息创建好数据库，读取对象暂不读取具体的模型数据，只读取分块索引信息，创建分页渲染索引块节点加入三维场景树。当用户在三维数字城市基础平台中进行浏览漫游操作时，系统根据视点相机的位置确定要载入的分页渲染索引块节点，并标记其状态为初始化申请状态，传递到分块索引数据调度线程中。在分块索引数据调度线程中，根据分页渲染索引块节点的索引信息完成要素块数据的载入，生成要素块节点对象，并标记为已加载状态。在系统渲染线程后续帧中，会根据分页渲染索引块节点的状态进行进一步的操作，若要素块数据已加载，则裁剪遍历要素块节点对象，将其添加到渲染队列中进行渲染；若未加载成功，则继续申请直到载入成功。若分页渲染索引块节点已加载，但渲染显示的时间已超出指定的时间，则将其标记为待清除状态，加入卸载队列，下一帧渲染更新时，将待清除的分页渲染索引块节点从内存中移除，相应的要素块及要素对象也同步移除。进入渲染队列的要素块节点对象会继续裁剪遍历其中的要素对象，此时还需要动态调度载入要素对象的模型和纹理。首先，需要根据视点相机的位置判断载入哪个层级的 LOD 模型，然后将模型的 ID 传入模型数据分页调度线程中去，载入具体的模型几何信息，生成模型渲染对象，同时获取模型的纹理信息，将纹理的 ID 传入纹理数据分页调度线程中去，载入具体的纹理信息，生成纹理对象。当待渲染的要素对象的渲染模型及纹理都准备好后，才真正添加到三维场景渲染队列中进行渲染（图 8-17）。

8.4.4 二维数据的调度与渲染

二维数据通常也是以要素图层的方式进行分页调度与渲染，实现思路与三维模型数据的基本一致，可参照 8.4.3 节。区别是二维数据仅包含几何信息，不包含模型信息和纹理信息，一个二维要素图层划分为多个二维要素块，一个二维要素块对应一个分块索引并包含了多个二维几何要素。因此，可以仅需要一个分块索引数据调度线程来完成二维要素块数据及包含的二维要素几何信息的分页请求与加卸载管理，进而实现二维要素数据的动态加载与渲染（图 8-18）。

8.4.5 其他数据的调度与渲染

在三维数字城市基础平台中，点云、倾斜瓦片影像、全景影像、BIM 等数据均可采用分页调度的方式进行动态渲染。例如可以先将点云数据进行空间物理分块成多个点云要素块，并建立空间渲染索引，每个点云要素块包含多个点云要素对象，然后再采用分

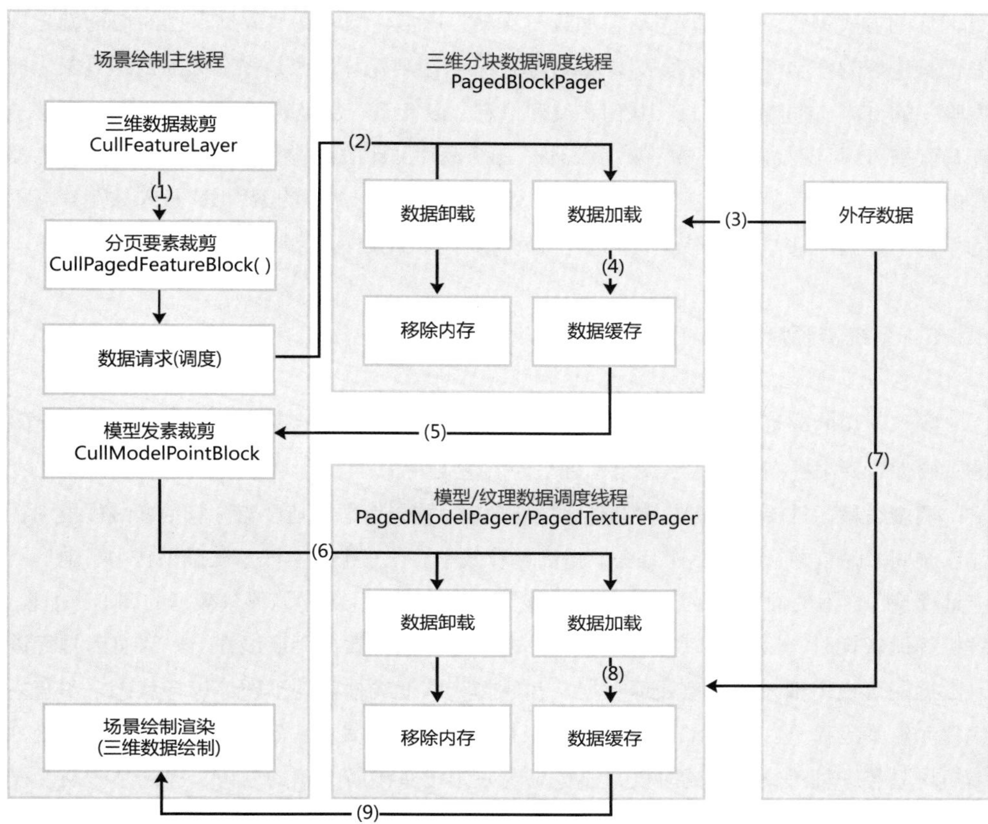

图8-17　三维数据调度示意图

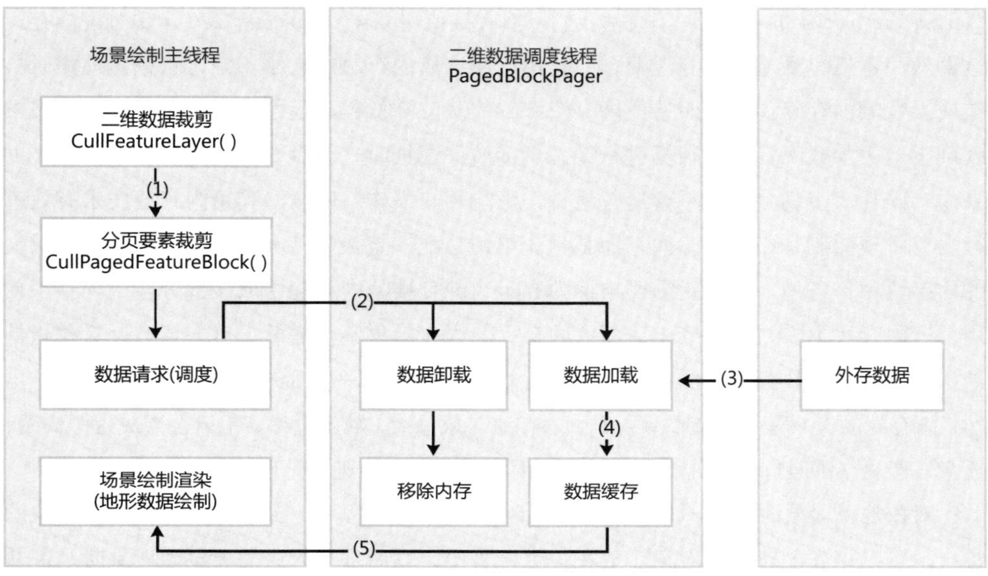

图8-18　二维数据调度示意图

页调度的方式进行点云数据的动态加载与渲染。通常，倾斜瓦片数据自己的结构就是预先已构建好的金字塔物理分块及 LOD 模型。一个倾斜瓦片影像是一个大的瓦片对象，拥有唯一的 ID、空间地理信息、几何和纹理信息，以及下一层级的子瓦片索引 ID。通过子瓦片索引 ID 可以找到对应的子瓦片文件。每个瓦片文件的结构都是一致的，只是瓦片模型的精细程度不同；因此，只需要在分页调度线程中根据瓦片的索引 ID 载入该瓦片对象的子瓦片数据信息，逐级构建下一级瓦片对象即可，此处不再详述。

8.4.6 系统资源管理

除了常用的分页调度与 LOD 技术，我们还要从其他方面考虑尽可能利用计算机有限的软硬件资源来提高三维数字城市基础平台的渲染性能。

调度线程 目前计算机基本都是多核处理器，首先考虑的是要充分利用多线程技术，让系统同一时刻并行处理多个任务，提高计算效率。在三维数字城市基础平台中，地形、三维模型、二维矢量、栅格影像、全景影像、倾斜摄影瓦片等多源海量数据的调度、加载、解析等比较耗时，因此可以考虑为各类数据创建单独的数据调度线程——只有当视点进入数据的可视范围才去调度处理数据，其他时刻调度线程都处于暂停等待状态，不与主线程和渲染线程抢占 CPU 资源。如此可以提高三维数字城市基础平台的整体处理速度，缩短场景每一帧渲染绘制的时长，避免出现三维场景漫游卡顿的现象，提高用户交互操作的流畅性。

内存池 内存池（Memory Pool）是一种内存分配方式，又被称为“固定大小区块规划”（fixed-size-blocks allocation）。通常我们习惯直接使用 new、malloc 等 API 申请分配内存，这种做法不但容易造成内存泄漏，而且由于所申请内存块的大小不定，当频繁使用时会造成大量的内存碎片，从而造成内存资源的浪费，降低程序运行效率。在三维数字城市基础平台中加载海量多源数据进行动态调度渲染数据时，会频繁的创建和释放内存，如果内存碎片太多就会导致平台运行缓慢，影响用户操作；所以，利用内存池技术有效进行内存管理控制是必要的。内存池是预先申请分配一定数量、大小相等、连续、足够大的内存块留作备用，当真正需要申请内存时，就直接从内存池中取一部分空闲内存块使用。若内存块不够，再继续申请新的内存；若内存对象不再需要，可方便通过对象指针地址在内存池中找到对应的内存块，并重新标记为空闲，供后续新的内存申请使用。当然，内存池的大小是有限制的，否则，内存池对象过大，数量过多，不但会造成资源浪费，还会耗费更多的时间。通常 100M 以下的内存使用内存池进行管理比较好。

对象池 对象池（Object Pool）与内存池的应用思想基本一致，它是专门管理对象的集合。可以事先创建一批对象，放在一个链表中，以后每当程序需要创建对象时，都从对象池中获取，不用再花费时间去新建，而每当程序用完某对象后，都会把它归还对象池。采用对象池中的对象，可以减少 malloc/free 操作，避免内存抖动，同时还能节省对象的重复初始化的时间，在一定程度上提高了系统的性能，尤其在动态内存分配比较频繁的程序中效果尤其明显。在三维数字城市基础平台中，三维场景会频繁地动态加载和渲染模型、纹理等对象；所以，可以在智能指针对象的基础上，进一步采用对象池进行管理。

显存管理　计算机系统的内存只是暂时存放数据，不能处理数据，要想显示数据，最终还得把数据传输到显卡内存里。三维渲染绘制的主要对象是三角面片对象（即顶点几何信息）和纹理对象，其中纹理对象占用的内存比较大，例如普通一张 1024 × 1024（像素）的 RGBA 格式的纹理对象就要占用 4M 内存。一帧内通常有大量的纹理对象同时进行绘制，因而对 GPU 的显存要求比较高。当显存占用率比较高时，不但会造成浏览漫游卡顿，影响用户交互体验，甚至还会出现白屏、黑屏或花屏等现象，而长期这样运行还会损害显卡；所以，在三维数字城市基础平台中进行显存管理非常必要。

8.5　数据切片

随着 WebGIS 的不断发展，海量空间数据的存储和访问成为数据应用的瓶颈。通过对不同的数据类型建立切片方案，优化数据存储和访问方式，成为提升地理空间数据管理和应用水平的关键措施。

8.5.1　二维瓦片切片

作为数字城市建设的基础信息，二维电子地图在各个领域都有着广泛的应用，而且随着 B/S 应用、移动应用的普及，对网络地图的需求越来越高；因此，在网络地图方面，OGC 提出了网络地图服务（WMS）规范以及网络地图瓦片服务（WMTS）规范。

WMS 服务针对每个客户端请求实时对数据进行可视化成图，可以实现地图的无级平滑缩放以及自定义图层，具有很高的灵活性，但正因如此，每个请求都要占用大量的计算资源，从而导致 WMS 服务端的并发能力和相应能力较弱。为此，WMTS 采用了一种预定义不同比例尺地图图块的方法提供地图服务，以完成类似影像金字塔的效果，实现地图的平滑过渡与快速显示，从而大大提高了地图服务的并发能力和相应能力。

WMTS 服务通过瓦片矩阵集来表示所有预定义的地图图块。矩阵集中的矩阵表示具体比例尺下的一级地图图块，同时矩阵中定义了访问地图图块的必要参数：矩阵 ID（Identity document）、图块比例尺分母（ScaleDenominator）、左上角坐标（TopLeftCorner）、图块尺寸（TileWidth，TileHeight）、图块范围（MatrixWidth，MatrixHeight）。可以通过以下公式计算出各个矩阵的图块分辨率，并选择适当的矩阵进行访问：

图块分辨率＝屏幕分辨率（DPI）×图块比例尺分母

获得具体的矩阵层级后，则可以通过以下公式计算出具体的地图图块：

$$Tile_{row} = floor\left(\frac{TopLeftCorner_y - y}{\text{图块分辨率} \times TileHeight}\right) \tag{8-1}$$

$$Tile_{col} = floor\left(\frac{x - TopLeftCorner_x}{\text{图块分辨率} \times TileWidth}\right) \tag{8-2}$$

8.5.2 二维矢量切片

二维瓦片地图以预定义地图图块的方式提供了快速、流畅的地图服务，在很多领域都取得了广泛的应用。随着地图应用的不断深化，对网络地图服务提出了更高的要求，如定制地图渲染样式、地图内容及时更新、与地图交互等。采用预渲染工作机制的二维瓦片无法满足这些要求；但是，通过融合矢量数据与二维瓦片切片技术可以为此提供解决方案。

二维矢量切片与二维瓦片切片类似，采用金字塔的方式对矢量数据进行分块，并对分块中的空间数据和属性数据进行编码，以形成便于客户端和服务端高效渲染的切片文件。目前主要的矢量切片文件格式有 GeoJSON、TopoJSON 和 MapBox Vector Tile(.mvt)。二维矢量切片继承了矢量数据和瓦片切片的双重优势，具有以下优势：

（1）高效存储。矢量切片通过编码空间数据和属性数据，存储要素信息完整，但体积更小。

（2）高质量显示。矢量切片数据通过实时绘制矢量数据成图，因此可实现任意比例尺下的高清绘制。

（3）快速更新。相对于传统的二维瓦片切片，矢量切片更加快速，可以短时间内完成全部地图的更新，而且矢量切片还可以更新要素、增加图层，从而使更新更加便捷。

（4）自定义地图样式。矢量切片可以按照用户定义的地图样式进行绘制，从而得到更加美观、更加符合实际操作的地图应用。

8.5.3 三维模型切片

近年来，随着科学技术的发展，三维模型的制作方法日益成熟，如人工模型、倾斜摄影测量模型、三维激光扫描等。一方面，模型的生产周期和成本逐渐减少、大量三维模型数据不断积累，形成海量的数据规模。另一方面，因为三维模型数据包含信息丰富，可以还原真实地物，因此人们对三维模型数据的需求场景越来越广泛，对数据的质量要求越来越高。然而，三维模型由于其丰富的几何和纹理信息往往包含大量数据，在数据显示渲染和调度时对平台具有很高的要求，因此要对数据进行切片处理，提高数据的调度和渲染速度。

三维模型切片的本质是将数据进行分块处理，同时使用 LOD 技术，将数据分为多块、多层。在对数据进行渲染和调度时，不会使用整块数据，而是通过具体的计算确定使用哪块数据，将三维模型由简到精进行过渡显示。通过切片可以大大提升渲染效率，在 B/S 端应用时也可以节约网络带宽，提升响应速度，可以实现海量数据的调度和渲染。

树形结构　数据的分块由树形结构进行组织，如四叉树、八叉树、k-d 树和网格等具有空间关系的树形结构。每块数据具有完全包围其数据内容的包围盒，各个包围盒的空间范围为空间树节点的空间范围。

对数据的分块可以有两种方式：一是进行严格的空间分割，也就是紧凑型树形结构，即每块数据的边界紧密连接，铺满整个数据边界，各个块之间不存在缝隙；二是非严格的空间分割，也就是松散的树形结构，每块数据不是严格的紧密相接，相互之间具有缝隙。因为后者的三维数据往往不是铺满整个空间范围，其中没有数据的部分会造成空间的浪费，也会对数据调度增加压力。在生产数据时，紧凑型树形结构比松散树形结构的难度会低一些，但因为对没有数据部分的判断和剔除的算法通常比较复杂，在对数据的组织上难度较大。

LOD 技术　三维模型通常具有详细的几何结构和丰富的纹理数据。这些细节和纹理特征只有在观察者距离模型比较近时才会看清楚，而在距离较远时，显示所有几何细节和最精细纹理是没有意义的，因此需要根据二者的距离动态调整所显示模型的精细程度——LOD 技术。通过 LOD 技术可以大大降低简模的复杂程度。在观察者距离较远时，可以迅速地渲染和调度 LOD 结构中的简模，在短时间内渲染出视野范围内的模型，只有当观察者近距离观察某部分模型时才显示出这部分的精模。在生产数据时，可以通过具体的需求产生几层不同细节的三维模型。

模型通常的简化手段有几何简化和纹理简化：几何简化是对模型三角面之间的合并或是对点、面的剔除；纹理简化是对模型纹理的压缩。

简模与精模的过渡通常有两种方式：一是逐渐增加细节的方式，即所谓的简模只是精模的一部分，当观察者与模型的距离由远及近时，逐渐增加模型的细节，当观察者与模型的距离由近到远时，逐渐删减模型的细节；二是替换的方式，当观察者与模型的距离由远及近时，使用精模替换简模进行显示，当观察者与模型的距离由近到远时，用简模替换精模进行显示。

8.6　数据服务发布

空间数据是地理信息建设的驱动力，通过构建空间数据服务发布平台，实现空间数据的统一管理、统一监控和统一输出，以标准化、安全化、产品化的方式提供数据服务，从而提升地理空间数据应用价值，促进地理信息产业发展。

8.6.1 地理信息数据服务架构

地理空间数据是城市化信息建设的重要内容，随着科技的不断发展和城市信息化的不断建设，不同的行业和机构已经积累了大量的地理空间数据。如何提升地理空间数据的管理和应用水平，满足政府和公众的不同需求，使地理空间数据为经济、为社会创造更大的价值成为亟待解决的问题。

地理信息数据服务架构以地理空间数据为基础，整合地理处理工具为服务，形成地理信息服务系统和平台，通过网络为政府和公众提供服务，即空间数据服务器、GIS 服务器和应用服务器。一方面，通过集成地理信息技术和计算机网络技术建立地理信息数据服务平台，提供地理信息在线服务，极大方便了地理数据的访问，提升了地理信息的使用水平；另一方面，通过地理信息数据的集中获取、管理和维护，实现了地理信息的共享与交换，降低了获取地理空间信息成本（图 8-19）。

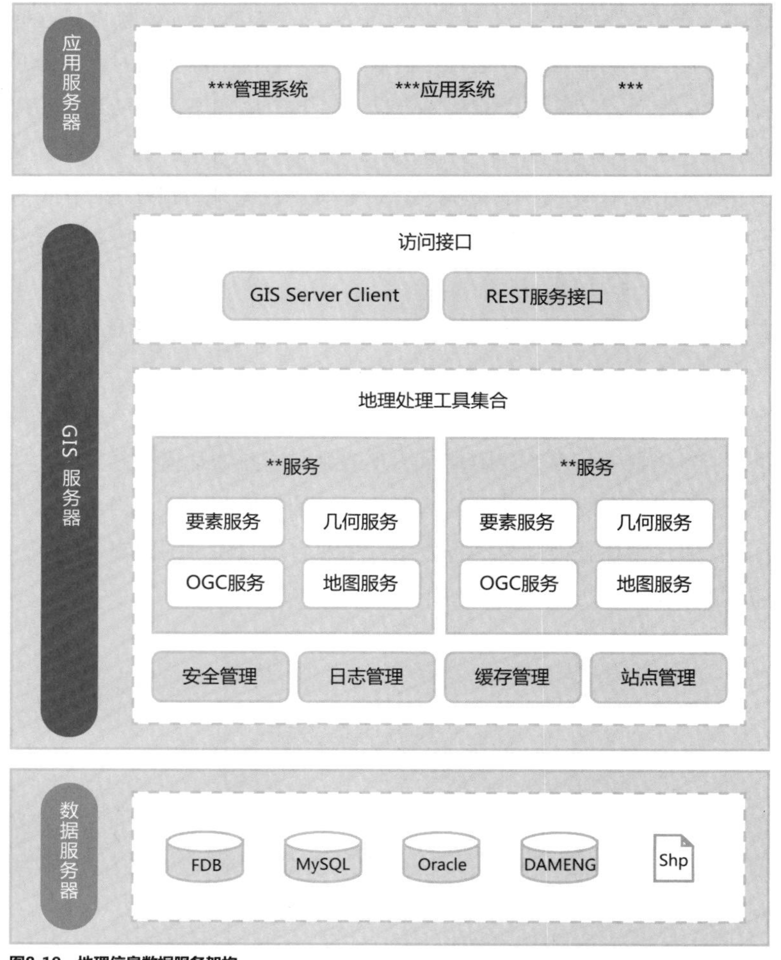

图8-19 地理信息数据服务架构

空间数据服务器是地理信息数据服务架构的基石。地理空间数据描述了地理实体的空间特征和属性特征，对城市的建设、管理和发展具有重要指导意义。但是在 GIS 的发展过程中，产生和积累了不同存储格式的空间数据，如文件型、文件数据库混合型、数据库型等，多源数据的集成和使用一直是各个 GIS 软件的重点和难点。通过空间数据服务器进行多源数据的集成和管理，同时以标准的数据格式对外提供服务，既可以提供实现地理信息的共享与交换，也可以降低客户端对数据的使用难度，使客户端以相同的方式访问不同存储格式的空间数据。

GIS 服务器为地理信息数据服务框架提供工具集。空间数据服务器简化了用户访问空间数据的过程，但用户还是要使用不同的客户端产品对空间数据进行加工和处理，以获得期望的结果，这对客户端和用户都提出了不同程度的要求。如果可以将各个地理处理工具集合至 GIS 服务器中并发布为服务，客户端就可以直接调用服务结果进行显示而不需要其他处理，大大简化了地理处理工具的使用，同时也提高了数据的处理和应用水平。

应用服务器为地理信息数据服务框架的消费者。GIS 服务器提供的往往是单个地理服务，如地图服务、要素服务、查询统计服务、网络分析服务等。一个信息系统或管理系统为最终用户提供服务和信息，可以使用 GIS 服务来进一步增强自己的服务效果，如使用地图服务直观显示位置信息，使用路径分析服务为用户提供导航功能等，此时应用服务器就作为 GIS 服务器的消费者。

8.6.2　数据服务标准

随着科学技术的飞速发展，出现了不同种类的可以访问互联网的终端设备，同时数据服务应支持不同的终端和用户，地理信息数据服务架构应该遵守一定的标准和规范。

（1）地理信息数据服务架构的接口应该符合 REST 标准和规范。REST（Representational State Transfer，表现层状态转移）由 Roy Fielding 在其博士论文中提出，认为应该在符合架构原理的前提下，理解和评估以网络为基础的应用软件的架构设计，通过一组结构约束条件和原则，得到一个功能强、性能好、适宜通信的架构。所以地理信息数据服务架构设计和接口设计应该参照 REST 标准和规范，以得到适宜通信的、可适用于不同终端设备的服务接口。

（2）地理信息数据服务架构的服务应该符合 OpenGIS 标准和规范。OpenGIS（Open Geodata Interoperation Specification，开放的地理数据互操作规范）由美国 OGC（OpenGIS Consortium）协会提出，地理信息数据服务架构的服务符合 OpenGIS 标准和规范，可以使终端已标准的方式访问和使用地理数据和地理服务，从而使服务具有可扩展性、可移植性、开放性和易用性。

8.6.3 网络内核设计

网络内核是驱动地理服务的动力，其网络处理能力决定了地理服务器的性能。现在网络上已经存在各种各样的网络库，如 libevent（C++）、Netty（Java）、Twisted（Python），这些网络库通常使用 Reactor 模式（事件驱动），不仅简化了服务程序的开发过程，同时也为服务程序提供了高效的网络处理能力。

Reactor 模式是同步 IO 中处理并发的一种常见模式，采用“IO 多路复用 + 非阻塞 IO”实现：将非阻塞 IO 注册到 IO 多路复用器中，此时主线程 / 进程将阻塞在 IO 多路复用器中；当非阻塞 IO 就绪（如 socket 可读或可写）或者超时时，IO 多路复用器返回并对事件进行处理。

```
while(run)
{
    vector<channel> active_channels;
    active_channels = poller(time_out);
    for(int i=0; i<active_channels.size(); ++i)
    {
        active_channels[i].handle_events();
    }
}
```

在 Reactor 模式中，主要包含以下参与者：资源句柄（handle）——描述要观测的资源，如 socket、文件、定时器等；事件处理器（handler）——当资源就绪时，对资源的事件进行处理，如读写 socket；资源管理器（chanel）——资源句柄和事件处理器的容器，用于实现面向对象封装，可选；IO 多路复用器（demultiplexer）——观测资源句并阻塞，在资源句柄就绪或超时时返回；Reactor 管理器——重复执行循环过程，并在过程中注册感兴趣句柄，监听 IO 多路复用器，处理活动句柄事件。表 8-2 对 Reactor 的具体使用方式进行了描述。

表8-2 Reactor模式使用方式

	服务程序线程数	各线程角色
单Reactor+单线程	1	线程执行Reactor及事件处理
单Reactor+线程池	1+线程池线程数	Reactor线程执行网络IO，线程池执行事件处理
多Reactor+单线程	Reactor数	每个Reactor占用一个线程，负责网络IO和事件处理
多Reactor+线程池	Reactor数+线程池数	Reactor分为主从Reactor，主Reactor负责建立新连接并分配至从Reactor，从Reactor负责网络IO，线程池负责事件处理

（1）单 Reactor+ 单线程。这是 Reactor 的最简单模式，此种工作方式下，服务程序只包含一个工作线程，该线程同时负责 Reactor 功能及事件处理功能，即 Reactor 负责接受并建立新连接，读写 socket，事件处理负责处理每个 socket 注册的事件。

（2）单 Reactor+ 线程池。与第一种工作方式相比，此种工作方式下，服务程序只是附加了线程池功能，用于处理比较耗时的事件，从而降低响应事件，此时服务程序具有的线程为 Reactor 线程和线程池线程。

（3）多 Reactor+ 单线程。此种工作方式是对第一种工作方式的扩展，服务程序使用多个 Reactor 管理器，并分为监听 Reactor 管理器（主）和工作 Reactor 管理器（从），监听 Reactor 管理器监听服务端口，并将建立的新连接分配至工作 Reactor 管理器，工作 Reactor 管理器监听其负责的连接的网络事件并对网络事件进行处理。服务器程序拥有的线程数为 Reactor 管理器数。

（4）多 Reactor+ 线程池。此种工作方式结合了多 Reactor 管理器与线程池的优势，多 Reactor 管理器负责监听服务端口和工作连接，线程池负责处理事件，从而实现高网络性能。服务程序使用的工作线程数为 Reactor 管理器数和线程池中的线程数。

8.6.4　分布式与集群部署

通过优化网络内核设计，可以获得高性能的 GIS 服务器。然而，由于网络带宽、服务器并发访问数、计算机硬件等条件限制，单一服务器的 GIS 站点性能有可能仍然不尽如人意，无法满足多用户的并发访问需求。此时，需要使用集群部署对服务器进行水平扩展来增强站点性能，提升用户体验的满意度。

负载均衡是指在现有网络结构基础上部署多台服务器节点，然后通过负载均衡器将请求按照一定的策略分摊到多个服务器节点上进行处理，从而有效、透明地增强站点的网络处理能力和吞吐量。

负载均衡按照部署方式可以分为硬件负载均衡和软件负载均衡。硬件负载均衡是指在外部网络和服务器间安装负载均衡设备，负载均衡设备负责请求的分发或转发；软件负载均衡是指在外部网络和服务器间部署负载均衡软件或系统，由具有负载均衡功能的软件或系统负责请求的分发或转发。

软件负载均衡由于部署灵活而被广泛使用，根据负载均衡器的工作网络协议层次，软件负载均衡通常可以分为七层负载均衡、三层负载均衡和二层负载均衡。

七层负载均衡工作在网络结构的应用层（即第七层），通常使用反向代理服务器作为负载均衡器，所以七层负载均衡也可以称为“反向代理负载均衡”。反向代理负载均衡通过反向代理服务器接收和解析应用层协议，如 HTTP，并将请求按照策略分发给后端实际服务器进行处理。目前，主流的 Web 服务器都支持反向代理功能，如 Nginx，也有专用于七层负载均衡的软件，如 Haproxy。

三层负载均衡和二层负载均衡分别工作在网络结构的网络层和链路层，通常使用 Linux 内核作为负载均衡器。Linux 内核负载均衡器在接收到请求网络数据包后，不会将网络数据包传入用户空间，而会根据负载均衡设置修改请求网络数据包的 IP 地址或 Mac 地址，进而使请求网络数据包到达真实的服务器并进行处理，所以三层负载均衡和二层负载均衡又可以称为“IP 负载均衡”（LVS-NAT）和“直接路由负载均衡”（LVS-DR）。由于三层负载均衡和二层负载均衡工作在操作系统的内核空间，不需要解析应用层协议，不需要建立冗余连接，因此其工作效率高于七层负载均衡。

GIS 站点的可用性很重要。负载均衡一方面通过多台实际服务器承担请求提高了站点的性能，另一方面也通过多台实际服务器提高了站点的可用性，使单台实际服务器出现问题时仍然可以由其他服务器承担请求处理。然而，如果负载均衡器发生了故障，不能进行请求的分发或转发时，整个系统都会发生故障，即所谓的“单点故障”。

通过配置使得故障可以平滑转移，才能保证负载均衡器的高可用性。简单地讲，可以通过主备两台负载均衡器以及心跳检测来实现负载均衡器的高可用性。通过对主负载均衡器进行心跳检测，一旦主负载均衡器停止心跳，即可将负载均衡功能转移至备用负载均衡器，转移还包括服务 IP 转移。如 keepalived 通过 VRRP 协议实现了故障检测与故障转移。

8.6.5　服务访问控制

三维数字城市基础平台集成二维基础数据、规划数据、专题数据、三维数据、地下综合管线数据、勘察地质水文数据等涵盖 400 余个层面的数据，涉及国土空间规划、土地管理、海洋管理、林业管理、不动产管理等多方面业务。鉴于数据的安全性考虑，一方面需要防止误操作、人为破坏、数据泄露等；另一方面，要做到数据隔离。国土空间规划、土地管理、海洋管理、林业管理、不动产管理等业务单位能看到的数据是不同的，数据只能被指定角色的人查看。此外，对于相同业务单位、政府单位、企业与公众的权限范围要求是不同的。因此，要对数据服务进行权限控制，实现对用户访问资源或者系统功能的限制，按照管理员定义的安全规则或权限策略，限制用户只能访问自己被授权的资源，从而实现适度、安全，降低人为风险；隔离环境，提高工作效率；权责明晰，规范业务流程。

服务权限管理相关工作可以分为两部分内容：一是管理用户身份，也就是用户身份认证（Authentication）；二是用户身份和权限的映射关系管理，也就是授权（Authorization）。用户身份认证环节在 Hadoop 生态系中常见的开源解决方案是 Kerberos、LDAP 等，而授权环节常见的解决方案有 Ranger、Sentry 等，此外还有像 knox 这种走 Gateway 代理服务的方案。

用户的身份首先通过密码向服务器进行验证，验证后的有效性会在用户本地保留一段时间，这样就不需要用户每次连接某个后台服务时都输入密码。其次，用户向服务器申请具体服务的服务秘钥，服务器会把连接服务所需信息和用户自身的信息加密返回给用户，这里的用户信息是进一步用对应的后台服务密钥进行加密的，由于用户并不知晓后台服务密钥，所以也就不能伪装或窜改此信息。再次，用户将这部分信息转发给具体的后台服务器，后台服务器接收到信息后，用密钥解密得到经过服务认证过的用户信息，再和发送此信息的用户进行比较，如果一致，就可以认为用户的身份是真实的，可以为其服务。

授权常见的权限模型包含RBAC、ACL、POSIX、SQL Standard，此处重点说明RBAC模型。它包括用户、角色、权限，其中用户和角色是多对多的关系，角色和权限也是多对多的关系。

用户是发起操作的主体，可以是后台管理系统的用户，也可以是客户端访问的用户。管理员用户可设置访问用户是否启用状态。

角色起到了桥梁的作用，连接了用户和权限的关系，每个角色可以关联多个权限。如果一个用户关联多个角色，那么这个用户就有了多个角色的多个权限。管理员只需要把该角色赋予用户，那么用户就有了该角色下的所有权限，这样设计既提升了效率，也有很大的拓展性。

权限是用户可以访问的数据资源，可通过数据资源目录加载服务，将数据服务权限绑定角色。不同用户通过选择角色，最终和权限产生关系，结合前后端的权限校验，实现权限控制。

用户可以使用、创建和共享大量地理内容，包括地图、场景、应用程序和图层等。各个用户以不同方式访问和使用内容的能力取决于其拥有的权限，可使用用户类型控制，可通过角色分配给成员的权限范围，支持的用户类型如下：

Viewer——可以查看服务共享的数据，如公众。此类用户类型非常适合需要在安全环境中查看服务数据的组织成员。Viewers 无法创建、编辑、共享或分析数据。

Editor——可以查看、编辑用户共享的地图和应用程序中的数据，如政府单位和企业。此类用户类型也可以与客户创建的自定义编辑应用程序一起使用。Editors 无法分析或创建数据。

Creator——具有 Viewer 和 Editor 用户类型的所有功能，以及创建内容、管理组织和共享内容，如政府单位和企业。此类用户类型专为需要创建地图和应用程序的人员而设计。

服务权限管理一直是应用中不可缺少的一部分。服务资源种类很多，国土空间规划、土地管理、海洋管理、林业管理、不动产管理等不同业务类型用户也很多，且对服务资源需求不同。通过服务权限管理使之应用更灵活，与业务和流程的兼容适配性更好，对平台自身权限管控能力的依赖性也更小，甚至还可以根据业务逻辑针对性定制权限管控策略。

8.7 工程实践

基于上述技术，我们团队自主研发的 STARGIS EARTH 平台已在城市规划、地下空间管理等领域得到了广泛应用，除了与天津市内多家企、事业单位达成合作外，还与全国各地 20 多家单位达成了合作。其中，典型应用包括规划自然资源“一张图”综合应用系统、三维规划综合管理系统、地下综合管线管理系统等。

8.7.1 某市规划自然资源“一张图”综合应用系统

基于三维数字城市基础平台 Web 接口开发的“一张图”综合应用系统集成管理了某市约 1.2 万 km^2 的各类二维、三维地理信息数据。数据涵盖地上、地表、地下、过去、现在、未来等多时空尺度，包括地形地貌、工程地况、现状资源、空间管控及社会管理等 5 大类，共 400 余个图层，数据存储量达 10TB，解决了大范围、多尺度的海量地理信息数据有效管理、快速调度显示和高效立体空间分析的技术问题。该系统已在该市规划与自然资源局以及各区分局得到了广泛而深入的应用（图 8-20）。

图8-20 “一张图”综合应用系统界面

8.7.2 某区三维规划综合管理系统

基于三维数字城市基础平台 C# 接口开发的某区三维规划综合管理系统集成管理了该区约 $460km^2$ 的各类二维、三维地理信息数据，对三维的建筑、城市部件、景观绿化，以及植被、农作物等地理实体进行精细化建模和单体化管理。其中，植被、农作物等各类数据的单体要素数量达千万，解决了高密度、超精细、单类别海量数据的高效管理和流畅渲染的技术问题。同时，技术团队开发了退线分析、控高分析、天际线分析、阴影分析、方案对比等专业功能，为该区更加科学有效地进行城市规划、设计和管理提供了数字化的辅助手段（图 8-21）。

8.7.3 某市三维数字城市审批系统及地下综合管线管理系统

基于三维数字城市基础平台 C# 接口开发的某市三维数字城市审批系统及地下综合

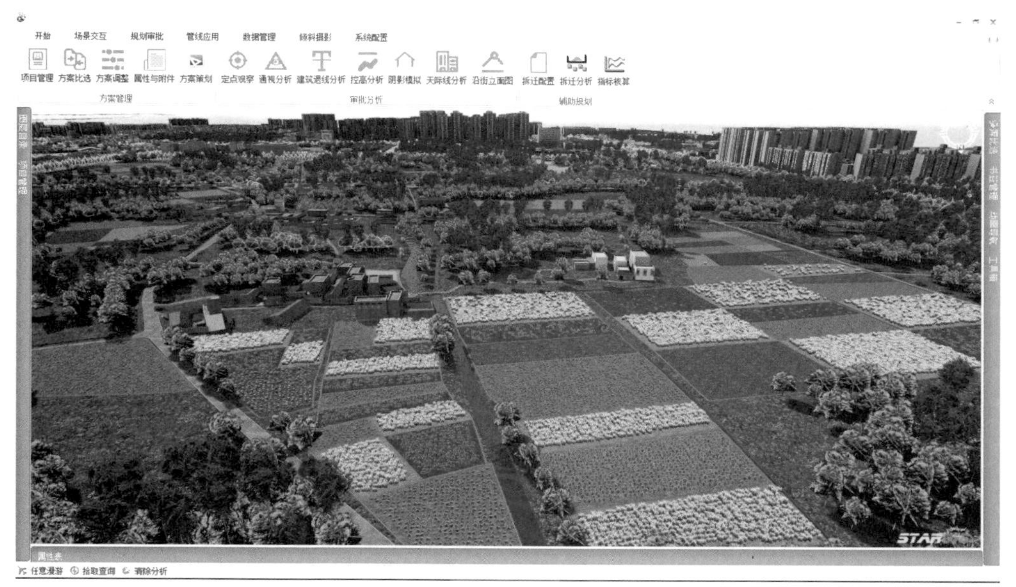

图8-21　三维规划综合管理系统界面

图8-22　三维数字城市审批系统界面

管线管理系统集成管理了某市建成区 470km² 的各类二维、三维地理信息数据，包括倾斜摄影测量数据、重点区域及主干路两侧的三维精细模型、三维地下综合管线数据等，解决了全域倾斜摄影测量数据与重点区域及主干路两侧三维精细模型叠加冲突问题，实现了冲突区域的实时消隐。技术团队创新地提出了倾斜摄影测量数据与三维精细模型无缝融合的建设方案，使三维数字城市建设的效果和成本得到了平衡（图 8-22）。

第9章 三维数字城市应用

城市是社会经济发展和人民群众生产生活的重要空间载体，是人类文明进步的见证。城市快速发展和人民生活水平不断提升，为城市的精细化管理带来了新的挑战，而在科技日新月异的今天，构建一个人人积极参与的城市信息化管理平台已成为大势所趋。通过移动测量、实景三维、移动互联、物联网等前沿技术搭建的实景三维数字城市，将打造出“人人热爱城市，人人参与城市管理”的和谐发展新局面（王宇，2011）。

三维数字城市的本质是对城市空间和城市要素的彻底数字化和虚拟化。通过在虚拟数字空间中刻画三维数字城市精细模型，能够实现城市全状态实时化和可视化，城市管理决策协同化和自动化。

三维数字城市建设是一切智慧城市建设的基础，作为城市数字空间的基础底座，其全局视野、精准映射、模拟仿真、虚实交互等典型特性将加速推动城市治理和各行业领域应用的创新发展，包括城市规划管理、城市建设管理、城市公共安全管理、城市应急管理、智慧园区管理、自然资源管理等。三维数字城市中，所有主体数据都将叠加时空信息，每个物理实体任何时间、任何地点的状态均可以连续精准地映射到数字孪生世界（李志鹏，2020）。中国信息通信研究院发布的《数字孪生城市研究报告》指出，基于数字城市中三维精细化模型建设，将形成若干全域视角的超级应用，如城市规划的空间分析和效果仿真，城市建设项目的交互设计与模拟施工，城市常态运行监测下的城市特征画像，依托城市发展时空轨迹推演未来的演进趋势，洞察城市发展规律以支撑政府的精准施策，城市交通流量和信号仿真以使道路通行能力最大化，城市应急方案的仿真演练以使应急预案更贴近实战等。另外，基于单个个体的三维数字城市精细化建设，也将同时开启个性化服务的新时代（图 9-1、图 9-2）。

图9-1　高精度三维数字城市模型一

图9-2　高精度三维数字城市模型二

9.1 城市规划管理应用

2020 年 6 月 10 日，中华人民共和国自然资源部表示，将充分利用基础测绘成果，以遥感影像为背景，集成整合地下空间、地表基质、地表覆盖、业务管理等各类自然资源和国土空间数据，按照统一的标准，构建自然资源三维立体“一张图”，全面真实地反映自然资源现实状况和自然地理格局，为国土空间规划、用途管制、耕地保护、审批监管等自然资源管理和决策提供重要支撑和保障。随着社会的发展，人们对城市的需求不断发生变化，对城市带来的生活幸福指数要求越来越高，城市设计者在设计过程中考虑的问题也因此越来越多。基于高精度三维数字城市模型，事先将规划设计方案“立”在真实空间中，有效辅助规划师通过整合多源数据，呈现更完整的城市构想，作出更完善的城市规划决策。

9.1.1 多维数据支撑规划分析

城市空间规划的编制需要依托大量的现状数据，而新的城市建设要求对城市形态和空间布局进行有效的控制和合理引导。三维立体空间数据组织有更直观、更科学、携带信息量更大等优势。通过“三维立体 + 时间”的多角度、全方位、全时空、多维数据管理与展示技术，实现现状数据、规划数据、社会经济数据等二维、三维一体化的多维数据管理（图 9-3）。以下仅就各数据的三维化作出补充说明。

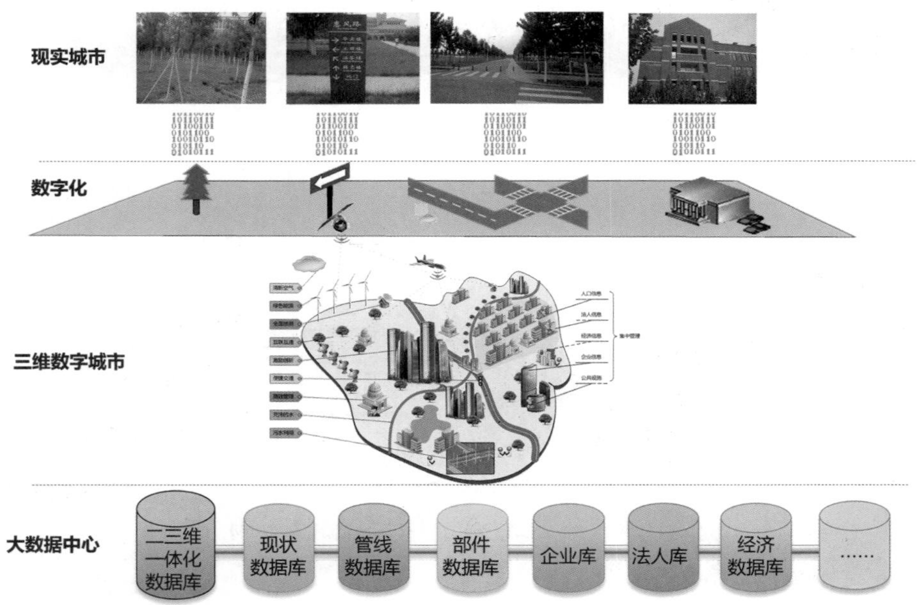

图9-3 多维信息的“一张图”集成

（1）现状数据三维化。国土空间基础数据包括：土地利用现状、行政区划、遥感数据等基础底图数据，高程、土壤、地形、地貌、地质等自然环境数据，建筑基底、建筑高度、建筑结构等人工环境数据，洪水位线、蓄滞洪区、气象、森林植被分布、保护物种分布等自然资源数据，以及其他现状数据。在三维数字空间中，根据现状地形数据或地理高程数据，结合遥感卫星图、地质环境数据，生成三维地形环境模型，通过集成倾斜摄影、城市三维高精模型、建筑基底参数化建筑体框模型、城市街景、地下管线、地下空间等数据，构建三维立体的城市模型。在此基础上，汇聚基于国土资源调查、地理国情普查、自然资源专项调查等信息化工作积累的丰富国土资源大数据，以尽可能真实、完整地还原现状环境，形成“数字孪生国土空间”（图 9-4—图 9-6）。

（2）规划数据三维化。为支撑国土空间规划的编制需要，在现行总体规划、专项规划、

a. DEM

b. 建筑体框三维模型

图9-4　多源数据示例

图9-5　城市精细三维模型示例

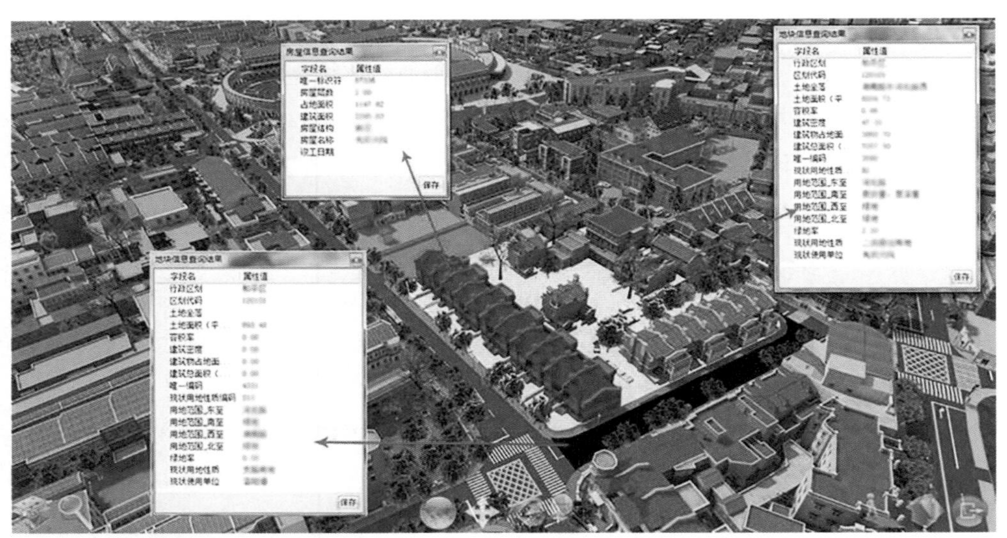

图9-6 可集成数据模型示例

详细规划成果归集的基础上，更注重经济、人文、空间适宜性和资源环境承载力等规划约束指标。在三维空间中，同一区域通过三维体块的高度、颜色、中心点等可同时直观表达多个约束指标，区域间的 OD（Origin-Destination）联系度可通过颜色、密度、粗细携带更丰富的信息，形成直观的“规划约束条件”（图 9-7）。

（3）社会经济数据三维化。行政区域内 GDP 总量、人均收入、人口规模、入学率、失业率等社会经济数据是较为宏观的一类，在三维环境下，从较大空间尺度下的不同省份，到微观尺度下的不同城市分区，其社会经济体量大小都能通过三维化体块的高度和颜色呈现，形成空间可视化的数据。

规划分析是规划编制必不可少的环节，国土空间规划体系提出了资源承载力评价和国土空间开发适宜性评价“双评价”，对规划分析有了新的更高要求。在三维虚拟现实的环境下，将自然要素扩散、流动、传播等动态模拟，从而提高评价的精细、准确性；将评价结果与现状三维环境叠加对比，从而验证合理性，及时作出评估反馈；在规划审查中，通过构建强制指标管控盒，核验下位规划与上位规划的一致性，为国土空间规划审查提供便捷技术手段（图 9-8、图 9-9）。

a. 多规合一

b. 控高限制

图9-7 规划条件智能管控示例

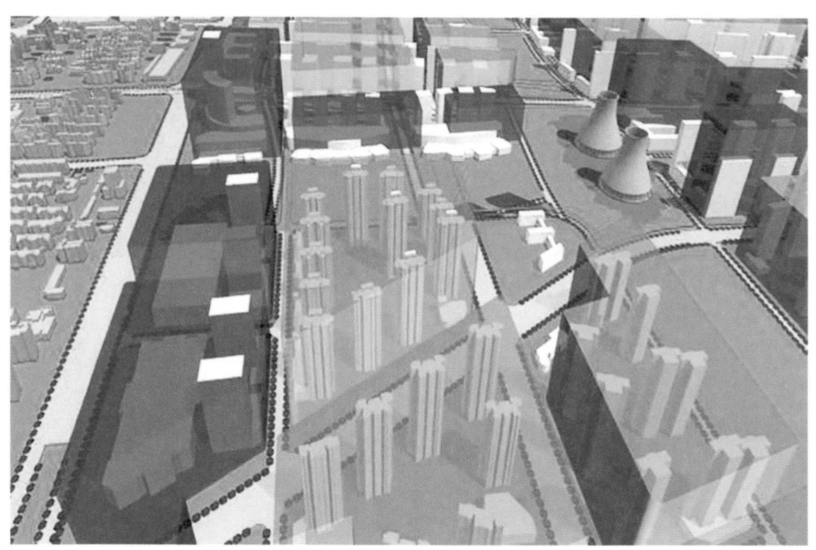

图9-8　空间指标管控盒示例

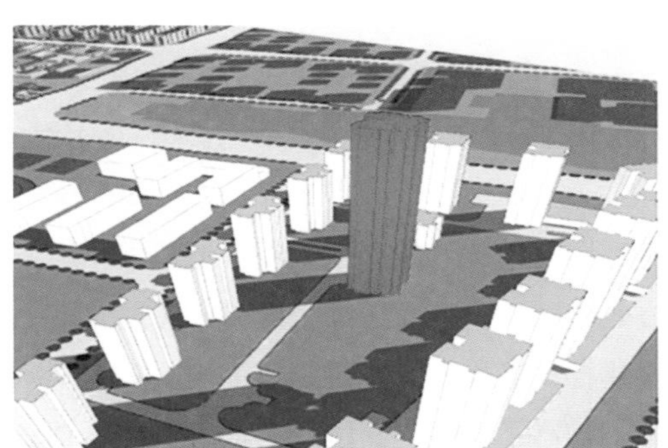

图9-9　控规与策划方案指标对比示例

9.1.2　城市仿真辅助审批决策

三维数字城市，通过将城市设计在电脑里“立”起来，实现城市设计从平面分析向三维空间形态分析的转变，更直观、准确地辅助城市设计导则编制工作，使城市空间形态、体量关系、天际线等关键因素的研究和分析更加直观。

在项目策划时，通过三维实景模型，能够对城市空间布局、空间形态、体量关系、功能布局等直观审视，实现对三维城市设计的实时调整和指标的联动，实时核验容积率、建筑密度、建筑限高、道路退线等指标，及时预警，为规划设计方案策划、研究提供支持。

在建筑设计方案研究中，通过三维 VR 技术可以站在任意角度，以任意视角，审查建筑空间、体量、与周边环境的协调度等，并可直接调整建筑的高度、位置、朝向等指标，为分析建筑空间布局合理性、空间关系的协调性，评价城市界面、天际线、规划指标条件等提供决策支持，提高审批决策的效率和科学性（图 9-10、图 9-11）。

图9-10　建筑植入城市规划设计

图9-11　建筑植入现状城市环境

9.1.3　指标核验实现立体管控

在城市规划审批过程中，传统二维地图上，核定用地只能直观表现用地范围，地下空间、地上建筑高度等只能通过属性描述等方式体现；但是在三维空间中，通过建立地下空间体块，建立地下空间管控模型；通过构建控规管控盒，确定建筑高度、容积率、建筑密度等地上空间管控模型，多元化表达地上控高、地下空间边界、地上空间体量、空间使用性质、界内界外用地范围等指标。建立三维空间管控模型，能够更加直观、高效、准确地表达规划条件，形成多规立体管控（图 9-12）。

图9-12　多规立体管控示例

在建筑规划设计审查中，通过多屏对比，实现多方案的比选，为审视建筑方案细部、立面色彩，推敲形体、风格等提供生动、直观的技术支撑。实时调整设计方案各参数，实时完成容积率、建筑面积、建筑密度、绿地率等设计指标的自动更新，实时完成城市设计、天际线、控高、阴影等指标的动态计算和智能分析，快速识别于方案与管控模型间差异，及时高亮预警，实现所有指标的智能核验（图 9-13、图 9-14）。

在立交、隧道等复杂道路规划设计和城市地下空间规划设计的审查中，三维数字城市建设同样发挥着方案比选、多规立体管控的重要作用（图 9-15、图 9-16）。

图9-13　多方案比选示例

图9-14　空间优化分析示例

图9-15　地下空间设计示例

图9-16　地下管线分析示例

9.1.4　全量数据支撑科学选址

三维数字城市应用于项目策划生成阶段，可针对尚未确定选址点的项目提供备选地块分析功能，根据项目用地性质、用地规模、建筑面积、建筑密度，以及对现状或周边的要求，在指定的空间范围中查找符合要求的建设用地或者建设用地组合，大大缩短对重点、紧急项目选址的反映时间。

针对已确定选址范围的项目，根据项目的用地性质、项目规模、用地范围，叠加国土空间规划的管控线，全量分析项目选址于强制指标、推荐指标等指标的符合性，为项目选址决策提供决策依据（图 9-17）。

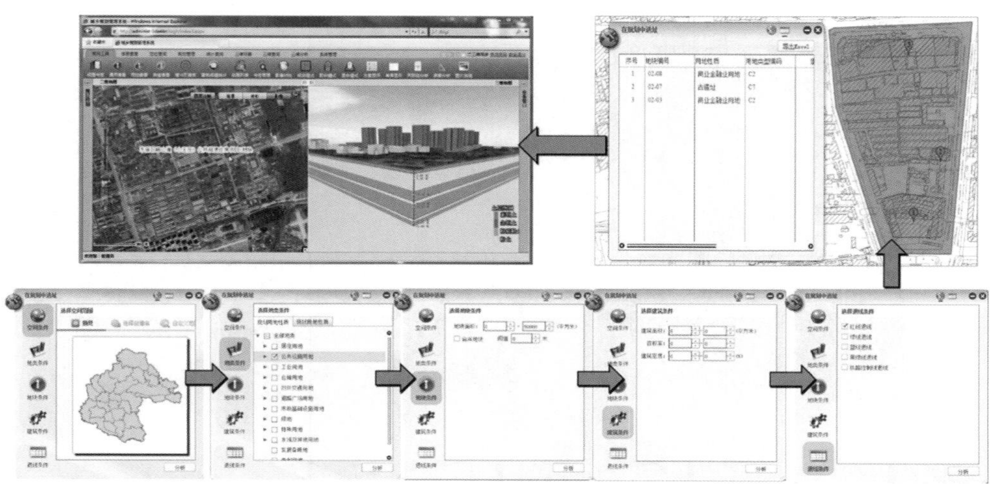
图9-17　选址辅助决策示例

9.1.5　创新精准三维规划放线

随着国家“简政放权、放管结合、优化服务”改革的不断推进，规划管理部门不断加强建设项目精细化管理工作，以“多规合一”为基础，统筹规划、建设、管理三大环节。基于三维地理信息技术基础和三维数据资源基础，全方位表达建设项目和城市的形态、布局以及现状、规划等信息，为规划、建设、管理提供科学依据。

（1）效果图与规划实施效果图对比分析，即将建筑工程设计方案效果图与规划实施效果图进行对比分析。为了加强建筑建成后的实际效果监管，按照设计施工图纸进行 1 ∶ 1 建模，识别设计效果图的角度方位，将三维场景定位到相同角度进行分析对比，对照二者的差异程度，形成分析结果图册，给审批部门提供准确的审核数据（图 9-18、图 9-19）。

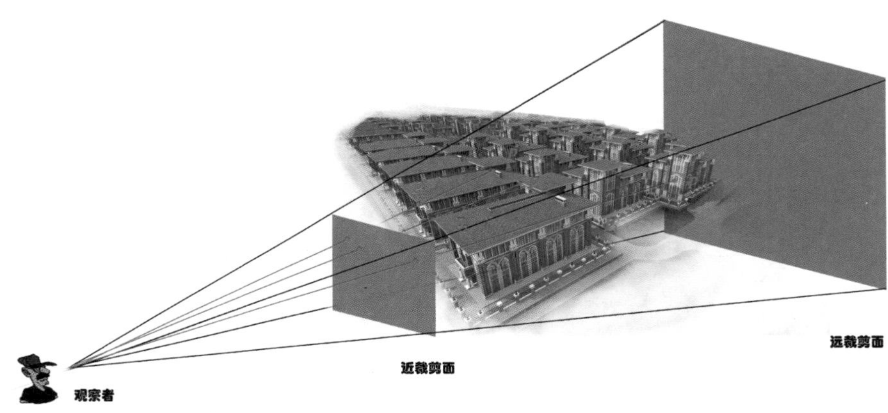

图9-18　效果图视点方位计算原理图

图9-19　设计方案效果图与规划实施对比图

（2）建筑间距分析。建筑间距的合理性关乎居住的舒适度，一直以来，管理部门都将其作为强制性要求。通过软件，进行建筑单体识别，建立建筑之间的映射关系图网络，计算出每个建筑单体的安全距离，最终叠加绘制在图上，按照各地区的建筑间距要求进行智能分析，标注出不合法规要求的建筑部位，生成统计表格，进而形成建筑间距分析图，增强分析结果的准确性，提高审批效率（图 9-20、图 9-21）。

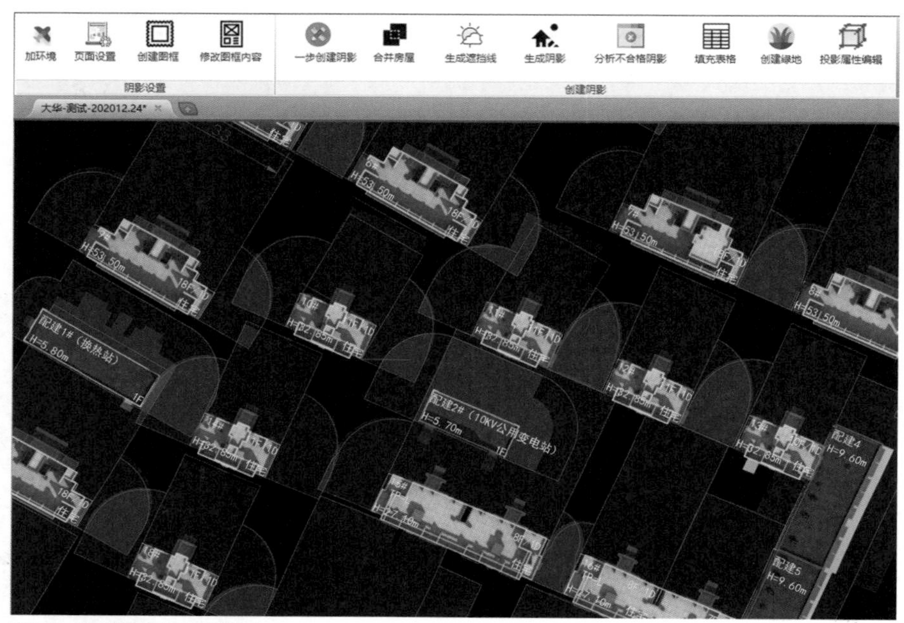

图9-20　建筑间距自动分析效果图

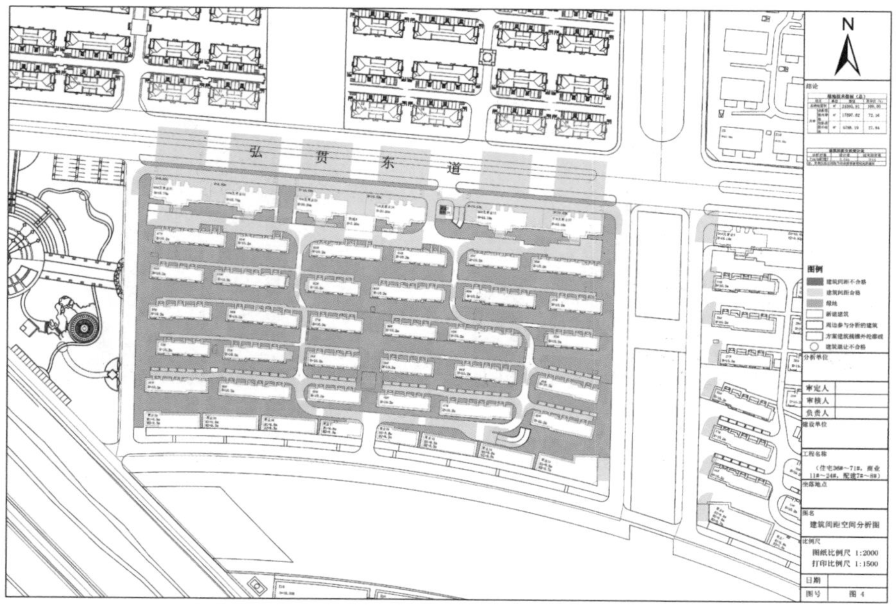

图9-21　建筑间距空间分析成果图

（3）建筑空间定位分析。地下空间的不断开发利用和建筑形态的多变，传统的二维放线无法完成地下、架空、连廊等部位的分析。通过软件，按照规划放线法规要求，基于项目方案地形和周边道路中心线以内范围，形成一个多边形，将道路中心线高度抬高0.2m，地库地方抬高 0.5m，有建筑地方抬高 1m，挤出一个三维空间立体盒子，作为分析建筑项目地下空间是否符合规划放线要求的“尺子”。通过叠加规划实施方案地下空间三维模型，自动分析出建筑项目超出“尺子”的部分，用红色高亮渲染（图 9-22）。

（4）建筑层高推算分析。随着房地产的不断发展，土地成本不断攀升，个别开发商为了追求利益最大化，在建筑设计上“偷面积”的情况时有发生。通过软件进行建筑单体的识别，计算每个建筑单体的空间体积，根据设计时的建筑面积，计算该建筑的层高系数，通过层高系数与规划放线法规中的系数要求进行对比，自动分析出层高系数不符合要求的建筑单体，进一步提高管理部门行政审批结果的准确性和科学性（图 9-23、图 9-24）。

（5）建筑空间形态分析。国土空间规划是国家的重要战略部署，建筑空间形态是国

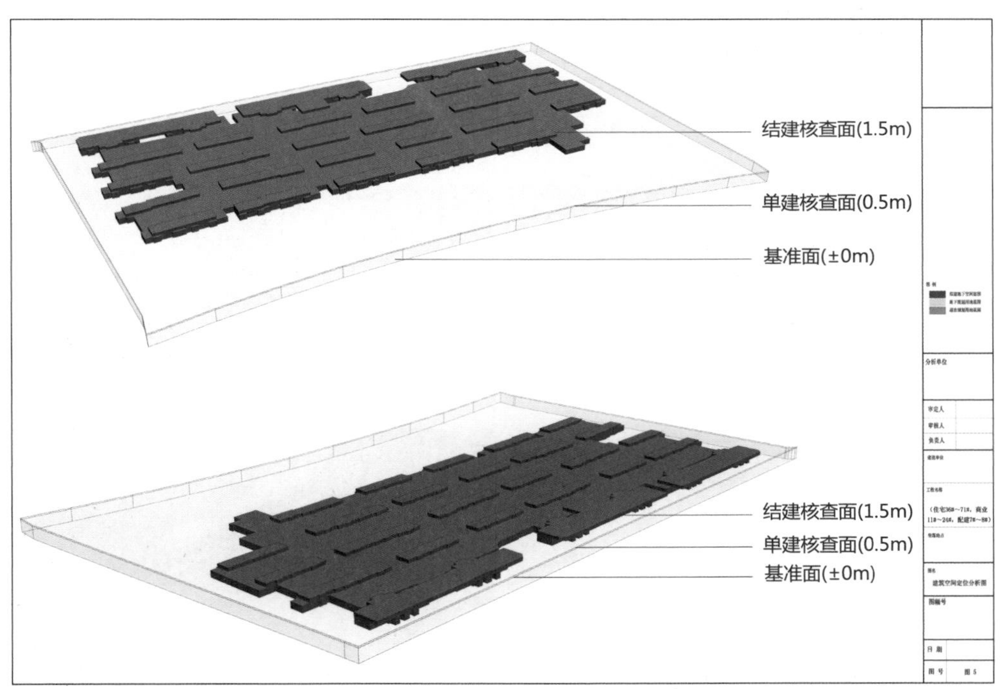

图9-22　建筑空间定位分析图

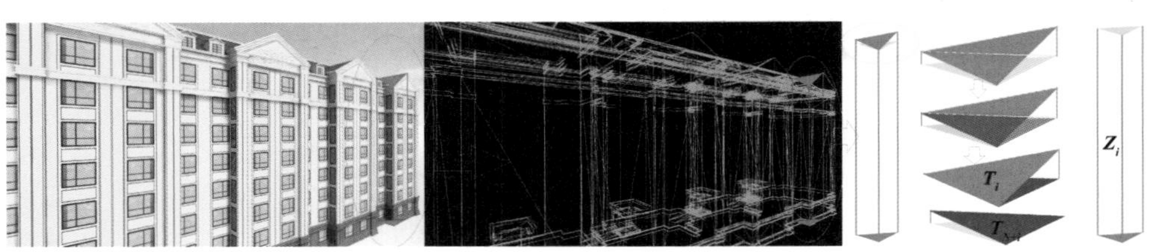

图9-23　建筑体积计算原理图

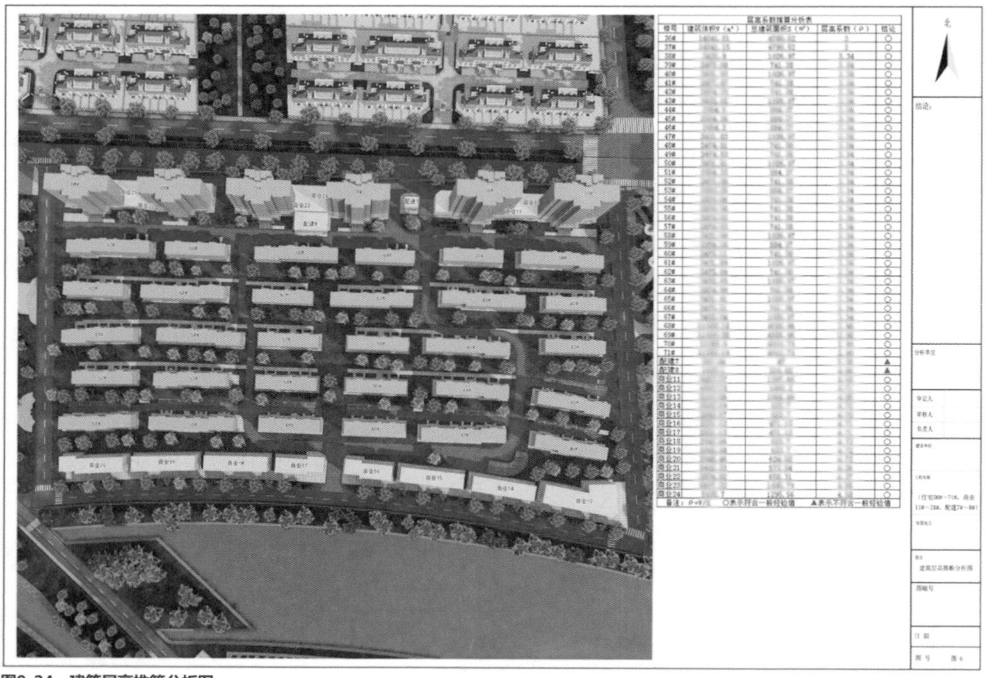

图9-24　建筑层高推算分析图

图9-25　计算相机方位与定位后效果图

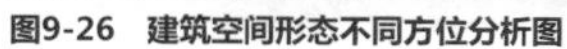

图9-26　建筑空间形态不同方位分析图

土空间规划中的重要组成部分。将建筑实施方案三维模型嵌入现状三维空间中进行形态分析，可以快速、有效地判断设计的建筑是否与周边环境相协调，是否科学、合理、美观，为城市建设和管理部门的决策提供更好的数据支撑（图 9-25、图 9-26）。

9.1.6 支撑规划验收对比分析

三维辅助规划验收主要应用 VR 技术和 GIS 技术，对建设项目空间尺寸、规划指标、建筑立面等进行全方位分析对比，能清晰、直观、快速地分析出建设项目是否满足“建设工程规划许可证”要求，使规划验收工作更加直观、高效、科学。

与传统的规划验收采用竣工验收测量图与现场照片相结合的方式不同，在三维数字城市应用中，项目建成后，会构建竣工 BIM（BIM 5），不但可以直观、精确表达建筑、绿化、车位、车库出入口等所有部位，而且将竣工验收 BIM 和设计 BIM（BIM3）进行自动对比分析，实现竣工现状 360° 全方位的可视化审查（图 9-27）。

图9-27 规划验收示例

9.2 自然资源管理应用

2018 年，自然资源部成立，确定了统一行使全民所有自然资源资产所有者职责和统一行使所有国土空间管制和生态保护修复职责。“山、水、林、田、湖、草”作为生命共同体的综合管理成为当前的迫切需求，在对土地及土地的附着物（农作物、林木、房屋）、矿产资源、海洋资源等开展的规划与保护、权属界定、储量估算等具体工作中，相较传统的二维图的管理模式，通过三维场景技术的应用，将地理数据变成地理信息，形成全要素实景模型，具有可量测、高精度等使工作更加便捷、直观、高效的特性（图 9-28）。

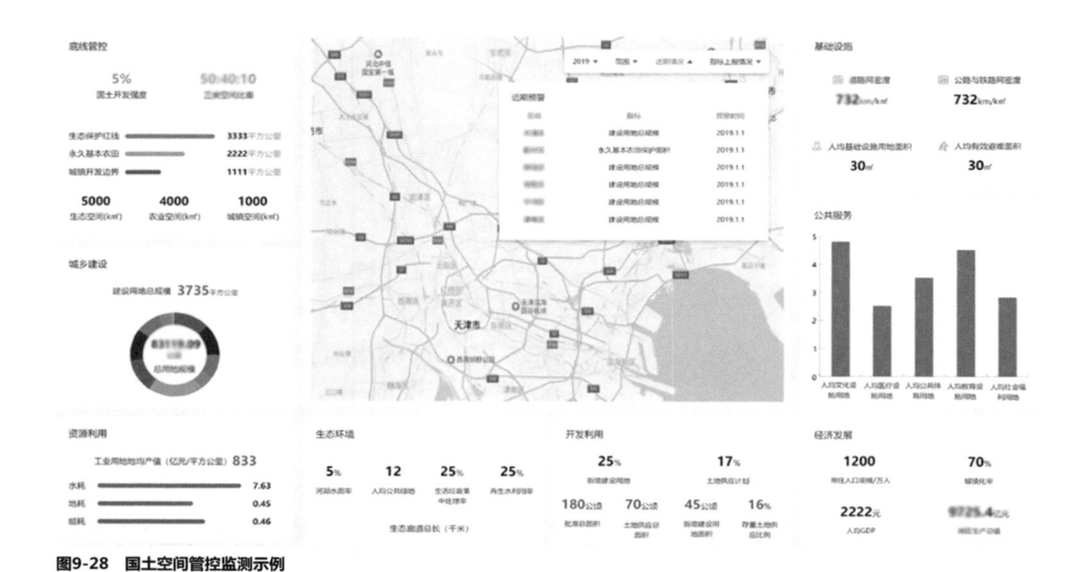

图9-28　国土空间管控监测示例

9.2.1　支撑耕地资源保护

2019 年，《自然资源部关于开展全域土地综合整治试点工作的通知》出台。土地整治项目的实施主要包括前期规划设计、整治项目实施、整治项目验收三个阶段，采用三维实景技术能获取精准的整治空间数据，将土地整治规划要素与遥感影像、DEM 数据、三维实体及实景影像等多源地表数据基于统一的空间尺度进行融合集成，构建适合全地形的空地一体化实景模型，彻底改变传统模式中的人工测量和二维平面规划设计方式，提高测量和规划设计的效率，增强项目区规划设计效果的直观展示，特别是对于山坡丘陵地带，如在湖南、湖北、云南等地实施的土地整治项目，意义更加重大（林学艺，2018）。

通过三维 GIS 平台能快速地搭建符合规划设计要求的三维应用场景模型，利用三维空间分析功能，支撑开展土地平整工程的布局设计（图 9-29），例如土地平整分区、田块方向、大小坎设计、土方调配设计；挖方、填方和客土工程等相关工程量计算工作；灌溉与排水工程设计，如水池、水窖位置，抽水泵位置及抽水机流量扬程设计，引水渠和排水沟渠设计；田间道路工程如田间道和生产路的纵横断面设计等（阚西浔，2017）。

对于土地整治项目验收前的工程量复核工作，传统的二维测量技术只能评测整治项目区域的开发、复垦、整理面积情况，对于在设计阶段所评估的工程量缺乏评估手段。实施三维实景技术，获取项目验收前整体项目区的三维空间数据，导入三维 GIS 平台，利用规划与验收前的空间数据对比功能，能快速地计算出相关工程量，为整治的项目实施效果评估提供有力的技术支撑。

图9-29　区域地形分析示例

9.2.2　服务资源、资产综合管理

三维自然资源确权登记　自然资源确权登记主要适用于对水流、森林、山岭、草原、荒地、滩涂、海域、无居民海岛，以及探明储量的矿产资源等自然资源所有权和所有自然生态空间的确权登记。通过划清“四个边界”——全民所有和集体所有之间的边界，全民所有、不同层级政府行使所有权边界，不同集体所有者的边界，不同类型的自然资源边界——明晰自然资源资产产权，保护自然资源资产所有者权益，支撑自然资源的保护和管理。然而，由于自然资源的空间特性，使用传统的二维 GIS 技术在全要素表单、多类型空间资源拓扑关系构建、资源资产监管分析上都存在不可避免的短板（宋关福，2020）。新一代的三维 GIS 技术能通过全空间模型技术、三维单体模型、不规则四面体网格、TIM 模型等不同的三维表达方式，对不同自然资源开展要素级别的表达，利用三维空间平台通过三维要素模型对需要进行确权的要素面积进行精准管理，并通过关联相关的权属信息，实现对自然资源的全空间、全要素和全过程的表达，避免不必要的产权纠纷。

（1）林权与土地所有权管理。林权和土地所有权管理是自然资源确权与不动产确权在空间关系上叠加的典型案例。林权与土地所有权管理的关键是解决林权和土地所有权在空间范围内的空间边界及面积值确认，而以曲面计算的所有权面积将更加准确（图 9-30）。

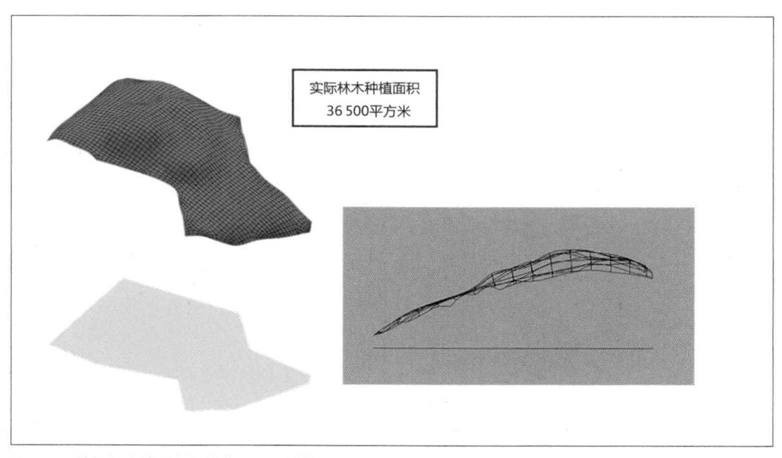

图9-30　林权与土地所有权的曲面面积计算示例

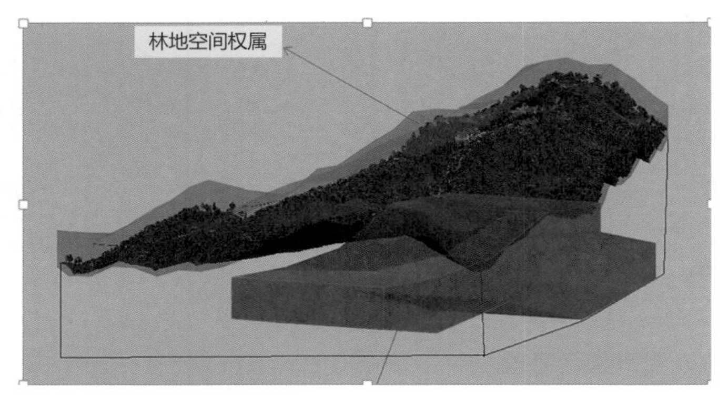

图9-31 林权与采矿权叠加分析示例

（2）林权与采矿权叠加。采用三维 GIS 平台的空间边界，能很好地区分林地空间权属与地下采矿权空间权属的层次关系，对接解决由于开采不当导致的林权权益的认定能起到很好的支撑作用（图 9-31）。

三维不动产登记 不动产登记主要是对土地所有权、房地等不动产权的登记，以不动产单元为基本单位，主要记载不动产的自然状况、权属状况等。不动产登记主要包括两个重要的工作步骤：① 权属调查与测绘，② 不动产的权属管理。伴随着经济的发展，城市建筑物以从单一的地面构建物到与复杂地下空间开发相结合的地下、地表、地上“三位一体”，传统用于地籍调查或房屋权属调查的二维地籍图或房屋平面图，在解决其空间权属边界上存在明显的缺陷。通过三维地籍测量，获得三维空间要素模型，直观不同构建物的空间界限，明确地下、地表、地上各部分的空间权属边界，为开展精细化产权管理提供技术支撑，主要表现在：① 解决复杂权属交叉问题，以某项目的产权管理为例。② 解决复杂构建物权属问题（图 9-32—图 9-34）。

图9-32 某项目三维模型图

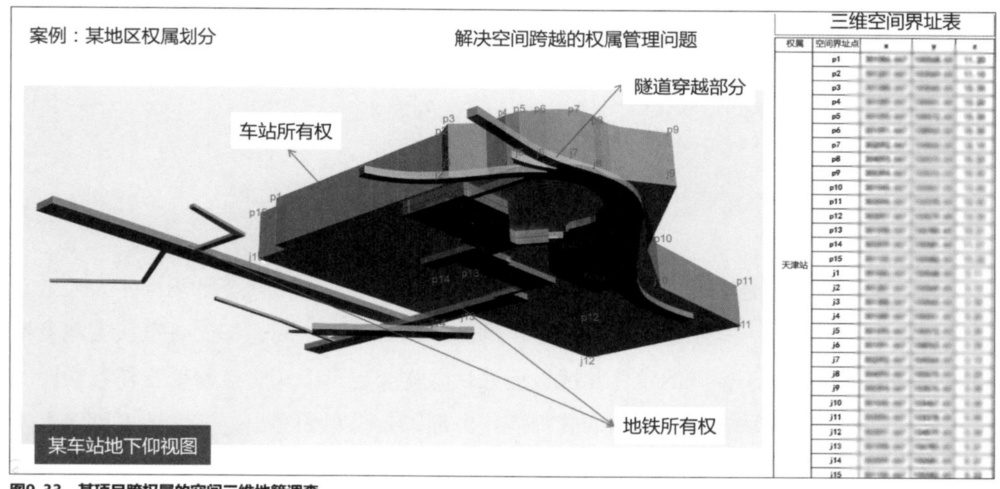

图9-33　某项目跨权属的空间三维地籍调查

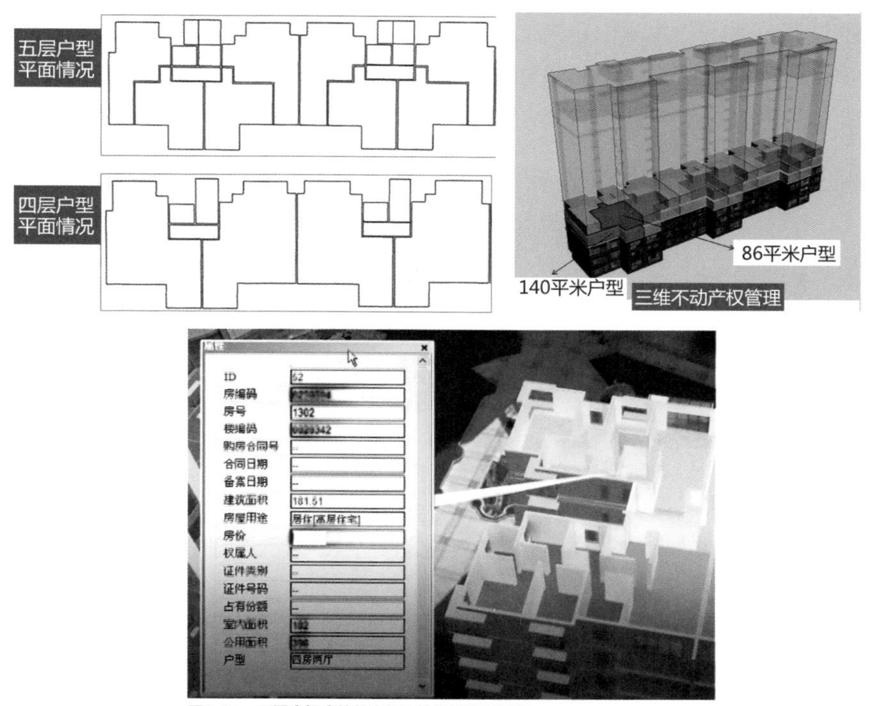

图9-34　不同产权实体的空间三维产权登记示例

9.3　城市综合管网管理应用

城市综合管网是保障城市正常运行的重要基础设施，地下管线的隐蔽性使其成为城市治理的较敏感区域，因此建成并完善城市综合管网的数据库和信息管理系统就显得尤为重要（赖承芳，2013）。通过地下管线普查，全面摸清城市地下管线的现状，形成可视化三维管线模型，利用信息化技术以及摄像头、传感器等物联网设备辅以动态维护，把握其动态变化，确保数据现势性，是城市自身经济社会发展的需要，是城市规划建设管理的需要，也是抗震防灾和应对突发性重大事故的需要。

9.3.1 地下空间全息场景

基于三维技术整合城市地下空间基础数据资源，建设地下空间全息场景，与地上三维城市精细模型融合，构建地上地下一体化的城市三维数字空间，不仅可以从宏观上把控整个城市地上、地下空间的整体状况，而且从微观上也可以实时监察城市任意构件的运行状况，特别是在城市地下管网的管理应用方面，效果更为突出。三维技术可以再现地下管线等基础市政设施的真实场景，将在传统二维平面中错综复杂的管线显示得清晰明了，并直观反映出管线间以及管网与路面间的空间关系，有效避免人们面对二维图形时容易产生的疏漏和思维局限。另外，物联网数据和管理等数据的接入，可实现地下管网全生命周期档案资料的集成可视化展示，实现设施信息的共建共享、运行监控、风险评估，以及应急决策（图 9-35、图 9-36）。

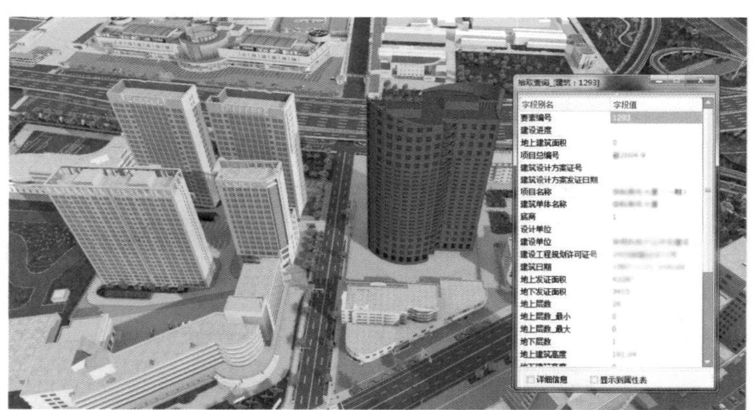

图9-35 拾取查询示例

图9-36 综合查询示例

9.3.2　辅助设计规划审批

在管线工程规划审批中，将报批的新建、改建道路的红线和管线综合设计方案导入到地下管线三维系统中，以实现道路红线内规划管线和现状管线数据的叠加。应用系统中的管线模型分析方法生成直观、可视化的地下管线三维模型数据进行决策分析，以便对照分析现状管线与规划管线之间的平面位置关系及其空间位置关系，对报批的市政道路工程规划设计方案的可行性、科学性作出评价，有效避免地下管线实施过程中的管线“打架”，新老管线叠加、错接、乱排，以及临时变更设计方案等现象。

利用横纵断面分析等功能可直观反映各管线与路面的埋深情况，以及各管线之间的空间关系，调整管线立体走向，获取合适的管道空间位置，并根据当前管线获取管道、土方等关联工程量，检测施工条件，从而选取最好的规划线路。这对于各类管线的设计、敷设、维修具有重大的指导意义，同时也是各类城市市政管线建设的依据。

针对管线设计方案，选取任意类型的管线，判断在指定范围内与其他已建管线的相对位置关系是否符合标准规范，将设计方案中的信息与对应指标进行对比，对不合规范的设计指标进行调整，可有效地完善设计方案（图 9-37—图 9-40）。

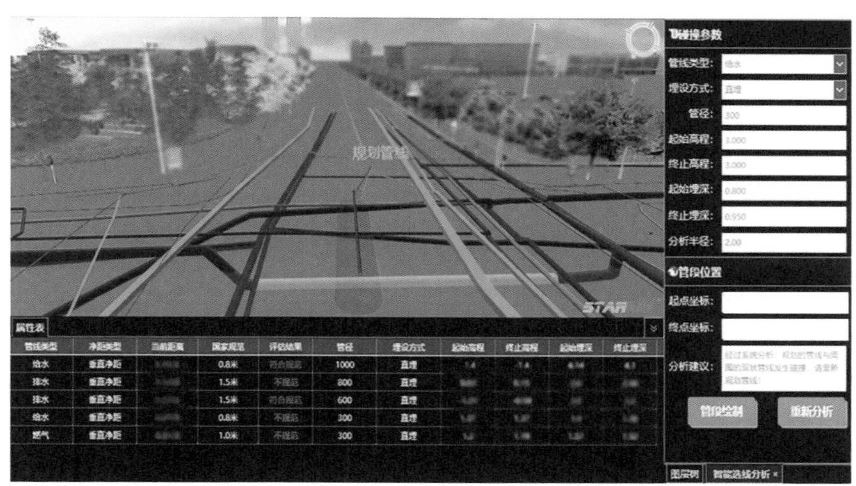

图9-37　管线智能规划示例

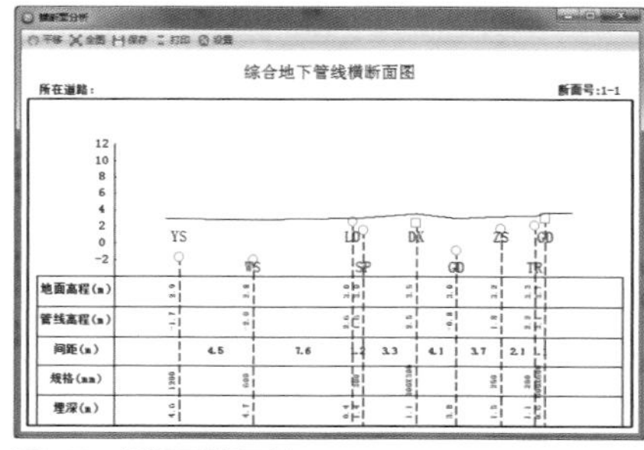

图9-38　横断面分析示例

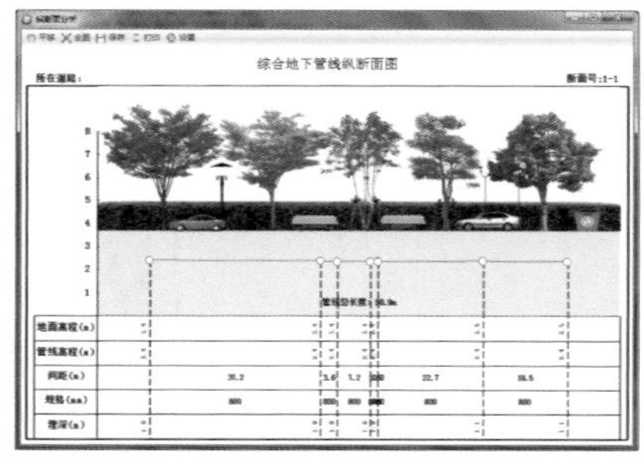

图9-39　纵断面分析示例

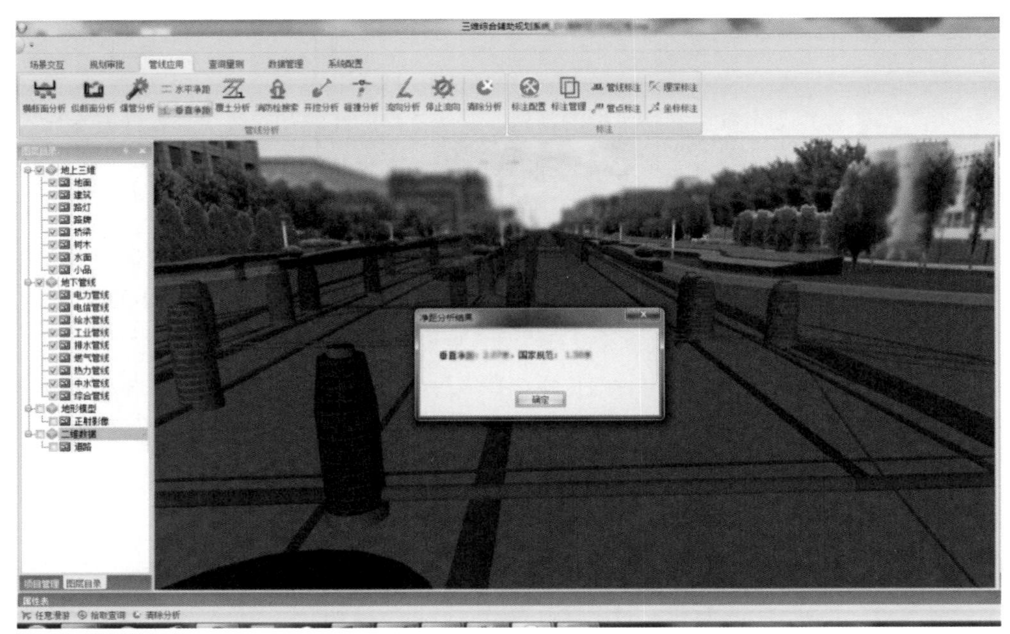

图9-40　净距分析示例

9.3.3　工程施工辅助分析

在城市综合管网管理中，最突出的问题是管线施工安全。在工程建设阶段，可以综合利用地下管线数据资源，例如在三维场景中模拟地面开挖的效果，通过自定义开挖范围及开挖深度，获取施工范围内所有可能波及的管线信息，直观展示开挖范围内地下空间的三维效果，辅助各参建单位以及管理部门提前发现安全隐患，及早防范，从源头减少因施工导致的安全事故（图 9-41）。

在大型复杂的地下管网工程项目设计中，设备管线的布置由于系统繁多、布局复杂，常常出现管线之间或者管线与其他构件之间发生碰撞的现象，造成不必要的返工和浪费，甚至存在安全隐患。在施工设计阶段，通过自定义绘制管段，并且指定管段放置的起止

开挖分析

开挖深度：8 米　深度重置　绘制多边形

编号	管线种类	起始埋深（米）	终止埋深（米）
14200	[illegible]	[illegible]	[illegible]
14201	[illegible]	[illegible]	[illegible]
3840	[illegible]	[illegible]	[illegible]
5042	[illegible]	[illegible]	[illegible]
5357	[illegible]	[illegible]	[illegible]
5484	[illegible]	[illegible]	[illegible]
5485	[illegible]	[illegible]	[illegible]

开挖面积：345.288　开挖土方量：2762.302　导出

图9-41　开挖分析示例

图9-42　碰撞分析示例

点坐标、埋设深度、起止点高程、起止点埋深等信息，在三维地下空间中，真实还原预设管线与已有管线之间的位置关系，进行碰撞分析，并将分析结果与国家规范进行比对，可直接判断设计是否可行（图 9-42）。

9.3.4　支撑运维应急管理

在数据服务方面，在全面知悉地下综合管网的分布与运行状况的基础上，摸清管线的结构性隐患和危险源，为规划部门、城建部门、城管部门、环保部门、消防部门、人防部门以及各管线权属单位提供现势、及时、权威的综合管线及管点设施信息，为城市规划、建设、管理、运维提供全生命周期的技术支撑。

在日常管理及综合执法方面，可结合 AR 新技术通过移动端手持设备智能感知管线及管线设施运行状态和环境状态，逻辑拓扑呈现管网设备连接关系，助力智能巡检与综合执法。

在应急抢险方面，准确定位事故位置，可提高政府机关对突发公共事故的处置能力，提高抢险效率。例如针对给水管线的爆管分析，快速获取与爆裂点相连的所有阀门或阀门井，便于抢险人员迅速关闭阀门，控制险情（图 9-43）。

图9-43 爆管分析

9.4 城市公共安全和应急管理应用

城市公共安全管理是国家安全和社会稳定的基石，是人民安居乐业的基本保证。以新型数字基础设施为依托，以点云为支撑，建设三维数字城市公共安全管理平台，整合5G、物联网、云计算、大数据、GIS、人工智能、网格化、监测预警，可为城市公共安全提供全方位、全过程的数据服务和应用支撑。

为提高预防和处置突发事件的能力，加强风险评估和监测预警能力，提升城市应急应用管理，实现“智慧应急”，全面支撑应急管理能力现代化，基于城市公共安全三维实景模型基础数据，构建智慧应急“一张图”，打造“一张网、一张图、一张表、一盘棋”的应急信息化格局。按照“平战结合，以平为主”的总体设计理念，即“平”时能够满足各级部门的各项应急管理工作的需要，“战”时能够满足应急值守、应急评估、应急决策和应急指挥等工作的需要，做到“日常监测、运行管理、应急指挥”，实现应急管理全面感知、动态监测、智能预警、扁平指挥、快速处置、精准监管、人性服务（《应急管理信息化发展战略规划框架（2018—2022 年）》）。

9.4.1 风险监测与监督管理

应急事故一般分为自然灾害和安全生产两大类。对于自然灾害类，基于激光雷达测量的技术，将山水林田湖草等生命共同体在计算机中精准映射和直观再现，同时通过应急资源普查等，将避难场所、医院、消防站、取水点位、防涝设备等应急资源描述在 GIS 地图上，通过技术支撑和风险点位评估打造“风险点位一张图”“风险预警一张图”等，能够直观地对地震、洪水、山水滑坡等易发生自然灾害的点位实时监测、提前预判、应急响应和救援决策（图 9-44）。

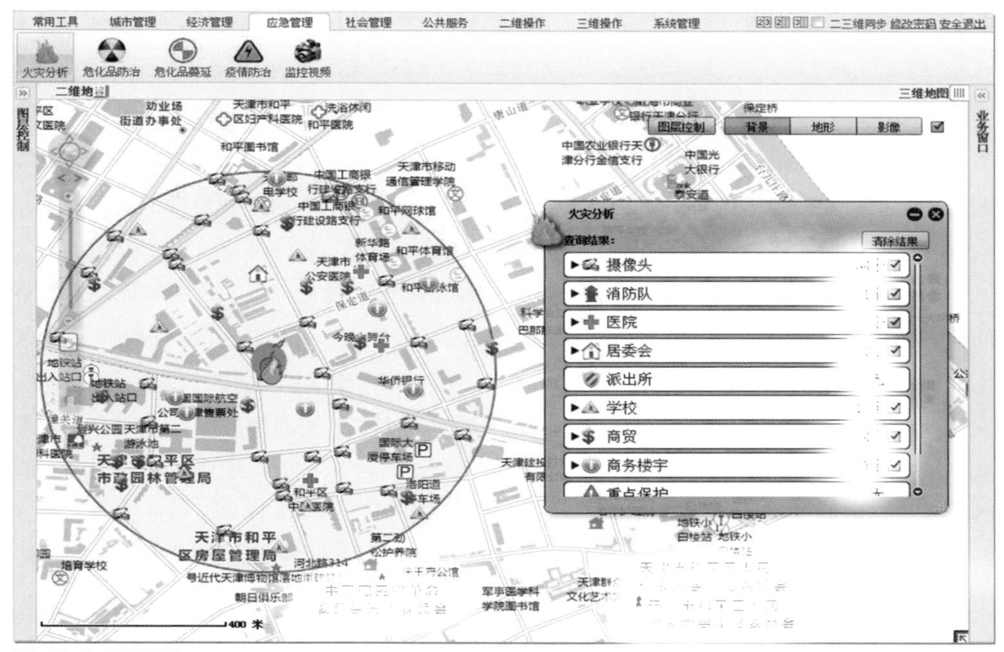

图9-44　火灾防控重点

对于安全生产类，基于三维数字城市建设，利用物联网、大数据、人工智能等技术实现对商业楼宇、旅游区域、建筑工地、危化工贸等城市公共区域和重点区域的实时监测与风险预警，通过固定式视频采集设备和移动式视频采集设备，实现对城市区域内各类风险点位的监测，建立“一园一档”“一企一档”等，通过智能分析技术实现对事件智能分析与预警。《国务院安全生产委员会办公室应急管理部关于加快推进危险化学品安全生产风险监测预警系统建设的指导意见》（安委办〔2019〕11 号）明确要求完成重点园区、重点企业及周边地区三维倾斜摄影与危险化学品“一张图”建设（图 9-45）。

图9-45　智慧应急驾驶舱示例

9.4.2 智能模拟演练

应急事故处理是否顺利，取决于应急演练预案设置是否科学合理。应急预案是突发事件应对的原则性方案，它提供了突发公共事件处置的基本规则，是突发公共事件应急响应和全程管理的操作指南。应急演练是为检验应急计划的有效性、应急准备的完善性、应急响应能力的适应性和应急人员的协同性而进行的一种模拟应急响应的实践活动。

基于三维数字城市模型的应急模拟演练将城市地形、景观、水文、地质等要素的空间信息和属性信息纳入，通过 VR 技术生成真实的城市场景，将企业和政府制定的应急预案提前预置在三维精细化模型中，利用 VR、GIS 等技术最大限度模拟各类真实情况的发生、发展过程，如海啸、地震、泥石流等自然灾害，以及火灾、交通事故等人为灾害。三维数字城市建设能够为逼真的模拟训练提供最为真实的环境，摆脱对现实环境的依赖。同时，基于三维精细模型，在城市街道、广场等局部地区，三维场景可多角度、全方位地对演练环境进行观察，通过对北斗、GPS 实时定位引入，还能够更加精确获取位置信息等，方便现场指挥人员准确判断应急形势，并且可全程监控多部门、多角色联动的整个演练过程，随时监控掌握演练流程并对演练流程情况进行分析、调整（图 9-46）。

图9-46 应急预案演练示例

9.4.3 应急资源优化

应急资源管理是应急管理体系中不可缺少的后备保障。应急资源的储备数量保障直接影响应急处置的成败，而应急资源的空间布局决定了应急资源调度的效果。

通过 GIS、三维模型、图表等多种形式形成全市应急管理机构数据图、应急队伍数据图、应急物资数据图、专业保障机构数据图、应急数据库等空间布局信息，将应急资源属性信息与空间地理位置挂接，在三维空间中显示应急资源的整体分布，在地图上点击

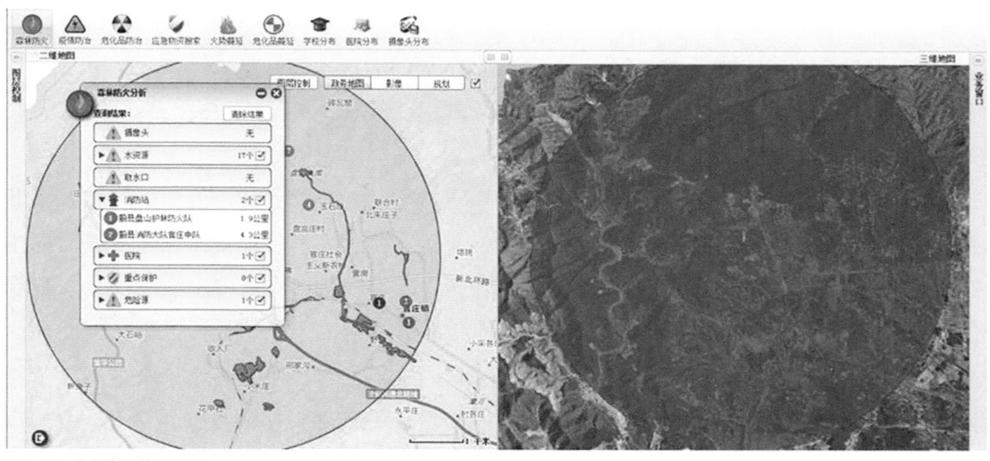

图9-47　应急资源管理示例一

图9-48　应急资源管理示例二

某个易发生事故点位，可以直接查看附近相关的应急资源配备情况（图 9-47、图 9-48）。根据突发事件的类别和级别，通过智能决策对周边资源进行优化调度，将处理方案和具体措施形成完整的应急响应策略，在应急事件处理过程中，支撑现场救援力量的有效部署和指挥中心的统一调度（李冰，2012）。

9.4.4　城市消防应急指挥

随着经济的发展，城市人口密度不断增加，消防日益成为城市管理中的难题。三维精细化建模技术在制订城市消防应急预案和应急指挥方面大有作为。

为了完整、高效地获取坐标数据，避免遮挡、重复扫描，借助无人机、汽车、手持设备多种三维激光扫描仪，对目标的整体或局部进行高精度测量，以获取目标的线、面、体、空间等三维数据，形成城市点云数据集。通过对采集到的点云数据进行拼接、合并、去噪、修补等处理，建立城市三维数字模型，明确建筑物、植被等之间的遮挡关系，高精度、实时、快速还原城市建设现状。

利用 GIS 信息技术，以三维数字城市为基础，建设三维数字城市地图，并将容易发生火灾事故的建筑物、消防机关重点标注，灭火器、喷淋等消防设备、消防通道均标注在三维建筑物模型内部。提供三维场景漫游功能，能够模仿现实环境进出建筑物，查看消防设备位置及属性信息，提供长度、空间面积测量功能，为消防救援提供数据支撑。当有险情发生时，集成消防控制系统自动定位险情发生位置，在三维场景中高亮显示，规划逃生路线，并触发预警，将险情附近的视频监控画面及事故相关信息发送至距离险情最近的消防支队。在三维数字城市平台中，消防员可查看建筑物内外部的结构和环境、消防设备的分布情况和工作状态、建筑物内部视频监控画面、消防通道的走向情况、消防力量分布情况，为消防救援和指挥调度提供决策依据（图 9-49）。

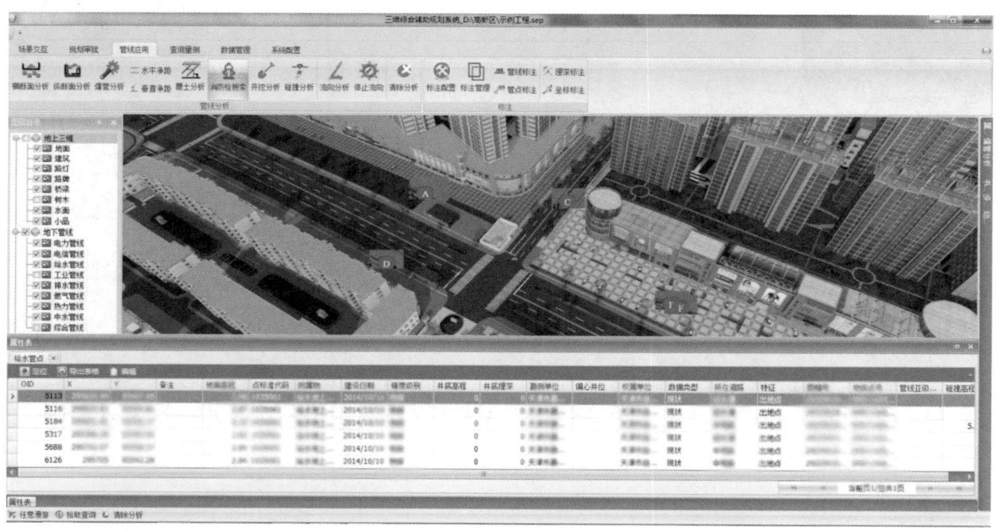

图9-49　消防栓搜索示例

9.4.5　高速公路隧道安全运营

近年来，我国高速公路建设总里程持续增长，截至 2019 年年底，高速公路总里程为 149 600km，其中，山区高速公路的桥隧比普遍在 60%～70%，极端特殊情况下，可高达 90%。高速公路通常远离市区，影响高速公路隧道安全运营的因素涉及土建、机电、交安、消防等多专业领域。使用三维精细化建模技术真实还原高速公路隧道的周边场景，实时监控高速公路隧道的运营状态，自动触发安全事故预警，加强对高速公路安全运营管理，是提升交通运输现代化管理水平必要手段。

利用三维激光扫描设备获取高速公路、隧道及其周边环境的点云数据集，按照专业结构分别进行三维建模（图 9-50）。使用 BIM 建模技术，整合各专业模型为一个隧道综合模型，集成规划、勘察、设计、施工阶段的各种数据、资料和工程信息，搭建高速公路、隧道的三维精细化模型，实现二维数据和三维构筑物统一管理。在 BIM 中利用移动互联网、物联网技术、传感设备，实时监测由气候环境、山体变化、车辆行驶等因素造成的隧道整体结构、抗压能力等变化，实现隧道健康状况远程实时监测。设置构件及设备安全运行阈值，当监测数据超出安全运行范围时，在 BIM 中自动定位预警构件或设备，向指挥中心回传异常数据，分析可能的异常原因，经过智能计算，提供隧道健康评价。当车辆碰撞隧道主体结构时，系统可将事故信息发送至公安、医院等机构，并根据碰撞角度及冲击力度自动评估判断隧道损伤情况，实现突发事故及异常的远程预警。此外，根据隧道运营管理维护的需求，可制定隧道运维计划、日常巡检实时记录、设定维修周期，以及远程监控机电设施工作是否正常、故障报警和通信链路是否畅通等。使用 AI 技术，建立高速公路单隧道的交通流模型，通过记录不同车辆行驶行为、行驶特征，以及不同时间节点交通流变化特点，利用人工智能深度学习优势分析车辆通行差异性变化，建立满足不同隧道条件下的交通流模型；利用大数据技术分析交通事故存量数据，进而与交通流模型进行验证，深度分析事故与隧道线形、隧道光线、隧道内交通流、隧道内车型种类等因素之间的内在关系，并建立与事故或灾害特点相对应的应急处置方案，包括现场非救援人员的撤离、救援人员施救步骤、救援设施的使用管理等。

图9-50　多源数据融合

9.4.6 地下空间安全管理

地下空间的开发利用是节约城市土地、缓解人地矛盾的重要举措。我国城市地下空间开发虽然起步较晚，但地下管线建设发展迅猛，由于不同管线的规划建设部门各异，缺少统筹安排和有效的基础数据，一旦发生事故，排查难度大、施工空间不够等现象频发。为有效保障城市地下空间的公共安全，统筹安排工程管线在地下和地上的空间位置，协调工程管线之间以及工程管线与其他相关工程设施之间的安全间距已经成为无法回避的重大问题。

使用激光扫描仪获取地表坐标数据，依据管线施工图纸，结合土层结构、沉降情况对已铺设的管线进行三维建模。对于未开挖的管线，在开挖前完成目标地点和铺设管线的建模，使用激光扫描仪，利用激光测距的原理，通过记录被测物体表面大量密集的点的三维坐标、反射率和纹理等信息，快速复建出被测目标的三维模型及线、面、体等各种图形数据，得到未开挖现场的点云数据。依据点云数据建立地下管线和周围环境的三维模型，根据不同管线的专业类别，分别建模。使用 BIM 建模技术，将不同专业、不同建设年代、不同建设状态的管网数据放置在一个三维场景中，模型均按照真实尺度建立，利用 GIS 技术真实还原管线布设空间位置，建设三维数字城市地下空间安全管理系统，为后期管线迁改、碰撞测试、空间剖面位置分析提供技术支撑。提供三维场景漫游功能，可以直观地查看地下管线错综复杂的位置关系。对于新建管道，系统提供管线之间、管线与土建之间的所有碰撞检测，理论上在施工前就能消除所有管线碰撞问题。系统提供三维空间剖面透视功能，可查看空间任意位置剖切大样及轴测图大样，观察并调整该处管线的标高关系，再辅以局部剖面及局部轴测图，管线关系一目了然。对已建成管线和新建管线可实施分图层管理，当新建管线与已建成管线位置发生冲突时，能够准确计算出拆除和新建的工程量。

在施工时，布设管线检测传感器，利用移动互联网、物联网、GIS 技术，实现对地下管线及周围环境温度、湿度、压力、流量、位移等的监测和事故预警。在系统预设各专业管线的安全运行范围，实时监测管线运行状态。当监测数据超出安全范围时，自动触发预警，定位异常管线位置，分析事故原因，为事故排查和维修提供决策依据（图 9-51）。

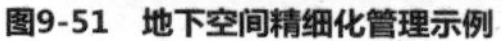
图9-51 地下空间精细化管理示例

9.5　城市建设管理应用

随着现代城市的发展，城市建筑的性能也朝着高质量、低碳化、信息化、数字化、智能化、环保化等方向迈进。为了保证城市建设更加合理化、科学化、规范化，加强城市建设管理和服务体系智能化建设，促进大数据、物联网、云计算等现代信息技术与城市管理服务融合，提升城市治理和服务水平已是大势所趋。

BIM 中含有大量与工程相关的信息，可以根据时间维度、空间维度（楼层）、构件类型进行汇总、统计，保证及时、准确地提供工程基础数据，为决策提供最真实、准确的技术支撑体系（张慧，2016）。

利用 BIM 实现对单体建筑全生命周期管理，进而实现城市建设管理全流程三维可视化管控：对工程项目从图纸、施工到竣工交付全过程进行监管，实现动态、集成和可视化施工管理；对重大项目的进度、资金、质量、安全、绿色施工、原材料、劳务和协同协作进行数字化监管；通过智慧城市建设和其他一系列城市规划建设管理措施，不断提高城市管理的运行效率。通过完善设计环节、模拟施工过程、提供数字化运维服务等多种手段，提前避免不规范建设，提高建设工程质量，保障城市建设的可持续发展。

9.5.1　服务于设计阶段管理

BIM 具有创建、计算、管理、共享和应用海量工程项目基础数据等方面的优势，与 GIS 技术结合应用，可把 GIS 系统中所包含的地理数据信息纳入以 BIM 全数字化模型为基础的规划编制、城市设计、规划方案、施工图审查、规划监督等阶段的三维审批及流程管理平台，提供面向“人地房”的多维度大数据。针对重点地区、重点项目，探索基于模型的多部门联审，实现精细化审批，并可通过对这些信息进行城市信息模型的“大数据”分析，从单体建筑到社区再到城市，以点带面，从微观到宏观。尝试建立人口、城市资源、GDP 之间的关系纽带，从而指导城市空间布局，达到高效精确的规划决策（颜涯，2020）。

城市规划设计是城市建设的首要和关键内容。将 BIM 应用于城市规划的三维平台中，可以对城市规划方案的性能进行准确分析和评估，对城市规划多指标量化、编制科学化和设计的可持续发展产生积极的影响。BIM 主要是从微观角度对城市微环境进行模拟搭建，可以实现从不同的角度对城市控制性详细规划和修建性详细规划进行微环境指标模拟评估，并以此对城市建设布局进行指标模拟评估，辅助城市规划管理和城市规划设计。

基于三维数字模型可视化特点，借助于 BIM 微观环境管理模型，对于涉及多种专业的协同以及结构功能比较复杂的建筑设施，可以实现精致化管理。在规划阶段，将建筑物中的水管、电线等各类基础设施预设入三维模型中，通过可视化、透视功能直接查看建筑物构件之间的互动性，例如在边角、梁底、交界处等地方。在建筑物各个构件可视

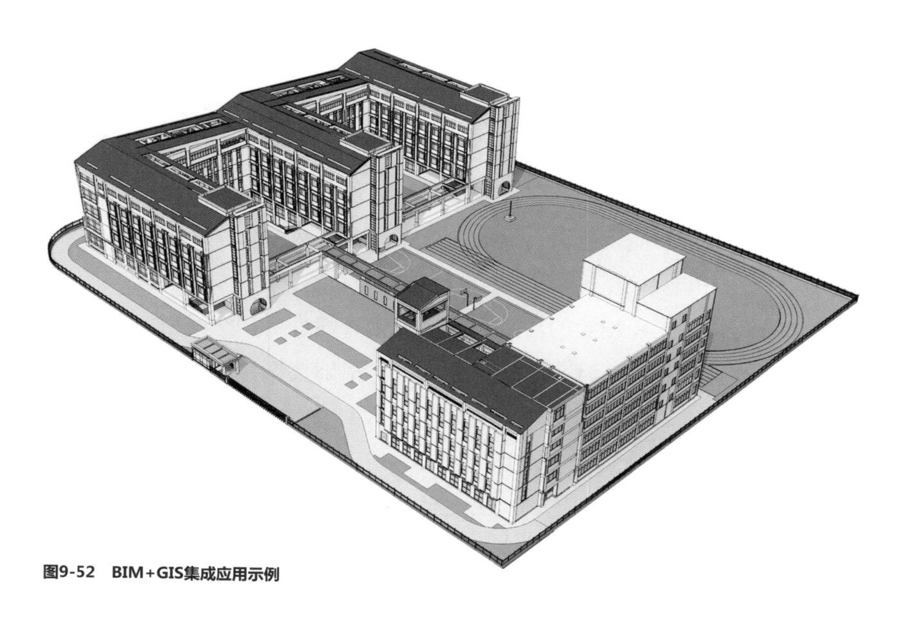

图9-52 BIM+GIS集成应用示例

化状态下进行规划分析和评估，模拟施工方案，在施工之前筛查不合理或不可行的施工方案，在提高建筑设计水平的同时，减少不必要的经济损失，以保证项目按时、高质量完成（图 9-52）。

9.5.2 服务于施工阶段管控

对质量、进度、安全的把控是施工阶段的主要目标。基于 BIM，利用可视化技术可以有效完成施工前、施工中、施工后的全面预测与监测，从而有效防控实际工程中不必要的失误和损失。

（1）在施工前，进行全过程或关键过程的模拟施工。根据确定的设计图纸、施工方案、施工方法、施工进度计划等资料将外部数据在BIM中实现可视化，通过三维施工现场布置、三维真实感渲染、着色表现等，在规定区域内生成施工现场真实三维模拟图，包括建筑物、施工现场机械布置、材料堆放、道路、围墙、树木的布置等，将建筑物和设施通过三维实体的形式布置在平面图中，形成三维施工平面图；对施工的关键节点进行模拟试验，分析项目的安全性，达到控制质量、进度和施工安全的目的。BIM 管控城市建设全过程最重要的关键点就在于可以实现多部门在多阶段共用一套数据，进而提升工程建筑监管质量（郭军，2020）。

（2）在施工中，对实际工程进展情况进行智能预测。施工过程中，实时抓取施工进度数据和现场情况，结合已经建模的现场模拟情况，进行评估和预测。通过网络实时获取天气情况，提供施工操作规范等法规入口，在外部与内部环境的多重因素中，精准把控工程进度情况和安全情况。

（3）在施工后，对施工全过程进行总结和评估。对比前期模拟预测情况和实际施工

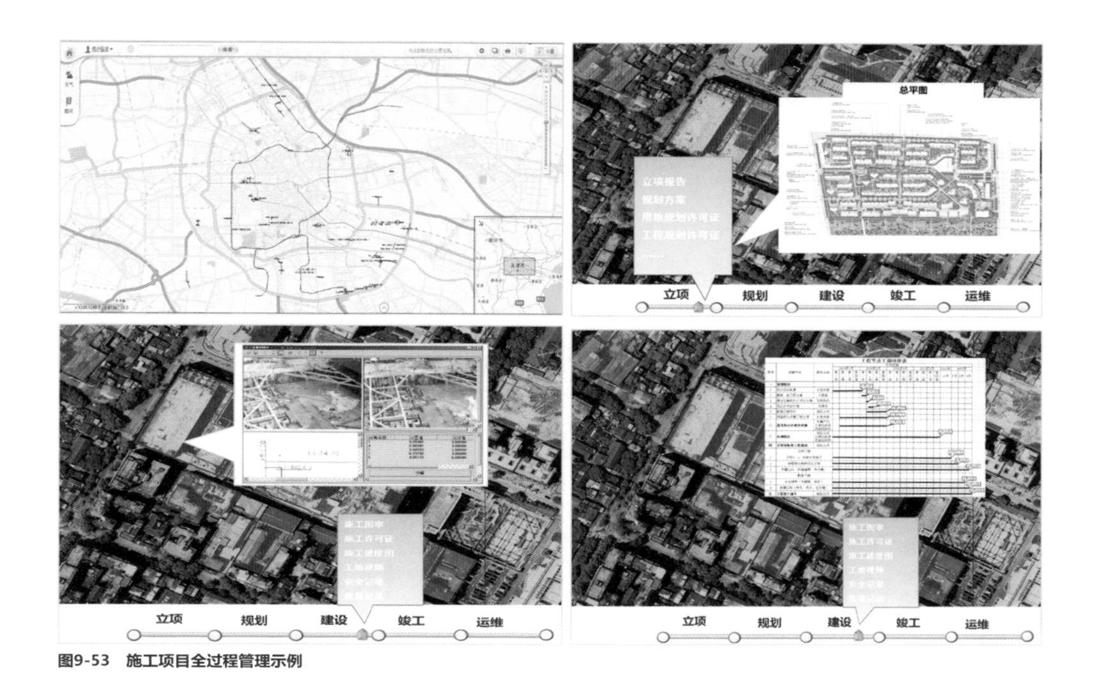

图9-53　施工项目全过程管理示例

结果，分析偏离内容，统计工期、质量及突发情况，汇总项目进展情况，并提供经验总结，帮助施工管理人员优化解决问题的方法（图 9-53）。

9.5.3　服务于运维阶段管理

城市建设是“三分建、七分管”，完成项目建设并不是城市建设的终点，而是后续物业管理的起点。目前，以相关规范管理机制为基础，以数字化管理为核心的运维服务已成为“七分管”的必要环节。

（1）承上启下，防微杜渐。在工程项目交付使用后，很多问题在运维阶段显现，通过城市建设管理应用，全程跟踪项目建设过程，定位潜在风险，通过预防手段，降低隐患可能导致的不良结果。

（2）设施管理，协调一致。设施管理主要包括设施装修、空间规划和维护操作，通过项目建设过程中的项目仿真模型和项目全过程数据，将独立运行的各个设备汇总到城市建设管理应用中进行统一管理和控制，依托物联网，将设备运行情况集成到城市建设管理应用中，通过远程控制、实时监控等手段，为用户提供更好的服务（图 9-54）。

（3）隐蔽工程，一目了然。项目仿真模型可将地下管道，例如污水管、排水管、网线、电线和其他相关管井等隐蔽工程进行仿真管理。在处理隐蔽工程问题时，可以直观、快速地定位问题，直接获取问题所在的相对位置；在进行管网改建时，可有效避开相关隐蔽工程，避免不必要的损失。仿真模型和数字信息可随实际情况随时调整和变动，以保证信息的完整性和准确性。

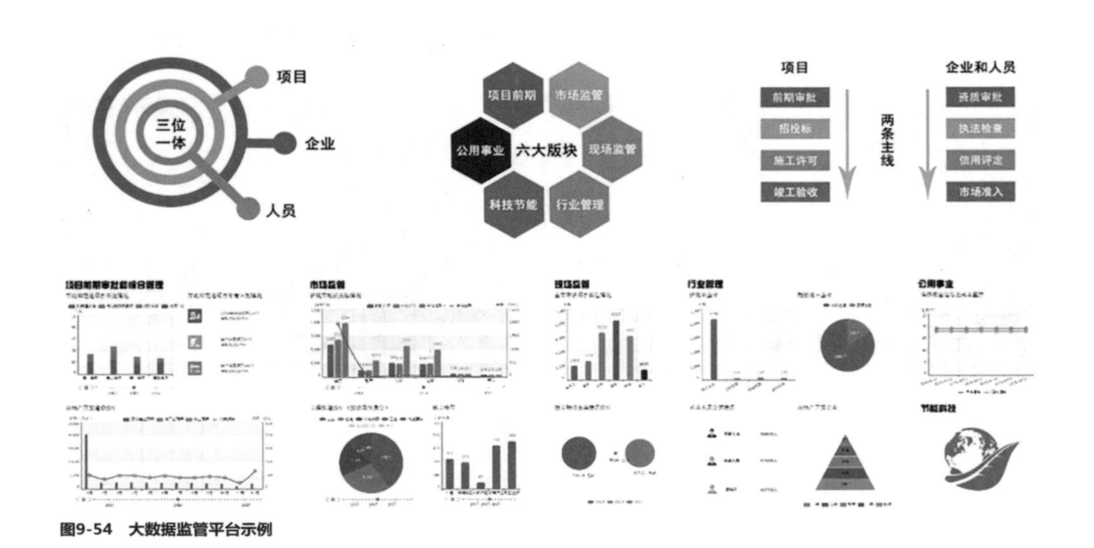

图9-54 大数据监管平台示例

9.6 智慧园区管理应用

当今，全球正在经历一场深刻的技术变革，移动互联网、智能终端、新型传感器正在快速渗透进人类社会的每一个角落。园区作为城市的基础单元，正逐步成为物理世界、数字世界、人文世界三位一体的空间综合体，朝着超智能的全连接方向发展。

9.6.1 “一实景”看尽园区

将数字三维实景模型与VR/AR等技术结合可建立沙盘互动系统展示园区。采用VR技术和多通道大屏幕投影技术，模拟人观察模型的视角，营造一个极具视觉冲击力的观看环境，并能在三维上叠加丰富的二维信息，突破传统的物理沙盘的展示局限性，实现沙盘动态比例缩放、旋转以及信息展示。

基于园区三维数字模型实现专业的大屏展示，通过与物联网、大数据以及第三方专业数据等信息整合，为园区提供基于三维可视化的信息集成与应用服务。通过配备超级图形集群系统、VR引擎软件，为与之相连的多通道立体显示系统提供强大的实时3D图形计算能力，用于园区日常对外展示、参观接待等。

三维技术的应用支撑着园区数字孪生的建设，将园区的地理、资源、人口、经济、招商、运维管理、应急等各种社会服务进行三维虚拟数字化、网络化，整合园区信息资源，构建基础信息平台。将园区中的规划建设数据、能耗数据、停车数据、运维数据、访客数据等基于三维园区模型进行可视化展示，支持提供多种数据展示形式，支持室内外模型的同屏展示。针对园区中的重要区域或者设备，支持精细化模型加载呈现，满足园区场景下的数据可视化展示需求，同时兼容电脑、手机、平板等主流终端设备。一套园区三维立体地图可满足多场景应用，为智慧园区的建设提供全面的数字空间底座，实现优化决策支持和可视化管理（图 9-55、图 9-56）。

图9-55　园区三维可视化示例

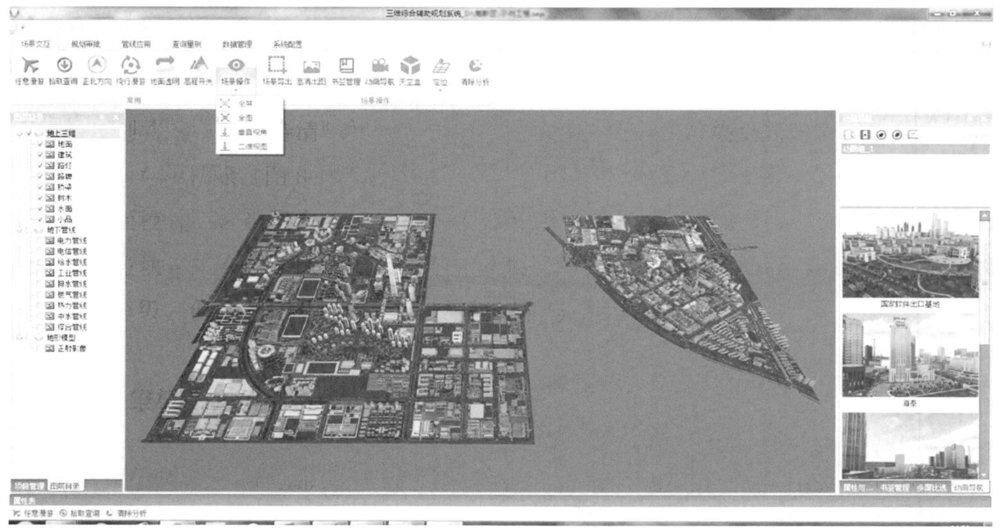

图9-56　建设项目管理示例

9.6.1 “一实景”管理园区

智慧园区通过推进信息化建设促进园区管理创新和各项管理工作升级，实现“一实景”管理园区。直观、全面、畅通、及时的信息能够极大提高园区管理的精细化水平和园区生活的幸福指数。

信息管理。依托提供的二维、三维基础数据的支撑，形成集中的二维、三维空间信息数据中心，通过更新维护，保持数据的现势性。在三维可视化环境中实现信息查询，满足规划选址、设计、招商等各阶段辅助决策需求（图 9-57）。

规划管理。从规划管理角度出发，综合集成二维、三维空间信息，以平面化到立体化的方式直观展现规划空间信息，实现规划方案模拟、评审与对比、现场调整，以及日照分析、通视分析等，为公众展示真实、生动的可视化场景和直观准确的分析结果（图 9-58）。

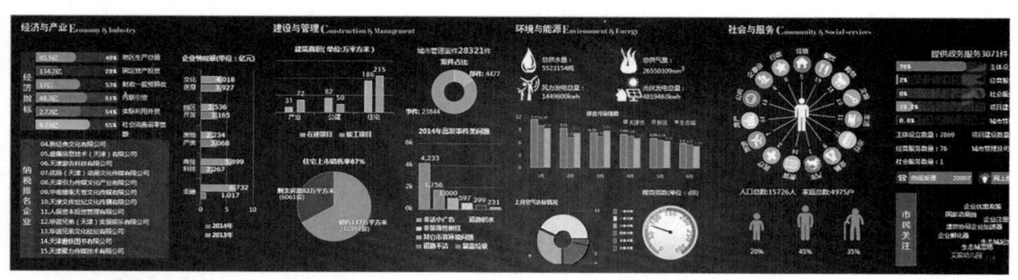

图9-57　园区信息管理示例

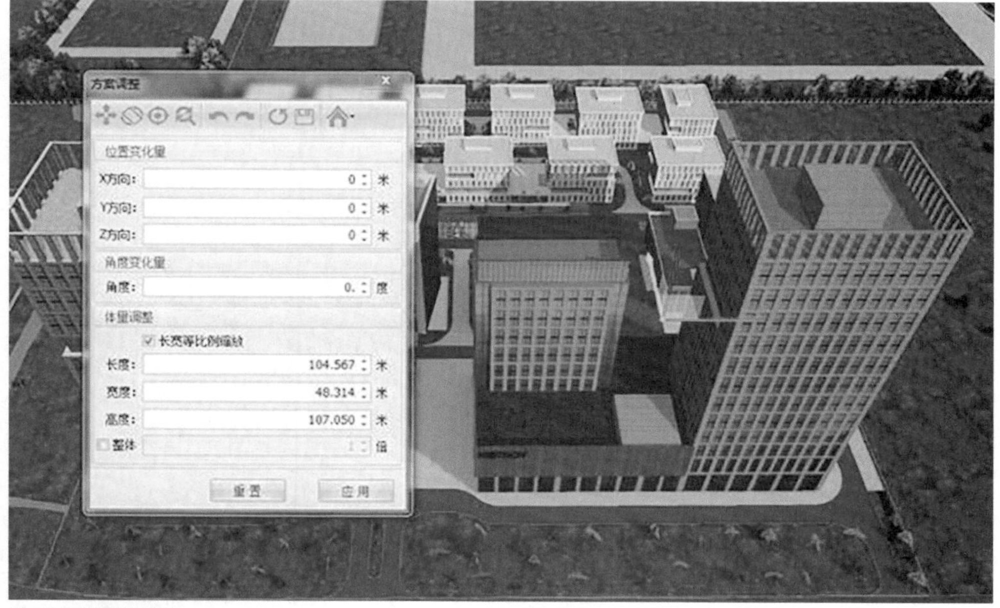

图9-58　方案调整示例

建设管理。在设计阶段，多专业设计人员运用 BIM 技术对园区进行协同设计，在三维空间中，实时共享设计信息，缩短设计周期的同时提高了设计质量。在施工阶段，运用 BIM 技术对工程进行未建先试，就复杂节点进行 4D 施工模拟，检查工序碰撞，优化流水作业排布，降低施工风险，确保园区建设质量（图 9-59）。

招商管理。园区采用电子化、互动化、可视化、集成化的招商展示系统，能够提升招商展示水平，提高招商引资的成功率（图 9-60）。

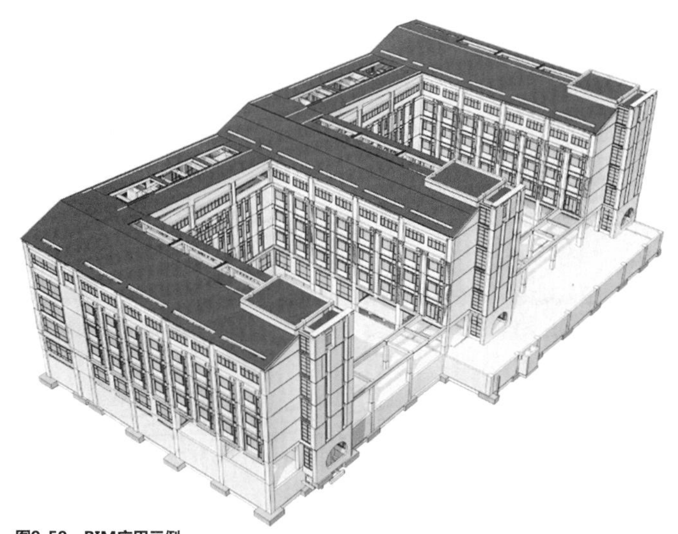

图9-59　BIM应用示例

图9-60　招商管理示例

能耗管理。基于三维地理信息与 BIM 可实现能耗数据的三维可视化展示。通过专用网络，将分布在园区的能源数据采集站、检测站、现场控制站、操作站、管理控制站等联系起来，共同完成能源的分散控制和集中管理，从而实现园区能耗的管理、控制和优化（图 9-61）。

设备管理。基于三维数字可实现对园区设备的全过程综合管控，实现园区设备管理工作的程序化、标准化、集中化，并为各种分析与决策提供实时设备资产及其实际运行状况。

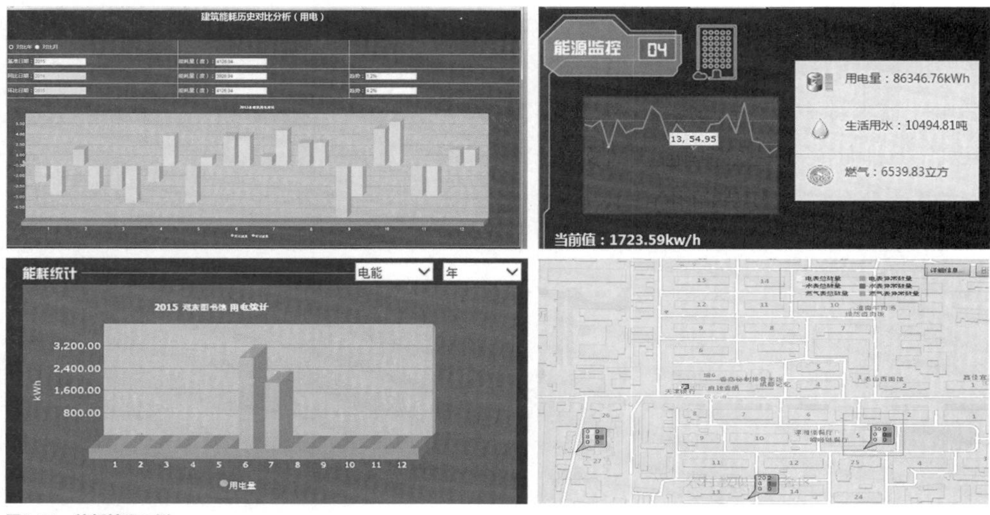

图9-61　能耗管理示例

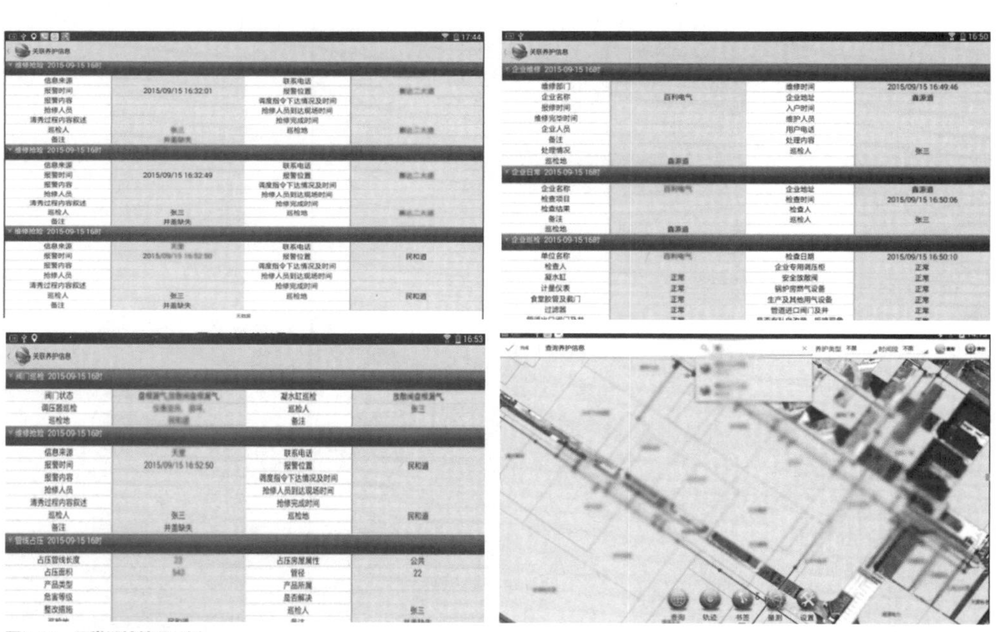

图9-62　日常巡检管理示例

日常巡检。基于园区的日常巡查任务与巡查点数据，在三维空间中实现工作人员日常工作的自动排班指引，提供智能考勤、巡查路径指引导航、线上数据填报、异常处置指南等高校服务（图 9-62）。

应急指挥。以联合指挥为核心，以重大安全事故为重点，集信息获取、信息传输、信息利用、信息发布于一体，提供一套完整的指挥调度手段，对公安、消防、交警、急救，以及水、电、气、城管等联动单位进行统一管理，在三维可视化的界面下对各种应急服务进行统一接管和分级分类处理。实现园区突发事件地点的快速、准确定位，以及现场

图9-63　应急指挥管理示例

及周边环境的实景再现，为应急指挥人员预测事件的发展趋势、评估事件影响、调配应急资源、分析疏散计划、采取处置措施等提供基础的信息支持，实现事故预案的智慧化流程横向管理（图 9-63）。

9.6.3 “一实景”监控园区

基于园区数字三维模型接入多维度的管控数据，按统一的数据标准集成汇总，实现对园区防汛、排水、照明、燃气、供水、安防等专业板块的实时动态监控、自动预警，以及周边视频监控资源的自动定位，并基于报警类型、报警位置等数据，联动周边信息，调取周边监控画面，就近通知周边人员，实现异常报警的快速响应处置与过程追踪管理，实现高效指挥和科学调度。实现对因园区相关设施状态异常可能产生的次生、衍生灾害事件风险区域的快速识别和预警，提高园区管控的精细化水平（图 9-64、图 9-65）。

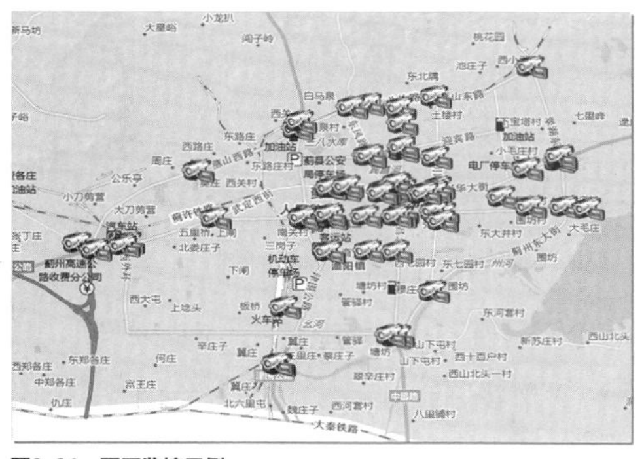

图9-64　园区监控示例

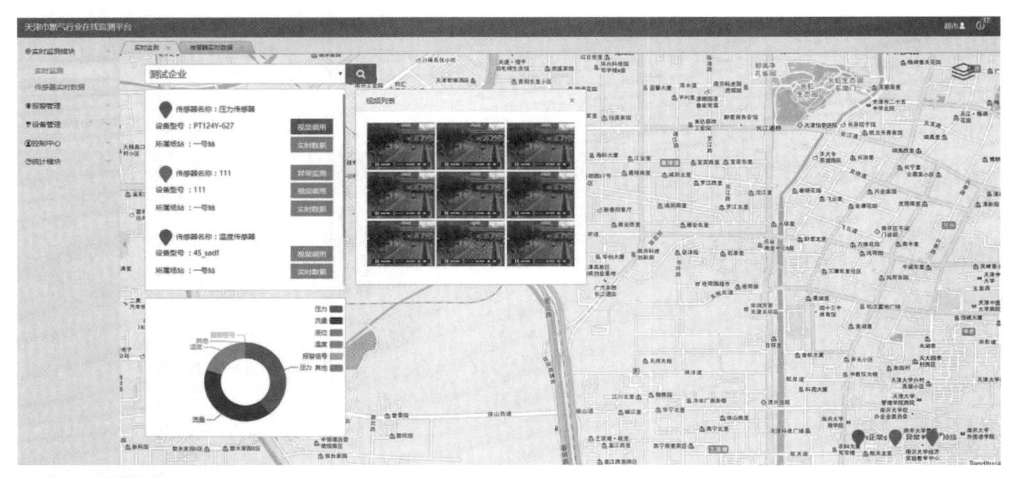

图9-65　三维指挥管理示例

通过汇聚园区管理各行业数据，实现遥感、BIM、GIS、IoT 等新一代信息技术与传统技术的融合，以及各项业务应用的融合，实现园区全生命周期信息化和管理全流程数字化。以数字技术赋能现实园区空间治理，记录园区的过去、现在和未来，推动数字园区与现实生活的同步健康生长。

第10章 总结与展望

纵观人类的历史，科学技术的每一次重大突破都会引发社会变革和产业转型。当下，以 5G、AI 和云计算等为代表的新技术正在推动第四次工业革命，推动各行各业的数字化转型。在需求与技术双轮驱动下，引发了数字孪生城市板块的崛起。数字孪生城市的基础设施包括激光扫描、航空摄影、移动测绘、三维建模等新型测绘设施和技术，旨在采集和更新城市地理信息和实景三维数据，确保真实世界和数字空间的实时镜像与同步运行。三维数字城市模型是数字孪生城市的底座，是数字孪生城市精准映射、虚实交互的核心组成。

三维数字城市代表了城市信息化的发展方向，在统一的标准下，融合“地上、地表、地下”三位一体的三维数字采集成果，建设标准化的三维数字城市模型，借助空间数据信息平台载体优势，实现城市多个管理部门之间数据的广泛共享。受管理难度和技术成本影响，三维数字城市将从封闭区域开始，逐步向城市全域、城乡一体化，以及陆、海、空一体化的数字大世界过渡。随着现代科学技术在城市建设全周期中应用的逐渐深化，现代城市的建设和管理越来越体现出智能化和自动化的趋势，越来越多的国家和城市提出了“智慧城市”的概念。当前，三维数字城市建设重点还聚焦于对物理城市的精准映射，未来建设重心将向对物理城市的智能操控转变。

10.1 更全面的广义点云模型

本书介绍的机载激光雷达航测、车载激光雷达测量、固定站式激光雷达测量等方法均为单一视角、单一平台的点云观测获取技术。单一视角、单一平台激光雷达测量的观测范围有限，空间基准不严格统一。同时，不同平台、不同传感器数据之间的成像机理、维数、尺度、精度、视角等各有不同，并且缺少普适性和稳健性强的点云数据模型构建方法，导致多视角、多平台、多源点云难以有效整合，限制了数据间的优势互补，导致复杂场景描述不完整，对复杂场景的结构和语义特征表达能力不足，模型工程可用性受限等问题。单一点云具有高冗余、非结构化、质量差异大、采样粒度分布严重不均匀、不完整、夹杂一定噪声等多方面的明显缺陷和不足，极大地制约了特大城市这种极为复杂结构场景环境中的三维数字城市工程应用，亟需点云模型方面的理论和工程技术创新。

点云模型是关于点云数据模型、处理模型和表达模型的点云数据处理理论基础和技术核心，是解决面向点云场景特征多层次准确刻画、三维信息抽取与融合、场景按需结构化表达等工程应用难题的关键，是架设从点云到工程应用之间的桥梁。武汉大学杨必胜教授于 2017 年在国际上首次提出“广义点云”的科学概念与理论研究框架，被国际摄影测量与遥感学会遴选为重要研究课题，得到了国际上激光雷达测量同行的高度认可。广义点云模型定义了客观现实世界的最小描述单元——点。广义点云模型中的点不只是空间一个简单的几何点，而是具有空间位置、边界、时间、类别、内外部属性等基本特征并被抽象表达为空间中一个具有一定体积、内部和外部特征的体素(voxel)，是地物目标、地理现象等描述的最小单元，也是空间计算与分析的最小单元。广义点云模型充分实现了单一点云间的优势互补，在数据模型方面，把过去孤立、分散表达转变为多模统一表达；在处理模型方面，从人工辅助分类转变为智能化场景理解；在表达模型方面，把过去的可视、量算转变为计算和分析。

当前，国内外相关学者在弱交会，小重叠区域同名几何特征自动提取和配对，大范围三维场景多源，异质数据的全自动统一定位、定姿与表达，基于深度学习等人工智能手段的全要素地理实体结构与语义信息自动化提取等方面已取得了一定的研究创新成果。然而，由于特大城市环境场景异常复杂的特点，当前点云模型的相关研究成果仍不足以有效支撑特大城市三维数字城市的高端测绘地理信息应用，未来还需要在适用于超大规模点云场景的深度学习网络架构设计，扩展构建更全面、覆盖范围更广、更接近真实世界的点云深度学习公开数据集，发展点云数字基础设施与视频监控、水质水文等物联网动态传感数据间时空误差耦合优化、多结构约束、配准融合理论与关键技术等方面作出进一步的理论研究和工程技术创新。

10.2 更智能的全息测绘数据

根据不同时期智慧城市的发展目标，智慧模型可以分为城市三维模型、城市虚拟三维模型、城市虚拟仿真模型和城市全息模型（朱萌，2019）。结合上海超大型城市精细化管理的实际需求，通过在智能化全息采集、地理实体构建、非尺度服务等方面的开创性探索，上海市测绘院联合武汉大学在全国开创性地开展了面向数字孪生城市的智能化全息测绘试点工作，颇具创新性地提出了“智能化全息测绘”的概念（顾建祥，2020）。城市全息三维模型是一种以传统三维模型为辅的新型测绘模型，上海市测绘院副院长顾建祥说：“相较传统地形图测绘，智能化全息测绘最大的特点在于地上、地下的一体化，空间信息与社会属性的全覆盖。”智能化全息测绘就是以地理信息服务精细化、精确化、真实化、智能化为目标，利用倾斜摄影、激光扫描等传感技术获取全息地理实体要素，通过深度学习等 AI 技术，自动、半自动化提取并建立地理实体的矢量、三维模型数据，结合调绘充实各地理实体的社会经济属性，形成涵盖地上 - 地下、室内 - 室外的一体化的全息高清、高精的结构化实体三维地理数据，为智慧社会提供全空间的地理信息服务。

智能化全息测绘具有全息化、精细化、智能化、统一化四大亮点（新型基础测绘团体标准——《基于地理实体的全息要素采集与建库》团体标准）。在整个信息采集过程中，遵循“全息要素，应采尽采”的原则，按照“按需测绘，不同要素不同精度”的采集精度，融合多传感器的空 - 天 - 地 - 地下立体化、组合式、全空间数据获取方式，形成不同类型、不同尺度的三维空间数据，实现全空间地理信息获取。

探索建立数字孪生城市，面向新型应用需求，采用多手段融合测绘技术，使服务功能进一步向实时化、移动化、智能化方向发展，全面满足数字孪生城市建设的需要。从传统三维模型转化为城市全息测绘，基于全息测绘获取的时空地理信息数据，构建新一代高精度、三维、动态、多功能的测绘基准体系，确保高精度还原城市的三维模型展示内容更加丰富、生动，实现城市的精细化管理。

10.3　更细腻的城市建设管理

目前已有三维城市数字模型的建立大多是从宏观角度获取的，生成的建筑模型只能实现外观上的可视化，不能实现建筑物内部结构的可视化，没有工程属性，也不能抽取施工图纸，无法实现对三维模型中单体元素的个性化定制与编辑（彭志兰，2016）。随着科学技术和实际需求的快速发展，三维数字城市信息化应用的精细化建模势在必行。BIM 是以三维数字技术为基础，集成了建筑工程项目各种相关信息的数据模型，可实现超精细化的建构物内部信息管理。它贯穿在建筑的整个生命周期中，能够保存建筑的各种设计数据、建造信息等，这些数据可以被重复、便捷的使用。从传统三维数字城市模型转向 BIM，是从三维模型宏观视角向微观视角的转变，是一种从粗粝走向细腻的趋势（欧宁宁，2020）。

BIM 是城市微观角度的建筑信息，GIS 是城市宏观角度的建筑信息（姚文驰，2018）。采用 BIM 和 GIS 融合的数字技术，建立记录建筑建设全周期不同阶段的空间模型（陈明娥，2020），从项目初步设计阶段到施工图设计阶段，从建筑施工建造阶段到运营维护阶段，实现对建筑物从外观到内部空间与结构的精细把控；实时掌控建筑施工质量和进度（王继果，2020），有效协同，实现对建筑施工的高标准、高精度管理；通过实时、全面的监测分析，实现建筑运维中的精细化管理。

10.4 更丰富的城市信息模型

由于各行业、各部门间存在数据孤岛，传统的智慧城市建设在城市基础设施的底层公共数据方面不但投入了大量重复性的工作，而且一直无法形成权威性的完整数据，难以发挥应有的作用。城市信息模型（City Information Model，后简称 CIM）平台是传统三维 GIS、BIM 的融合，能够收集各类地上、地表、地下的城市规模海量数据，同时又具有作为云平台提供数据共享互换与协同工作的功能，如果和互联网、物联网、大数据、人工智能等技术结合，还能够作为满足城市发展需求的集成性管理系统，为智慧城市应用提供可视化大数据管理的数字底板。

CIM 平台广泛融合了新一代信息技术，具有协同性强、模拟效果好、要素信息表达精细等特点，能够实现微观、宏观一体化和管理、监控一体化（杨洁，2020）。相较 BIM，CIM 平台覆盖面积大，可以管理上百平方千米级别的数字城市信息，而且精细化程度更高，可对植被、路灯、车辆、店铺等更小级别的物体进行管理，全方位、多角度地还原城市真实面貌。同时，通过物联网、大数据等技术，叠加城市规划、建设、运维数据，可将历史信息和实时信息集成到一体化管理平台，方便管理机构进行全局统筹与协调。

从核心来看，CIM 模型与传统三维数字城市模型相对，不仅具有时空地理空间要素的基本功能，更重要的是，在数字空间刻画城市细节、呈现城市体征、反映城市体态方面具有突出优势。建立起三维城市空间模型和城市动态信息的有机集合，将各领域、不同维度的数据进行结构化、标准化整合，可将“全周期管理”的概念融入城市建设的方方面面；建设具有智慧规划、智慧建设、智慧运维能力的全过程 CIM 平台，可集中展示数据管理、规划评估、土地管理、三维分析、建设过程管控，以及城市精细化管理。同时，将 CIM 模型接入智慧城市建设“城市大脑”，可使政府与城市管理部门实时监测整个城市的智慧城市应用，如智慧交通、智慧应急、智慧小区、智慧园区等，创新城市“规”“建”“管”的高质量发展模式。

10.5 更智慧的数字孪生城市

数字孪生城市是在城市积累数据从量变到质变，在感知建模、人工智能等信息技术取得重大突破的背景下，建设新型智慧城市的一条新兴技术路径，是城市智能化、运营可持续的前沿性的先进模式，也是一个吸引高端智力资源共同参与，从局部应用到全局优化，持续迭代更新的城市级创新平台。数字孪生城市在城市信息模型之上集成了城市的全量大数据，包括动态数据和静态数据、政务数据和社会数据、历史数据和推演数据，逐步打造一个与实体城市完全镜像的虚拟世界，同时将社会属性信息作为实体的属性加载到城市三维数据模型之中，实现跨区域、跨部门、跨行业高效协同的全景式的城市管理模式。

数字孪生城市是在网络空间再造一个与实体城市匹配、对应的孪生城市，它要求数据获取和更新速度更快，数据表达和集成能力更强，数据场景应用更深。从空间维度、时间维度和专题维度，描述和刻画实体城市中的物件和时间，将地上 - 地表 - 地下、室内 - 室外等所有要素集成整合为数字孪生城市的载体，并叠加过去、现在、未来的时间轴概念，描述城市物件中的社会经济属性，打造多维信息“一张图”，构建数字孪生城市，加速推动城市治理和各行业领域应用创新的发展。与传统三维数字城市模型相比，数字孪生城市的信息模型赋能具有四大优势：一是场景服务，提供建筑物、城市部件等基础设施的空间地理信息服务；二是数据服务，可获取以动物体的实时动态数据及更新服务，以及提供位置追溯、轨迹跟踪等历史数据管理服务；三是仿真服务，提供事件、场景、决策预案数字孪生；四是渲染服务，根据城市地理信息数据源、模型进度和制作预算，按照不同精度要求实施渲染效果［《数字孪生城市研究报告》（2019 年），中国信息通信研究院］。

习近平总书记在浙江考察时强调：“推进国家治理体系和治理能力现代化，必须抓好城市治理体系和治理能力现代化。”这是对推动城市治理现代化，特别是智慧城市建设工作提出的重要指示。作为新型智慧城市建设的一种新理念模式，数字孪生城市将真实事件的全要素精准映射在数字世界中，叠加城市大脑，能够将城市真正打造成为可感知、可判断、快速反应、会学习的生命体，实现数字世界中的信息可见、轨迹可循、状态可查，过去可追溯，未来可预期。全市一盘棋，尽在掌握，一切可管、可控，模拟仿真决策，实现精细化管理。基于数字孪生建筑，融合城市经济属性的社会信息，推动智慧城市智慧化应用，例如智慧交通管理，通过对城市车流量数据、道路设施、交通实时情况的数据分析和预判，通过算法优化等可以对交通信号灯进行实时优化控制，同时基于城市交通历史数据，可以对区域未来 10 分钟至 1 小时内的交通态势进行预判，帮助交管部门提前制定应急预案、采取交通疏通措施。

2021 年，以大数据、人工智能、物联网等新兴技术为代表的新基建正在“如火如荼”地开展，给智慧城市的建设带来了新的机遇。智慧城市建设是城市高质量、可持续发展的必由之路，新技术、新产业、新业态、新模式的涌动也在推动城市治理体系和治理能力现代化的发展。三维数字城市精细模型作为数字孪生城市和智慧城市建设的底座，能够真实复原城市的每个细节，并进行大场景动态实时渲染，在数据可视化和场景可视化基础上，打造面向未来的“智能、融合、惠民、安全”的智慧城市，推动城市管理方式、管理模式、管理理念的创新，让城市变得更灵动、更智慧。

参考文献

[1] SITHOLE G,VOSSELMAN G. Report: ISPRS Comparison of Filters.[s. l.]: [s. n.], 2003.

[2] AXELSSON P. Processing of Laser Scanner Data–Algorithms and Applications. ISPRS Journal of Photogrammetry and Remote Sensing. 1999(54).

[3] 赖旭东. 机载激光雷达数据处理中若干关键技术的研究. 武汉大学, 2006.

[4] VOSSELMAN G. Slope Based Filtering of Laser Altimetry Data. IAPRS, 2000(XXXIII).

[5] 张小红. 机载激光扫描测高数据滤波及地物提取. 武汉大学, 2002.

[6] 张小红, 刘经南. 机载激光扫描测高数据滤波. 测绘科学, 2004 (6).

[7] 王宇. 实景三维技术成就“全民城管”. 上海信息化, 2011(10).

[8] 李志鹏, 金雯, 等.数字孪生下的超大城市空间三维信息的建设与更新技术研究. 科技资讯, 2020 (22).

[9] 中国信息通信研究院. 数字孪生城市研究报告(2019年). 中国信息通信研究院, 2019.

[10] 中国信息通信研究院. 数字孪生城市研究报告(2018年). 中国信息通信研究院, 2018.

[11] 阚西浔. 基于多源测量数据融合的三维实景重建技术研究. 中国地质大学, 2017.

[12] 林学艺, 基于三维激光扫描的土地整治项目勘测规划设计和工程量复核. 测绘与空间地理信息, 2018(5).

[13] 宋关福, 李少华, 等. 新一代三维GIS在自然资源与不动产信息管理中的应用. 测绘通报, 2020(3).

[14] 李冰, 王连峰. 浅谈应急资源优化管理. 黑龙江科技信息, 2012(22).

[15] 葛顺明. 加强城市地下管线建设管理的建议. 中国安全生产, 2019 (6).

[16] 王俊清. 天津市地下管线信息共建共享模式探讨. 市政技术, 2017 (4).

[17] 张慧, 张辉. BIM在城市建设中的应用. 城市建设理论研究: 电子版, 2016 (11).

[18] 颜涯. BIM在城市规划管理中的应用. 市政技术, 2020 (3).

[19] 郭军, 陈铭, 等.基于BIM的工程监管信息传递效率度量模型. 土木工程与管理学报, 2020(5).

[20] 顾建祥, 杨必胜, 等. 面向数字孪生城市的智能化全息测绘. 测绘通报, 2020(6).

[21] 顾建祥,杨必胜,董震.智能化全息测绘及示范应用[J].城市勘测,2019(3):10–14.

[22] 衣凤彬. 城市地下管网三维精细化建模与实现. 测绘技术装备, 2014 (4).

[23] 赖承芳. 三维建模技术及其在城市地下管网系统建设中的应用. 中国地质大学. 2013.

[24] 朱萌, 万丽, 等. 从三维模型到全息模型: 智慧模型在城市规划中的运用——以巢湖市城市规划辅助系统为例. 安徽建筑大学学报, 2019 (5).

[25] 基于地理实体的全息要素采集与建库: T/SHCH 001.1–5 2000. 上海: 上海科学技术出版社, 2020.

[26] 彭志兰, 高惠瑛, 贾婧. 基于GIS和BIM联合应用的三维数字小区建模. 管理科学与工程, 2016(5).

[27] 欧宁宁, 马莹, 张金文. 数字城市三维可视化管理平台中BIM标准的制定及应用研究. 城市建设理论研究: 电子版, 2020(20).
[28] 姚文驰, 俞鑫. BIM技术在地下管线建模中的应用. 居舍, 2018(32).
[29] 陈明娥, 崔海福, 等. BIM+GIS集成可视化性能优化技术. 地理信息世界, 2020(5).
[30] 王继果, 李涛, 杨威. 基于BIM的信息管理在工程实践中的应用. 智能城市, 2020(1).
[31] 杨洁. CIM开创智慧城市新未来. 中国建设报, 2020(5).
[32] 邓世军, 周泽兵, 等, 基于城市信息综合体的城市多元信息时空一体化管理和应用,第六届中国数字城市建设技术研讨会论文集, 2011.
[33] 应急管理部. 应急管理信息化发展战略规划框架(2018-2022年). http://yjglt.jiangxi.gov.cn/art/2020/6/19/art_37823_1917424.html. 2018.
[34] 杨铭. 背包式移动三维激光扫描系统的应用. 测绘通报, 2018(9).
[35] 程效军, 贾东峰, 程小龙. 海量点云数据处理理论与技术. 上海: 同济大学出版社, 2014.
[36] 李峰, 刘文龙. 机载激光雷达原理与点云处理方法. 北京: 煤炭工业出版社, 2017.
[37] 徐组舰, 王滋政, 阳锋. 机载激光雷达测量技术及工程应用实践. 武汉: 武汉大学出版社, 2009.
[38] 张小红. 机载激光雷达测量技术理论与方法. 武汉: 武汉大学出版社, 2007.
[39] 王晏民, 黄明, 王国利, 等. 地面激光雷达与摄影测量三维重建. 北京: 科学出版社, 2017.
[40] 谢宏全, 李明巨, 等. 车载激光雷达技术与工程应用实践. 武汉: 武汉大学出版社, 2016.
[41] 王国锋. 多源激光雷达数据集成技术及其应用. 北京: 测绘出版社, 2012.
[42] 李永强, 刘会云. 车载激光扫描数据处理技术. 北京: 测绘出版社, 2018.
[43] 国家测绘地理信息局. 机载激光雷达数据处理技术规范：CH/T 8023—2011. 北京: 测绘出版社, 2012.
[44] 国家测绘地理信息局. 机载激光雷达数据获取技术规范：CH/T 8024—2011. 北京: 测绘出版社, 2012.
[45] 国家测绘地理信息局. 车载移动测量数据规范：CH/T 6003—2016. 北京: 测绘出版社, 2017.
[46] 国家测绘地理信息局. 车载移动测量技术规程：CH/T 6004—2016. 北京: 测绘出版社, 2017.
[47] 中华人民共和国自然资源部. 实景三维地理信息数据激光雷达测量技术规程：CH/T 3020—2018. 北京: 测绘出版社, 2019.
[48] 国家测绘地理信息局. 三维地理信息模型生产规范：CH/T 9016 – 2012. 北京: 测绘出版社, 2012.
[49] 国家测绘地理信息局. 三维地理信息模型产品规范：CH/T 9015 – 2012. 北京: 测绘出版社, 2012.

后记

对于点云和三维数字城市建设，直到目前，我们团队主要是在技术开发和实际应用上进行探索和实践，在理论上还需要做进一步的深入研究和归纳、总结。

在本书的编写过程中，我们得到了许多领导、专家的指导和帮助。天津市原规划局领导多次听取天津市激光雷达测量和三维数字城市建设工作汇报，给予我们团队莫大的鼓舞和支持。刘先林院士亲临公司交流指导天津市激光雷达测量工作。北京林业大学冯仲科教授团队、中国科技大学陈欢欢教授团队、武汉大学黄先锋教授团队等在点云和三维数字城市建设实践中给出了真诚的意见和建议，使本书的理论水平得到极大提升。北京浩宇天地测绘科技发展有限公司尹文广总经理、武汉航天远景科技股份有限公司常苗经理为本书提供了专业素材和资料。在此我们深表感谢！

天津市原规划局、各区分局、信息中心、高新区、海河教育园、空港经济区规划管理部门、天津市建筑设计研究院、天津市城市规划设计研究院等单位结合自身的业务需求，在三维数字城市应用实践中做了大量细致的工作，总结出许多非常有特色的宝贵经验，为本书的编写奠定了坚实的实践基础。

来自南京、成都、雅安、长春、西安、福州、太原、西宁、深圳、青岛等城市的百余家单位，与我们携手星际空间，致力于点云和三维数字城市技术的应用实践，为三维数字城市建设作出贡献。

天津市勘察设计院集团有限公司的领导对星际空间发展给予了极大支持，特别感谢李文春、窦华成、田春来等领导，他们带领团队从零起步，使这支队伍逐步成长为国内点云和三维数字城市建设的主力军。感谢在天津市三维数字城市建设中付出艰辛努力的星际空间人：于娜、杨宇、刘志强、炉利英、宫宸、张天明、宋恩涛、李阳、胡洋、曾杨、王亚楠、吕秀莹、李辉、马璐璐、李全利、程三胜、高杰、朱园艳、李华、韩晓晖、党增明、刘晓春、曾庆、孟繁锟、向恒洁、乔昕、杨世涛、王昌彦、方喜波、何航、张志刚、徐雅冉、邢哲、李东霖、张杰、陈春明、李继领、毕金强、陈雷、吕华健、师腊梅、齐太猛、卢素斋、刘瑶等。感谢那些和我们共同成长的合作伙伴们。感谢同济大学出版社的武蔚编辑，在近半年的时间中耐心帮助我们团队顺利地完善了全部书稿。

星际空间团队积极参与本书的编写，付出了大量的心血与努力。对所有参与本书策划、编写、修改的领导、专家、团队成员和合作伙伴们表示衷心的感谢！